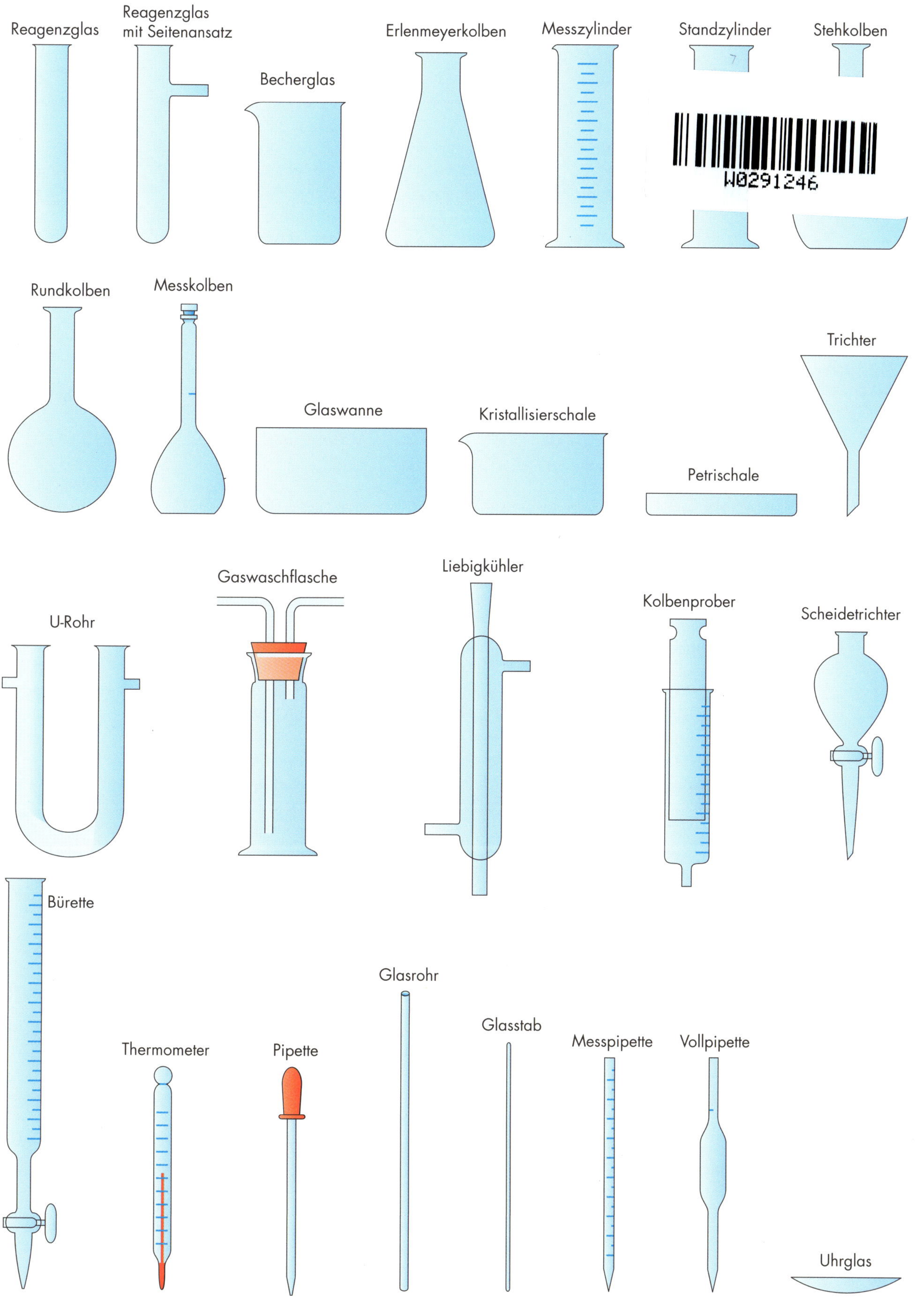
Reagenzglas
Reagenzglas mit Seitenansatz
Becherglas
Erlenmeyerkolben
Messzylinder
Standzylinder
Stehkolben
Rundkolben
Messkolben
Glaswanne
Kristallisierschale
Petrischale
Trichter
U-Rohr
Gaswaschflasche
Liebigkühler
Kolbenprober
Scheidetrichter
Bürette
Thermometer
Pipette
Glasrohr
Glasstab
Messpipette
Vollpipette
Uhrglas

ERSTE HILFE

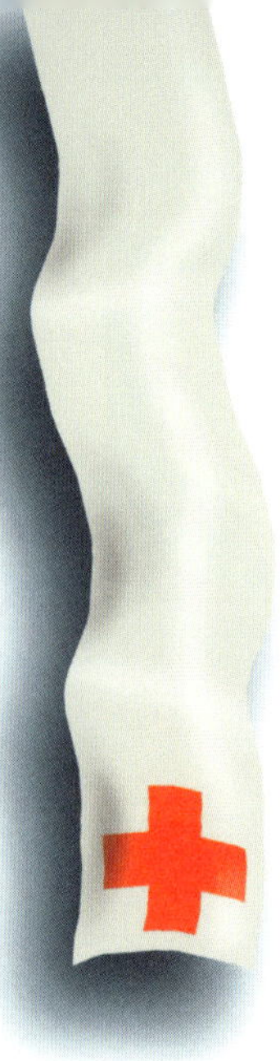

Grundsätze

- Verunglückte aus der Gefahrenzone bringen.
- Verunglückte wegen Schockgefahr nicht alleine zum Arzt gehen lassen.
- Bei Bedarf über Rettungsleitstelle ärztliche Hilfe anfordern.
- Inkorporierte oder kontaktierte Gefahrstoffe sind dem Arzt zur Kenntnis zu bringen, z. B. ist das Etikett mit Sicherheitsratschlägen vorzulegen.

Verätzungen und Verletzungen am Auge

- Das verätzte Auge ausgiebig (mindestens 10 min bis 15 min) unter Schutz des unverletzten Auges spülen (kein scharfer Wasserstrahl). Handbrause oder ein anderes geeignetes Hilfsmittel benutzen. (Augenwaschflaschen sind möglicherweise durch Mikroorganismen verseucht.)
- Augenlider weit spreizen, das Auge nach allen Seiten bewegen lassen.
- Ins Auge eingedrungene Fremdkörper nicht entfernen.
- Bei Prellungen und Verletzungen einen trockenen keimfreien Verband anlegen.
- Verätzten oder Verletzten in augenärztliche Behandlung bringen.

Verätzungen am Körper

- Duchtränkte oder benetzte Kleidung und Unterkleidung sofort entfernen.
- Verätzte Körperstellen sofort mindestens 10 min bis 15 min mit viel Wasser spülen.
- Die verätzten Körperstellen keimfrei verbinden, keine Watte verwenden. Keine Öle, Salben oder Puder auf die verätzte Stelle auftragen.
- Über Rettungsleitstelle ärztliche Hilfe anfordern.

Wunden

- Verletzten hinsetzen oder hinlegen.
- Wunde nicht berühren und nicht auswaschen.
- Wunde mit keimfreiem Verbandmaterial aus unbeschädigter Verpackung verbinden.
- Bei starker Blutung betroffene Gliedmaßen hochlagern, bei fortbestehender Blutung Druckverband anlegen. Dabei Einmalhandschuhe verwenden.
- Wird der Verband stark durchblutet, zuführende Schlagader abdrücken. Nur im äußersten Fall die Schlagader abbinden. Dafür zusammengedrehtes Dreiecktuch, breiten Gummischlauch, Krawatte o. ä. (keine Schnur oder Draht) verwenden. Zeitpunkt der Abbindung festhalten und schriftlich für den Arzt mitgeben.
- Über Rettungsleitstelle ärztliche Hilfe anfordern.

Vergiftungen nach Verschlucken

- Nach Verschlucken giftiger Stoffe möglichst mehrmals reichlich Wasser trinken lassen. Erbrechen anregen.
- Kein Erbrechen bei Lösemitteln, Säuren und Laugen auslösen.
- Nach innerer Verätzung durch Verschlucken von Säuren und Laugen viel Wasser in kleinen Schlucken (auf keinen Fall Milch) trinken lassen.
- Bewusstlosen nichts einflößen oder eingeben.
- Verletzten ruhig lagern, mit Decke vor Wärmeverlust schützen.
- Über Rettungsleitstelle ärztliche Hilfe holen. Giftstoff und Art der Aufnahme mitteilen. Evtl. Informationen telefonisch bei der Giftzentrale einholen.

Vergiftungen nach Einatmen oder Aufnahme durch die Haut

- Verletzten unter Selbstschutz an die frische Luft bringen.
- Mit Gefahrstoffen durchtränkte Kleidungsstücke entfernen.
- Benetzte Hautstellen sorgfältig reinigen (heißes Wasser und heftiges Reiben sind zu vermeiden).
- Verletzten ruhig lagern, mit Decke vor Wärmeverlust schützen.
- Bewusstlosen nichts einflößen.
- Bei Atemstillstand sofort mit der Atemspende beginnen. Wiederbelebung so lange durchführen, bis der Arzt eintrifft.
- Bei Herzstillstand äußere Herzmassage durch darin besonders ausgebildete Helfer.
- Über Rettungsleitstelle ärztliche Hilfe anfordern. Giftstoff und Art der Aufnahme mitteilen. Evtl. Informationen telefonisch bei der Giftzentrale einholen.

Verbrennungen, Verbrühungen

- Brennende Kleider sofort mit Wasser oder durch Umwickeln mit Löschdecke löschen, notfalls Feuerlöscher verwenden.
- Kleidung im Bereich der Verbrennung entfernen, sofern sie nicht festklebt. Bei Verbrühungen müssen alle Kleider rasch entfernt werden, da sonst durch heiße Kleidung weitere Schädigungen verursacht werden.
- Bei Verbrennungen der Gliedmaßen mit kaltem Wasser spülen bis der Schmerz nachlässt.
- Verbrannte und verbrühte Körperteile sofort steril abdecken. Keine Salben, Öle oder Puder auf die Wunde auftragen.
- Verunglückten durch Bedecken mit einer Wolldecke vor Wärmeverlust schützen.
- Ärztliche Hilfe anfordern.

Die Hinweise sind für Lehrerinnen und Lehrer gedacht, die als Ersthelfer ausgebildet sind. Sie ersetzen keinen Erste-Hilfe-Kurs.

VORWORT

Chemie 2000+ orientiert sich am Lehrplan für die Jahrgangsstufe 11 in Nordrhein-Westfalen unter dem Leitthema: Ablauf und Steuerung chemischer Reaktionen in Natur und Technik. Daher bilden in diesem Band die Einführung in die organische Chemie anhand ausgewählter Reaktionsfolgen mit den dazugehörigen Stoffklassen und dem chemischen Gleichgewicht sowie die Behandlung von Stoffkreisläufen in Natur, Technik und Umwelt die inhaltlichen Schwerpunkte.

In **Chemie 2000+** werden die chemische Fachsystematik mit ihren Begriffen, Modellen, Ordnungskriterien etc. und Zusammenhänge aus Alltag, Technik und Umwelt nach dem Konzept der **didaktischen Integration** miteinander verflochten. Dazu werden die drei großen Unterrichtsreihen *Aromastoffe*, *Vom Erdöl zu Anwendungsprodukten* und *Stoffkreisläufe* jeweils in mehrere Facetten zerlegt, um dann anhand konkreter Problemstellungen die Bedeutung der Naturwissenschaft Chemie in unserer technischen Zivilisation herauszuarbeiten. Dies geschieht in überschaubaren Unterrichtsbausteinen. Sie werden zu Beginn jeder Unterrichtsreihe durch den Facettenball des entsprechenden Kontextes mit den zugeordneten Fragen programmatisch angedeutet und sind auf jeder Buchseite durch die zutreffende Nummer gekennzeichnet. Die für ihre Bearbeitung gewählte Reihenfolge erlaubt es, aufbauend und vernetzend in die chemische Fachsystematik einzuführen.

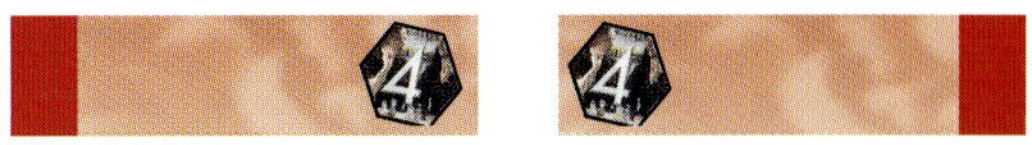

Auf **Buchdoppelseiten** wird jeweils Material für einen Unterrichtsbaustein zur Verfügung gestellt. Die *Arbeitsseite* (linke Buchseite) mit einer *kontextbezogenen*, in der Regel umgangssprachlich formulierten, Überschrift bietet Versuche, Informationen und Auswertungsfragen an, die zur Gestaltung des Unterrichts genutzt werden können. Auf der rechten *Leseseite*, deren Überschrift in der Regel *Fachbegriffe* enthält, werden die Versuchsergebnisse aufgegriffen, mit weiteren Fakten verknüpft und zu neuen Erkenntnissen zusammengeführt. Fotos und Farbgrafiken ergänzen den Text sinnvoll und dienen in der Regel als Ausgangsinformationen für Aufgabenstellungen.

Die grafisch gekennzeichneten **EVA**-Seiten (Erweiterung-Vertiefung-Anwendung) enthalten sowohl Schwerpunkte des Lernstoffes als auch fakultative Zusatzangebote. Jede Unterrichtsreihe ist reichlich mit **Aufgaben** versehen und endet mit einer **Trainings**-Seite.

Chemie 2000+ Online ist das Internet-Portal für elektronische Ergänzungen zu diesem Lehrwerk. Das Portal kann über die rechts angegebene Adresse geöffnet werden. Es besteht die Möglichkeit, die Materialien zu einzelnen Seiten in diesem Buch direkt durch Anklicken unter der entsprechenden Seitennummer zu erreichen. Darüber hinaus können weitere Lehr- und Lernmodule über die Navigationsleiste von Chemie 2000+ Online angesteuert werden.

www.chemiedidaktik.uni-wuppertal.de

Wuppertal, Köln, Krefeld, im Frühjahr 2007
Die Autoren

1 INHALTSVERZEICHNIS

1 **Aromastoffe**
4 Lavendel- und Orangenöl
5 Isolierung von Aromastoffen
6 *EVA: Trennung von etherischen Ölen durch Gaschromatographie*
7 *EVA: Dampfdruck und Siedetemperatur*
8 *EVA: Vorkommen und Gewinnung einiger etherischer Öle*
10 Vom Duftstoff zum Parfum
11 Alkohol als Lösemittel für Aromastoffe
12 Geschwister des Ethanols
13 Stoffklasse der Alkohole
14 *EVA: Strukturaufklärung des Ethanol-Moleküls, der klassische Weg*
15 *EVA: Strukturaufklärung durch Massenspektrometrie*
16 Von Bier und Wein
17 Die alkoholische Gärung
18 Was ist ein Aromastoff?
19 Stoffklassen und funktionelle Gruppen
20 *EVA: Terpene und Isopren*
21 *EVA: Riechen und Geruch*
22 Vom Alkohol zum Aldehyd oder zum Keton
23 Redoxreaktionen als Elektronenübertragungen
24 Vom Aldehyd zur Carbonsäure
25 Oxidationszahl
26 *EVA: Carbonylverbindungen*
28 Essigsäure und Co.
29 Carbonsäuren
30 *EVA: Carbonsäuren in der Natur*
32 Säuren contra Kalk
33 Reaktionsgeschwindigkeit
34 Natürlich oder natur-identisch
35 Vom Alkohol zum Aromastoff
36 Hin und rück im Gleichgewicht
37 Chemisches Gleichgewicht und Massenwirkungsgesetz
38 *EVA: Tricks mit Estern*
39 *EVA: Modelle zum dynamischen Gleichgewicht*
40 Training

INHALTSVERZEICHNIS

41 **Vom Erdöl zu Anwendungsprodukten**
44 Erdöl – ein Gemisch aus brennbaren Stoffen
45 Raffination von Erdöl
46 Chemische Veredlung von Erdöl: 1. Schritt
47 Cracken von Erdölfraktionen
48 Gesättigt oder ungesättigt – der feine Unterschied
49 Molekülgerüste in Kohlenwasserstoff-Molekülen
50 Ordnung erleichtert die Übersicht: Alkohole – Alkanole
51 Homologe Reihen
52 *EVA: Ein Zoo aus Formeln und Modellen für Moleküle*
53 *EVA: Aus dem „Innenleben" der Moleküle*
54 Isobuten – Herstellung und Eigenschaften
55 Isobuten – eine technische Grundchemikalie
56 *EVA: Ermittlung der Summenformel von Isobuten*
57 *EVA: Bei Gasen geht's einfach*
58 *EVA: Ermittlung der Valenzstrichformel von Isobuten*
60 Vom Isobuten zum Kleber und zum Kaugummi
61 Polymerisation von Isobuten
62 Vom Laborversuch zur Industrieanlage
63 Katalysatoren – Reaktoren – Stoffkreisläufe
64 *EVA: Kunststoffe – Werkstoffe mit maßgeschneiderten Eigenschaften*
66 Vom Isobuten zum Super-Benzin
67 Methyl-*tert.*-butylether MTBE
68 *EVA: Steuerung von Reaktionen*
69 *EVA: Systeme weitab vom Gleichgewicht*
70 Ein Netzwerk von Stoffen
71 Das Verbundsystem in der chemischen Industrie
72 Unsere Atmosphäre – ein Ozean aus Luft
73 Erdöl und die anthropogenen Emissionen
74 Schadstoffe in Verbrennungsprodukten
75 Rauchgasreinigung und Autokatalysator
76 Verbrennungsprodukte schlucken Wärme
77 Der Treibhauseffekt
78 Sonne + Abgase → Ozon
79 Photosmog – Stoffkreisläufe in der Troposphäre
80 *EVA: 3 mm Ozon – der Filter für das Leben*
82 Training

3 INHALTSVERZEICHNIS

83 **Stoffkreisläufe**
86 Steinhart und butterweich
87 Kalk-Kreislauf in der Bauindustrie
88 Im Alltag: Soda und Natron
89 In der Chemie: Natriumcarbonat und Natriumhydrogencarbonat
90 Sodaherstellung im Labor
91 Das Solvay-Verfahren
92 *EVA: Wasser ist nicht gleich Wasser*
94 Pflanzen, Licht und CO_2
95 Die Photosynthese
96 Die Atmung – eine Verbrennung
97 Glucose – ein Energielieferant
98 *EVA: Reaktionsenergie*
100 Zucker im Blut?
101 Chemische Gleichgewichte im Blut
102 *EVA: Die Oxidation von Glucose*
104 Zucker, Stärke und Verwandte
105 Kohlenhydrate
106 Enzyme – Werkzeuge der Natur
107 Biokatalysatoren
108 Photosynthese und Atmung im Reagenzglas?
109 Modellexperiment und Wirklichkeit
110 *EVA: Die [^{14}C]-Kohlenstoff-Uhr*
112 *EVA: Nachwachsende Rohstoffe*
114 Stickstoff – elementar und gebunden
115 Der Stickstoff-Kreislauf in der Natur
116 Blick hinter die Kulissen: Boden und Stickstoffdünger
117 Nährstoffbilanz des Bodens und Düngung
118 *EVA: Düngung und Grundwasser*
119 *EVA: Reduzierung des Gehalts an Nitrat-Ionen im Wasser*
120 Ammoniaksynthese im Labor
121 Geschichte der Ammoniaksynthese
122 Ammoniak – der Katalysator macht's möglich
123 Technische Ammoniaksynthese
124 *EVA: Industrieanlage für die Ammoniaksynthese*
125 *EVA: Stickstoffverbindungen im Stoffwechsel*
126 Training

Bildquellen

Agfa Gevaert AG, Leverkusen
Anthony Verlag, Starnberg
Aral AG, Bochum
Arbeitsgemeinschaft Deutsche Kunststoff-Industrie, Frankfurt a. M.
BASF AG, Ludwigshafen
Bavaria Verlag, Gauting
Bayer AG, Leverkusen
Berliner Kraft und Licht AG, Berlin
Bildagentur Mauritius, Mittenwald
Bildagentur Uselmann, Lenggries
BP AG, Hamburg
Braas, Frankfurt/Main
Bundesministerium für Umwelt, Naturschutz und Reaktorsicherheit, Berlin
Piet Claasen, Bremen
Daimler Benz Aerospace AG, Bremen
Daimler Benz Aerospace AG, München
Daimler/Chrysler AG – Unternehmensgeschichte/Konzernarchiv, Stuttgart
Deutsche Bundespost
Deutsche Lufthansa, Köln
Deutsches Museum, München
dpa Picture-Alliance, Frankfurt
Jana Epple, Lindelburg
Doris Espel, Hannover
Fonds der Chemischen Industrie, Frankfurt/M.
Fotoagentur Helga Lade, Frankfurt/M.
G+G Urban GmbH, Baierbrunn
Gollhardt & Zaber, Düsseldorf
Haarmann & Reimer, Holzminden
Henkel AG, Düsseldorf
Hoechst AG, Frankfurt a. M.
Informationszentrale für Elektrizitätswirtschaft IZE, Frankfurt/M.
Informationszentrum Weißblech e.V., Düsseldorf
Interfoto, München
Manfred P. Kage, Institut für wissenschaftliche Fotografie, Lauterstein
Andrea Kraatz, Leverkusen
Patrick Krollmann, Köln
Bernd Kusber, Bremen
Keystone Pressedienst, Hamburg
Johannes Lieder, Laboratorium für mikroskopische Präparate, Ludwigsburg
Merck AG, Darmstadt
Jean Pütz, Köln
Antoine de Saint-Exupéry
Wolfgang Schmitz, Bad Herrenalb
Schott Glaswerke, Mainz
Sigri Elektrographit, München
Spektrum Verlag, Heidelberg
Stadtwerke, Mönchengladbach
Stockfood Eising, München
Süskind, Patrick, Das Parfüm, Diogenes Verlag Zürich
Superbild, Taufkirchen
Marika Szemenyei, Duisburg
Michael Tausch, Syke
Vereinigung Deutscher Elektrizitätswerke VDEW und Rheinisch-Westfälische Elektrizitätswerke RWE, Essen
Verlagsarchiv
Magdalene von Wachtendonk, Erkelenz
Wacker-Chemie, München
Wella Service GmbH, Darmstadt
Song Yang, Köln
Zentrale Farbbild Agentur ZEFA, Düsseldorf

Trotz entsprechender Bemühungen ist es uns nicht in allen Fällen gelungen, den Rechtsinhaber ausfindig zu machen. Gegen Nachweis der Rechte zahlt der Verlag für die Abdruckerlaubnis die gesetzlich geschuldete Vergütung.

SICHERHEIT IM CHEMIEUNTERRICHT

Stoffe, von denen eine besondere Gefährdung ausgehen kann, sind nach der Gefahrstoffverordnung gekennzeichnet. Die **Gefahrensymbole** und **Kennbuchstaben** bedeuten:

T+ Sehr giftig
T Giftig (t = toxic)
Erhebliche Gesundheitsgefährdung, keine Schülerübungen zulässig!

Xn Gesundheitsschädlich (n = noxious) beim Einatmen, Verschlucken und bei Berührung mit der Haut.

Xi Reizend (i = irritating) auf Haut, Augen und Atmungsorgane.

F+ Hochentzündlich (f = flammable)
F Leicht entzündlich
Kann sich von selbst entzünden oder mit Wasser entzündliche Gase bilden.

E Explosionsgefährlich (e = explosive)
Kann explodieren, keine Schülerübungen zulässig!

C Ätzend (c = corrosive)
Zerstört lebendes Gewebe, wie z.B. Haut oder Auge.

O Brandfördernd (o = oxidizing)
Kann Brände fördern oder verursachen, Feuer- und Explosionsgefahr bei Mischung mit brennbaren Stoffen.

N Umweltgefährlich (n = nature)
Giftig für Pflanzen und Tiere in aquatischen und nicht aquatischen Lebensräumen, gefährlich für die Ozonschicht.

Im Chemieunterricht lernen Sie, wie man mit Gefahrstoffen sicher umgehen kann!

Alle Gefahrstoffe sind auf den folgenden Seiten mit * gekennzeichnet. Auf **S. 129f** finden Sie die entsprechenden Chemikalien aufgeführt, dazu auch genauere Angaben zu den Gefahren (R-Sätze), den entsprechenden Sicherheitsmaßnahmen (S-Sätze) und der Entsorgung.

Die Sicherheitseinrichtungen in den Chemieräumen erklären Ihnen Ihre Chemielehrerin oder Ihr Chemielehrer ausführlich.

Einige Verhaltensregeln beim Experimentieren:

- Versuchsvorschriften sind sorgfältig durchzulesen und genau zu befolgen.
- Lange Haare müssen zusammengebunden werden.
- Geschmacksproben sind nicht zulässig.
- Nur bei ausdrücklicher Aufforderung sind Geruchsproben durch vorsichtiges Zufächeln erlaubt.
- Stets sollte eine Schutzbrille getragen werden.
- Umsichtiges und rücksichtsvolles Arbeiten ist erforderlich.
- Essen und Trinken sind im Chemieraum verboten.

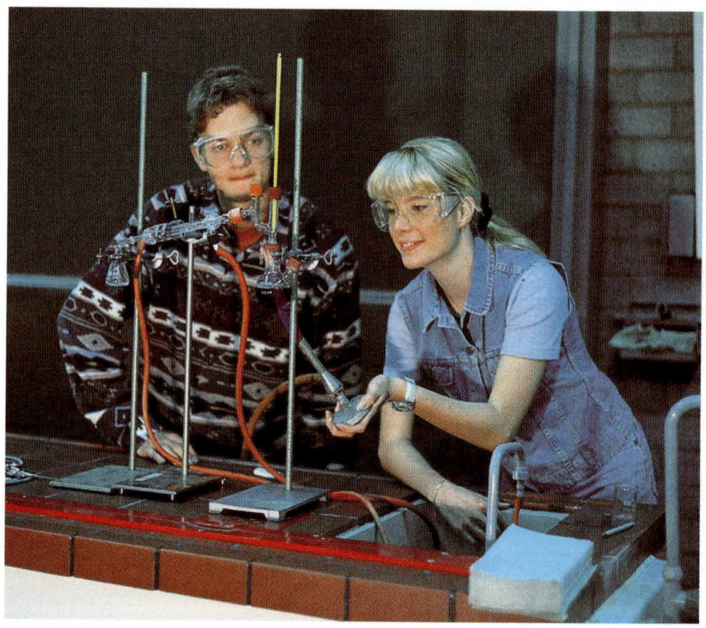

B1 *Sicherheit geht vor!*

Aromastoffe

Überall in unserer Umgebung nehmen wir Gerüche wahr, angenehme Düfte wie die von Blumen und Früchten in der Natur oder von Parfums, ebenso wie unangenehme Gerüche.
Rund um die Aromastoffe treten Fragen auf, die wir in diesem Kapitel versuchen wollen zu beantworten.

1. **Wo kommen Aromastoffe in der Natur vor und wie isoliert man sie?**
2. **Was ist ein Aromastoff?**
3. **Welche Eigenschaften haben Aromastoffe?**
4. **Warum verändern Aromen mit der Zeit ihren Geruch?**
5. **Wie riecht man?**

...

B1 *Vom Speiseeis bis zu den Gummibärchen, vom Fruchtjoghurt bis zur Tiefkühlpizza – viele Lebensmittel werden heute mit Aromastoffen versetzt.*

B2 *Facetten zum Kontext „Aromastoffe"*

Um diese Fragen zu beantworten, müssen wir nicht nur Kenntnisse der Chemie anwenden, sondern auch erweitern.

(6) Wie kann man die Zusammensetzung eines etherischen Öls untersuchen?

(7) Wie stellt man ein Parfum her?

(8) Wie stellt man künstliche oder naturidentische Aromastoffe her?

(9) Wie schnell und wie vollständig verläuft die Synthese eines Aromastoffs?

B3 *Lippenstift, Seifen und Cremes, Waschmittel und Putzmittel werden parfümiert, denn sie sollen nicht nur optisch ansprechend aussehen, sondern auch frisch und angenehm riechen und den Eigengeruch von Seifen und Cremes überdecken.*

Parfums sind die Prestigeobjekte der Designer und Modeschöpfer. Immer neue edle, teure Parfums werden kreiert und auf den Markt gebracht. Während früher ausschließlich natürliche Duftstoffe wie Blütendüfte, die in aufwendigen Verfahren gewonnen wurden, verwendet wurden, spielen heute mehr und mehr synthetische Aromastoffe eine Rolle bei der Komposition eines neuen Dufts.

Die Chemie der Riechstoffe ist heute zu einem breiten Betätigungsfeld der Parfumeure und Chemiker in der Forschung und Industrie geworden. Denn nicht nur die teuren Parfums, auch viele Allerweltsprodukte werden mit Duftstoffen versetzt (B2, B3). Bei der Synthese neuer Riechstoffe nutzen die Chemiker ihre Kenntnisse über den **Zusammenhang zwischen der molekularen Struktur und der Eigenschaft einer Verbindung aus**.

Wir werden feststellen, dass die breite Palette der Aromastoffe in wenige **Verbindungsklassen** einzuordnen ist, und wir werden **charakteristische Eigenschaften und Reaktionen** solcher Verbindungsklassen kennen lernen. An einem Beispiel, nämlich der Synthese von sogenannten Estern, werden wir erfahren, wie man ausgehend **von Alkoholen zu Aromastoffen** gelangt, und welche Reaktionsschritte dabei verfolgt werden müssen. Bei der Synthese eines Esters werden wir auf ein allgemeines Prinzip in der Chemie stoßen, das **chemische Gleichgewicht**. Damit ist der Zustand gemeint, bei dem eine Reaktion nach außen hin zum Stillstand gekommen ist, also kein Stoffumsatz mehr erfolgt, obwohl noch Ausgangsstoffe vorhanden sind. Dies liegt daran, dass die bereits gebildeten Produkte wieder zu den Edukten zurückreagieren können, bis sich ein Zustand einstellt, bei dem genauso viele Produkt-Teilchen zu Edukt-Teilchen reagieren wie umgekehrt.

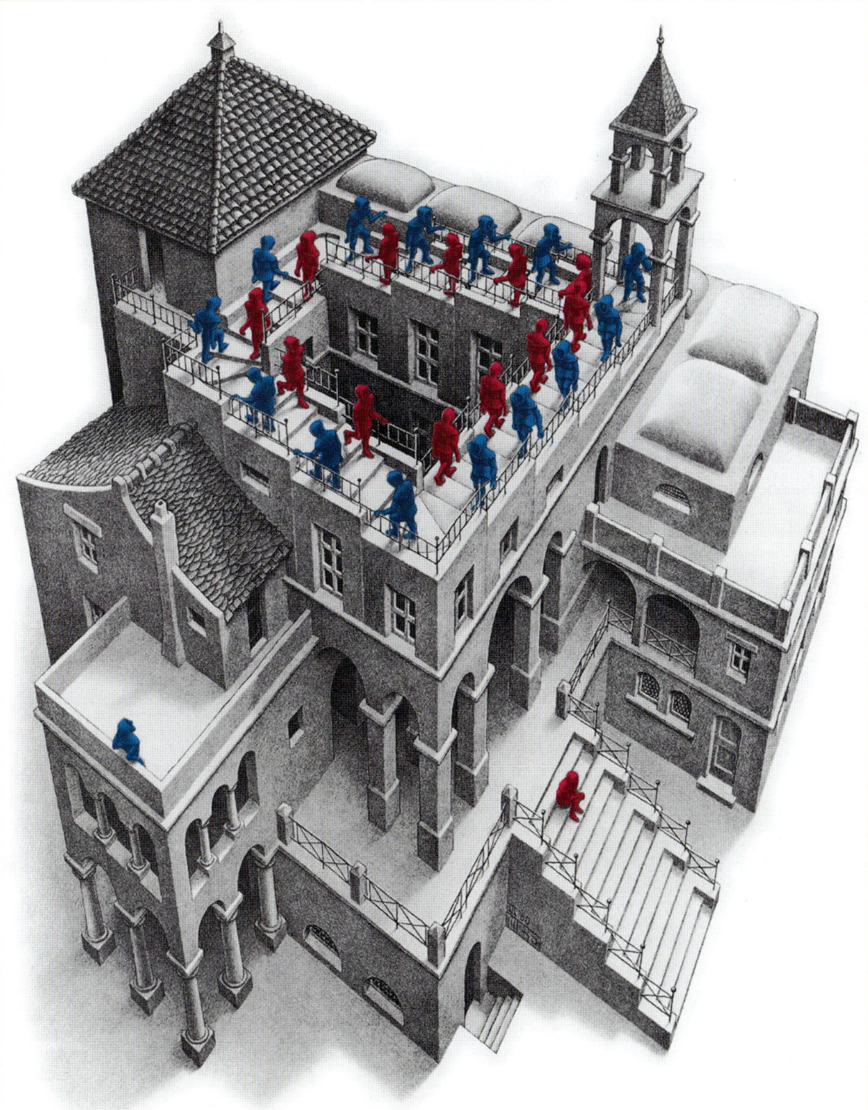

B4 *Ein System im Gleichgewicht*

Lavendel- und Orangenöl

B1 *Spritzer von Orangenschalenöl in einer Flamme.*
A: *Führen Sie einen entsprechenden Versuch durch.*

B2 *Lavendelfeld*

Versuche

V1 Geben Sie klein geschnittene Orangenschalen in ein Rggl. und erhitzen Sie diese. Beobachten Sie die Veränderungen.

V2 *Gewinnung von Lavendelöl durch Wasserdampfdestillation:* Geben Sie in den rechten Rundkolben (B4) etwa 50 g frische Lavendelblüten und 50 mL heißes Wasser, in den linken Rundkolben 100 mL heißes Wasser. Verbinden Sie die Kolben und die Vorlage mit Glasrohren. Als Vorlage dient ein großes Rggl. (100 mL), das in Eiswasser gekühlt wird. Erhitzen Sie das Wasser im linken Kolben zum Sieden, im rechten bis fast zum Sieden. Beenden Sie die Wasserdampfdestillation, wenn sich ca. 20 mL Destillat im Rggl. angesammelt haben. Zur Wasserdampfdestillation eignen sich auch Rosmarinblätter, Nelken u. a.

V3 *Vakuumdestillation:* Geben Sie in eine Destillationsapparatur für Vakuumdestillation etwa 30 mL Wasser und schließen Sie diese am Vorstoß an eine Wasserstrahlpumpe an. Erwärmen Sie das Wasser mit einem Wasserbad und bestimmen Sie die Temperatur, bei der das Wasser siedet.

V4 *Extraktion von Orangenöl aus Orangenschalen:* Schälen Sie Orangenschalen dünn ab und zerreiben Sie diese in einem Mörser mit Pistill und einer Spatelspitze Sand. Geben Sie dann 10 mL Pentan* hinzu und dekantieren Sie die Lösung in ein Becherglas. Nach dem Verdunsten des Lösemittels erhält man das Öl.

V5 *Extraktion von Nelkenöl aus Nelken:* Füllen Sie Nelkenpulver in eine Extraktionshülse und bauen Sie die Apparatur von B3 auf. Füllen Sie den Rundkolben zur Hälfte mit Pentan*. Beenden Sie die Extraktion nach ca. 30 Minuten. Destillieren Sie dann das Pentan ab.

Auswertung

a) Vergleichen Sie die bei V2 gemachten Beobachtungen mit den im Roman „Das Parfum" (B7) beschriebenen. Erklären Sie die Beobachtungen.

b) Vergleichen Sie die beiden Extraktionsverfahren in V4 und V5 in Bezug auf Ausbeute und apparativen Aufwand.

c) Wodurch unterscheidet sich die in V2 beschriebene Destillation von der normalen Destillation? Welchen Einfluss hat das auf die Siedetemperaturen der Flüssigkeiten?

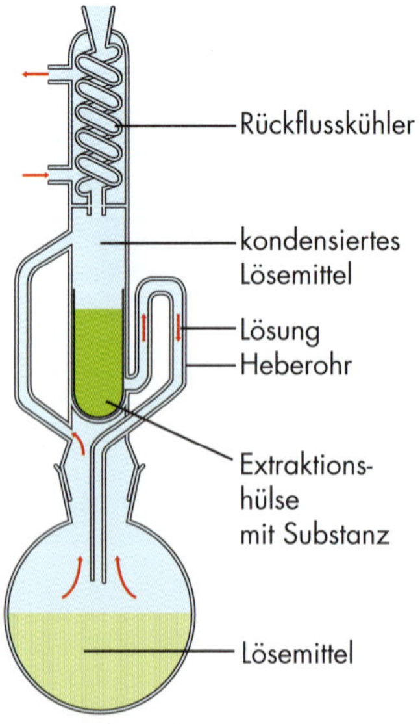

B3 *Extraktion in einer Soxleth-Apparatur*

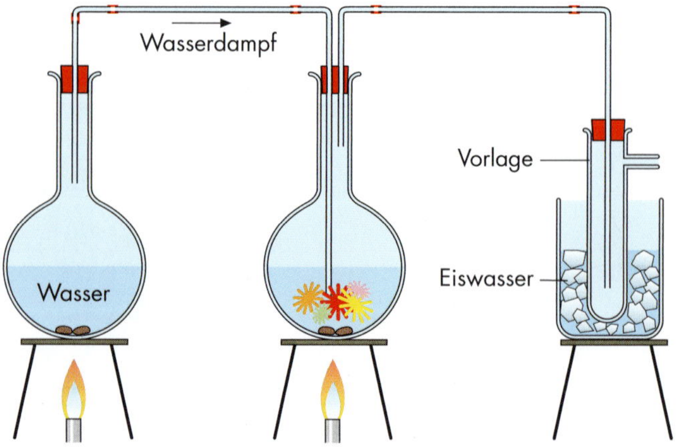

B4 *Wasserdampfdestillation*

Isolierung von Aromastoffen

Blüten, Blätter, Schalen oder Nadeln von verschiedenen Pflanzen enthalten eine Fülle von Aromastoffen. Die **etherischen Öle** aus der Schale einer Orange spritzen beispielsweise beim Zusammenpressen heraus und entzünden sich in einer Flamme (B1). Versucht man die Aromastoffe der Orangenschale jedoch durch Erhitzen abzudestillieren, stellt man fest, dass sich der Geruch ändert und dass sich die Aromastoffe in der Hitze zersetzen (V1). Isolieren kann man die Aromastoffe aus Pflanzen daher nur bei niedrigeren Temperaturen, durch **Wasserdampfdestillation, Vakuumdestillation** oder durch **Extraktion**.

Beim Kochen von Pflanzenteilen mit Wasser kann man die in Wasser nicht löslichen etherischen Öle mit dem Wasserdampf abdestillieren und im Destillat auffangen. Obwohl die Inhaltstoffe dieser Öle, wie z.B. das im Lavendelöl enthaltene Linalylacetat (ϑ_b = 220 °C), erst bei hohen Temperaturen sieden, gehen sie mit siedendem Wasser schon bei Temperaturen unter 100 °C in den Dampf über. Dabei destilliert mit viel Wasser wenig Öl über (vgl. S. 7). Durch Wasserdampfdestillation gelang es den Menschen schon früh, etherische Öle zu isolieren (B8).

Eine andere, noch schonendere Methode, eine Substanz zu destillieren, ist die Vakuumdestillation, denn bei vermindertem Druck siedet eine Flüssigkeit bei niedrigeren Temperaturen als bei Atmosphärendruck.
Die Vakuumdestillation wird insbesondere angewandt, um Substanzen zu gewinnen, die sich bereits bei Temperaturen um 100 °C zersetzen. Eine Druckverminderung um etwa die Hälfte bewirkt eine Erniedrigung der Siedetemperatur um etwa 15 °C.

Eine weitere Methode, etherische Öle aus Pflanzenteilen zu gewinnen, ist die Extraktion. Samen, Schalen oder Blüten werden mit Pentan oder Benzin kalt oder warm behandelt, wobei sich die Aromastoffe im Lösemittel lösen. Nach dem Verdampfen des Lösemittels bleibt das etherische Öl zurück.

Fachbegriffe

etherische Öle, Wasserdampfdestillation, Vakuumdestillation, Extraktion

B5 *Gewinnung von etherischen Ölen*

B6 *Alte Destillationsanlage*

Baldini holte seinen großen Alambic hervor; einen kupfernen Destillierbottich mit oben aufgesetztem Kondensiertopf, wie er stolz verkündete, mit dem er schon vor vierzig Jahren auf den Höhen des Luberon auf freiem Felde Lavendel destilliert habe. Und während Grenouille das Destilliergut zerkleinerte, heizte Baldini in hektischer Eile – denn rasche Verarbeitung war das A und O des Geschäfts – eine gemauerte Feuerstelle ein, auf die er den kupfernen Kessel, mit einem guten Bodensatz Wasser gefüllt, postierte. Er warf die Pflanzenteile hinein, stopfte den doppelwandigen Maurenkopf auf den Stutzen und schloss zwei Schläuchlein für zu- und abfließendes Wasser daran an. Allmählich begann es im Kessel zu brodeln. Und nach einer Weile, erst zaghaft tröpfchenweise, dann in fadendünnem Rinnsal, floß Destillat aus der dritten Röhre des Maurenkopfs in eine Florentinerflasche, die Baldini untergestellt hatte. Es sah zunächst recht unansehnlich aus, wie eine dünne, trübe Suppe. Nach und nach, aber vor allem, wenn die gefüllte Flasche durch eine neue ausgetauscht und ruhig beiseite gestellt worden war, schied sich die Brühe in zwei verschiedene Flüssigkeiten: unten stand das Blüten- oder Kräuterwasser, obenauf schwamm eine dicke Schicht von Öl.

B7 *Aus* PATRICK SÜSKIND, *Das Parfum*

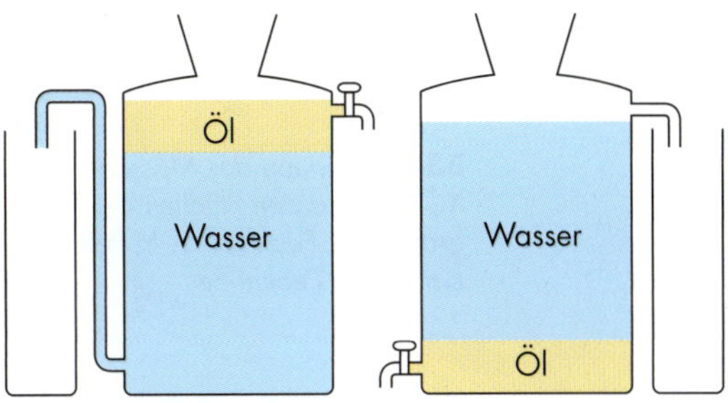

B8 *Florentiner Flaschen.* **A:** *Beschreiben Sie die Funktion und ihre Verwendung.*

Trennung von etherischen Ölen durch Gaschromatographie

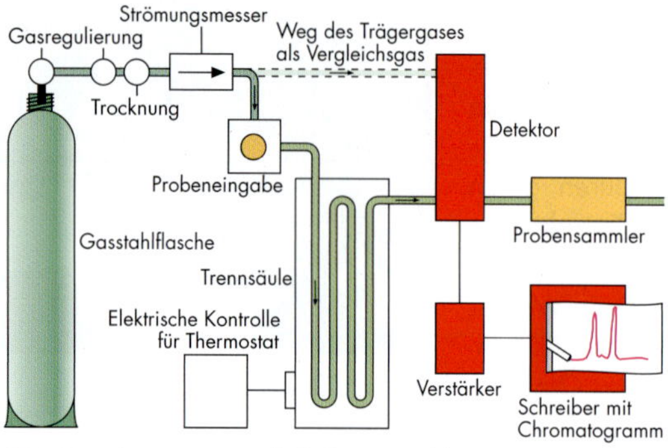

B1 *Gaschromatograph (schematisch)*

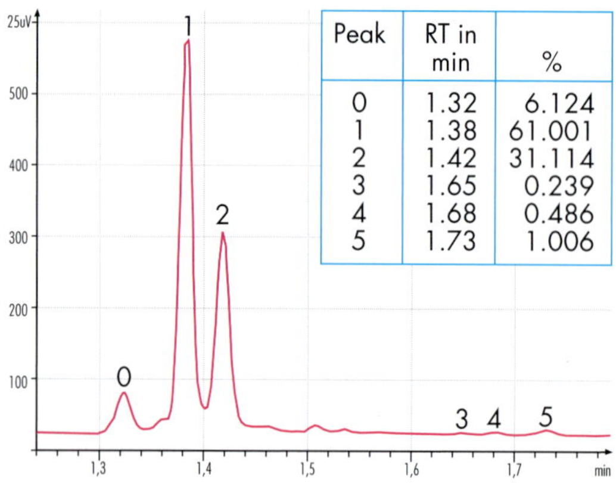

Peak	RT in min	%
0	1.32	6.124
1	1.38	61.001
2	1.42	31.114
3	1.65	0.239
4	1.68	0.486
5	1.73	1.006

B2 *Gaschromatogramm von Lavendelöl. Die Hauptbestandteile sind Linalylacetat[1] (1) und Linalool[2] (2). Zur Identifikation chromatographiert man die reinen Vergleichssubstanzen und vergleicht die Retentionszeiten.*

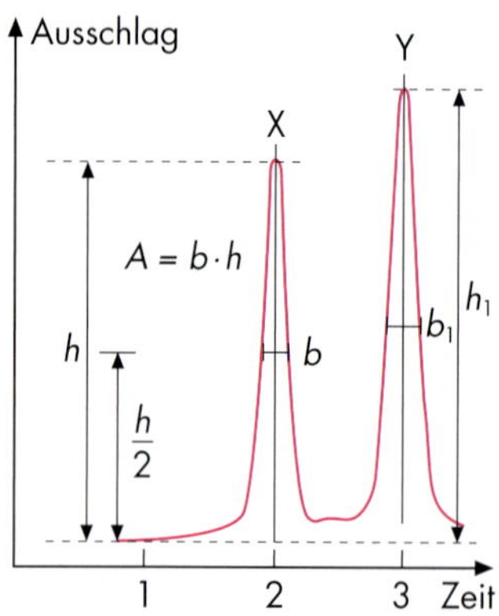

B3 *Berechnung des Massenanteils der Komponenten X und Y aus den Flächen der Peaks im Gaschromatogramm: A: Peakfläche, h: Höhe des Peaks, b: Breite bei halber Peakhöhe* $w(X) = \frac{A(X)}{A(X) + A(Y)}$

[1] Angenehm nach Bergamotte riechende Flüssigkeit

[2] Farblose, nach Maiglöckchen riechende Flüssigkeit

Zur Ermittlung der Zusammensetzung eines etherischen Öls wie Lavendel- oder Orangenöl ist die **Gaschromatographie** die Methode der Wahl.

Alle chromatographischen Verfahren verlaufen nach einem Prinzip: Sie trennen Stoffe aufgrund ihrer unterschiedlichen Löslichkeit in zwei verschiedenen Phasen, einer **stationären** Phase und einer **mobilen** Phase. Bei der Gaschromatographie ist die stationäre Phase eine hochsiedende Flüssigkeit, z.B. Paraffinöl oder Siliconöl. In einem modernen Gaschromatographen wird die stationäre Phase als Flüssigkeitsfilm auf der Innenseite einer Kapillartrennsäule von 0,2 mm bis 1 mm Durchmesser und bis zu 70 m Länge aufgetragen. Als mobile Phase verwendet man ein Trägergas, meist Stickstoff oder Helium. Gaschromatographisch getrennt werden können alle gasfömigen Stoffe und verdampfbaren Flüssigkeiten, also ein großer Teil der organischen Verbindungen. Das zu trennende Gemisch wird mit dem Trägergas in den Gaschromatographen eingespritzt, es verdampft und durchströmt die Trennsäule (B1).

Die einzelnen Komponenten des Gemisches lösen sich dabei unterschiedlich gut in der stationären Phase. Von nachströmendem Trägergas werden sie wieder herausgelöst und weitertransportiert. Je besser sich eine Verbindung in der stationären Phase löst, umso länger verbleibt sie in der Trennsäule. Am Detektor werden beispielsweise durch die Änderung der Wärmeleitfähigkeit die nach und nach die Säule verlassenden Verbindungen aufgespürt und am Schreiber als Peaks registriert. Die Retentionszeit RT, d.h. die Zeit zwischen Trennbeginn und Auftreten der Peaks, ist eine charakteristische Größe der Substanz und kann zu ihrer Identifizierung herangezogen werden. Dazu chromatographiert man eine Eichsubstanz unter gleichen Bedingungen und vergleicht die Chromatogramme.

Aus einem Chromatogramm lässt sich auch die quantitative Zusammensetzung des Gemisches bestimmen, denn die Peakfläche ist proportional zum Massenanteil der betreffenden Komponente im Gemisch. Häufig werden an Gaschromatographen Computer zur Auswertung angeschlossen. Diese berechnen direkt die Massenanteile der einzelnen Komponenten, die dann als Tabelle ausgedruckt werden können (B2).

Die Bedeutung der Gaschromatographie liegt in ihrer großen Trennleistung. Selbst kleinste Portionen von Substanzen, die sich in ihren Eigenschaften nur wenig unterscheiden, können noch getrennt werden. Sie ist jedoch nicht geeignet, um unbekannte Substanzen zu identifizieren oder gar deren Struktur zu ermitteln. Dazu benötigt man andere Analysenmethoden wie beispielsweise die Massenspektrometrie (S. 15).

Aufgabe

A1 Berechnen sie nach B3 aus den Flächen der Peaks 1 und 2 des Gaschromatogramms von Lavendelöl (B2) den Massenanteil der zugehörigen Komponente und vergleichen Sie Ihren Wert mit den angegebenen Computerwerten.

Dampfdruck und Siedetemperatur

Das kennen wir alle: Wasser und Alkohol verdunsten bereits bei Raumtemperatur, also weit unterhalb der Siedetemperatur. Ein Teil der Moleküle verlässt die Flüssigkeit und geht in den Gaszustand über. In einem geschlossenen Gefäß befindet sich daher über der Flüssigkeit immer auch Dampf. Der Anteil der Moleküle in der Flüssigkeit und im Dampf ist im zeitlichen Mittel bei konstanter Temperatur konstant. Erwärmt man die Flüssigkeit, so verdampfen mehr Moleküle und der Druck im Gefäß nimmt zu, was man mit einem angeschlossenen Manometer feststellen kann (B1).
Bei weiterem Erwärmen steigt der Dampfdruck weiter an, bis er schließlich bei einer bestimmten Temperatur den äußeren Druck erreicht: Die Flüssigkeit siedet. Vermindert man den äußeren Druck, so sinkt die Siedetemperatur, was man sich bei der Vakuumdestillation zu Nutze macht. Bei einer Druckverminderung auf 23,3 hPa siedet beispielsweise Wasser bereits bei 20 °C.

Bei der Wasserdampfdestillation liegen zwei nicht miteinander mischbare Flüssigkeiten vor. Dabei setzt sich der Dampfdruck aus den Dampfdrücken der Einzelkomponenten zusammen (B2).
Ein Gemisch aus Wasser und Linalylacetat, dem Hauptbestandteil des Lavendelöls, siedet, wenn der Gesamtdampfdruck *p*, also die Summe der Dampfdrücke *p* (Wasser) und *p* (Linalylacetat), gleich dem Atmosphärendruck ist. Bei Normdruck ist dies bei 99,6 °C der Fall, also bereits unterhalb der Siedetemperatur des Wassers. Bei dieser Temperatur beträgt der Dampfdruck von Wasser 998 hPa und der des höher siedenden Linalylacetat 15 hPa. Da der Dampfdruck proportional zur Teilchenanzahl *N* im Dampfraum ist, gehen bei der Destillation folgende Stoffmengen *n* an Wasser und Linalylacetat im Verhältnis ihrer Dampfdrücke über:

$$\frac{n\,(\text{Linalylacetat})}{n\,(\text{Wasser})} = \frac{p\,(\text{Linalylacetat})}{p\,(\text{Wasser})} = \frac{N\,(\text{Linalylacetat})}{N\,(\text{Wasser})}$$

Dies bedeutet, dass das Kondensat bei der Destillation viel Wasser und wenig Linalylacetat enthält.

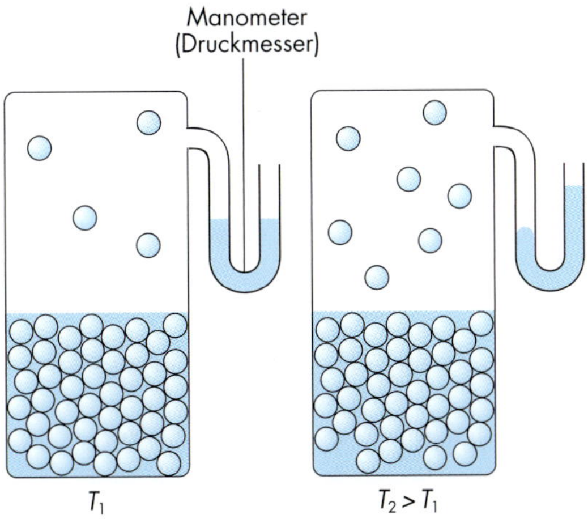

B1 *Modellhafte Darstellung des Dampfdrucks einer Flüssigkeit bei verschiedenen Temperaturen*

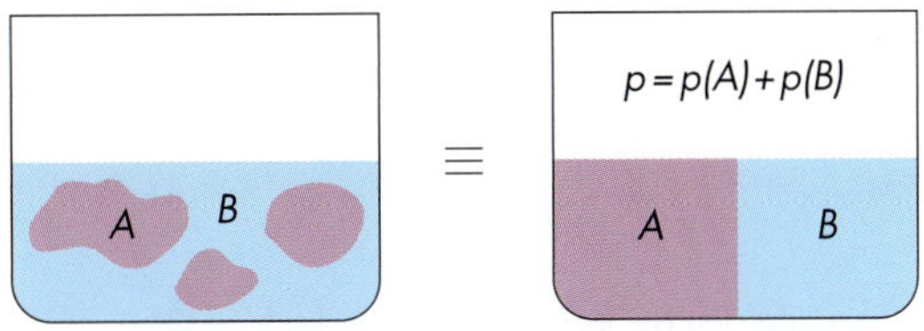

B2 *Zwei Flüssigkeiten A und B, die sich nicht mischen, können als getrennt nebeneinander vorliegend angesehen werden. Der Gesamtdampfdruck p ist daher die Summe der Partialdampfdrücke p = p (A) + p (B).*

Temperatur in °C	Dampfdruck in hPa
20	23,32
40	73,58
60	198,67
80	472,28
100	1013,3

B3 *Dampfdruck des Wasser bei verschiedenen Temperaturen*

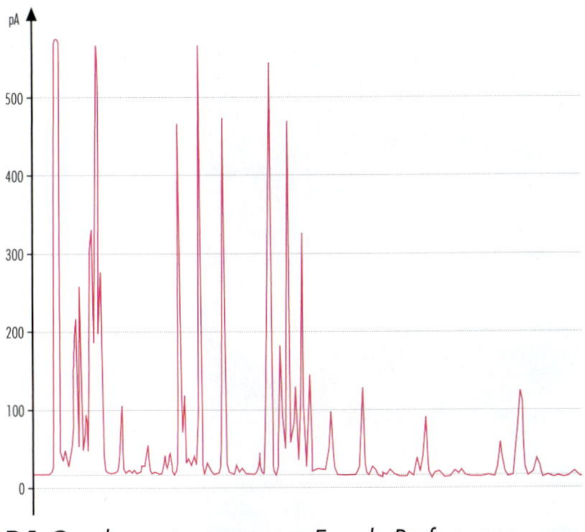

B4 *Gaschromatogramm von Eau de Parfum*

Aufgaben

A1 Berechnen Sie, wie viel g Linalylacetat bei einer Wasserdampfdestillation bei Normdruck zusammen mit 10 mL Wasser überdestilliert werden. Die molare Masse *M* von Linalylacetat beträgt 196 g/mol ($M = m/n$).

A2 Vergleichen Sie die Gaschromatogramme von Eau de Parfum und Lavendelöl. Was erkennen Sie daraus?

Vorkommen und Gewinnung einiger etherischer Öle

Etherisches Öl	Vorkommen	Gewinnungs-verfahren	Ausbeute in %
Anisöl	Samen des Anisstrauchs	Wasserdampf-destillation	1,5 bis 4
Fichtennadelöl	Fichtennadeln	Wasserdampf-destillation	0,15 bis 0,25
Jasminöl	Blüten des Jasminstrauchs	Extraktion	0,01 bis 0,18
Lavendelöl	Lavendelblüten und Stängel	Wasserdampf-destillation	0,5 bis 3
Nelkenöl	Blüten der Gewürznelke	Extraktion	16 bis 21
Orangenöl	Orangenschale	Auspressen	0,3 bis 0,5
Olibanumöl (Weihrauchöl)	Harz des Boswelliabaums	Wasserdampf-destillation	ca. 5
Pfefferminzöl	Pfefferminz-blätter	Wasserdampf destillation	1 bis 2
Rosenöl	Blütenblätter der Rose	Wasserdampf-destillation	0,02 bis 0,03
Zimtöl	Rinde des Ceylonzimts	Wasserdampf-destillation	05 bis 1,4
Zitronenöl	Zitronenschale	Auspressen	1,8 bis 3,9

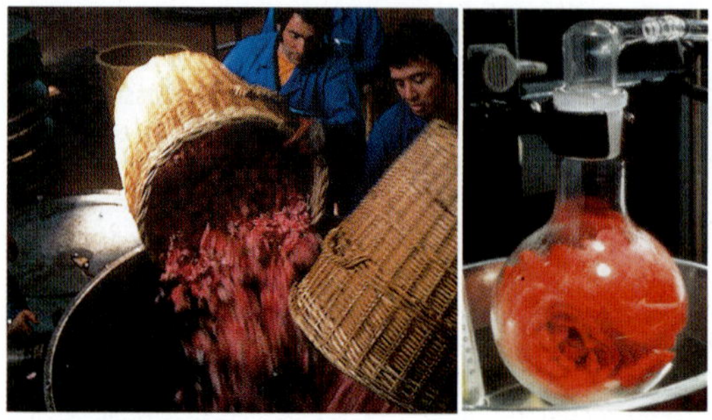

B1 *Zur Gewinnung des kostbaren Rosenöls müssen die gerade geöffneten Blüten einzeln gepflückt werden und zwar im Morgengrauen, da die Blüten mit zunehmender Erwärmung im Laufe des Tages ihr etherisches Öl verlieren.*
Dagegen fällt Orangenöl in großen Mengen bei der Produktion von Orangensaft an. Die Orangenschalen können als Tierfutter verwendet werden, aber nur, wenn zuvor das Orangenöl ausgepresst wird, da es für die Tiere nicht verträglich ist.
A: *Die besten Pflücker ernten etwa 50 kg Rosenblüten am Tag. Wie viel Gramm Rosenöl lässt sich daraus gewinnen?*

Physiologische Wirkung etherischer Öle

Die medizinische Wirkung einiger etherischer Öle ist wissenschaftlich erwiesen. So wirkt z. B. das im Nelkenöl enthaltene Eugenol keimtötend und wird daher in der Zahnmedizin verwendet. Einige Öle wie Pfefferminzöl oder Eukalyptusöl wirken kühlend, schmerzlindernd oder schleimlösend und hustenstillend, weshalb sie z. B. bei Erkältungskrankheiten in Lutschbonbons oder Salben zum Einreiben verwendet werden.

Aufgaben

A1 Zur Unterscheidung eines etherischen Öls von einem Speiseöl gibt man einen Tropfen des Öls auf ein Filterpapier und wartet einige Minuten.
Führen Sie diesen Test mit einem etherischen Öl und einem Speiseöl durch. Beschreiben und erklären Sie den Unterschied.

A2 Informieren Sie sich über Verwendung und Wirkung von etherischen Ölen in Bonbons, Tees, Badezusätzen u. a. und erstellen Sie eine Tabelle.

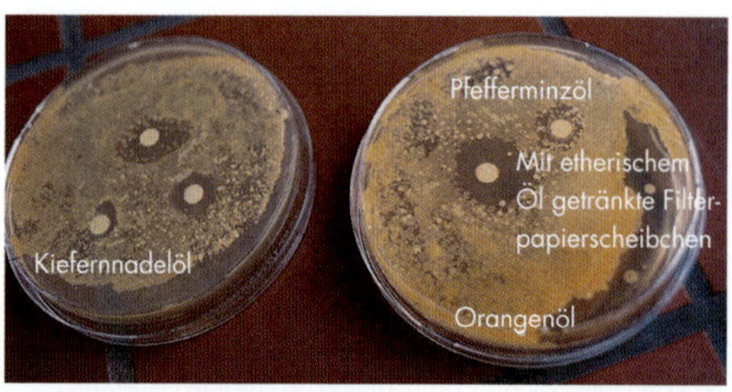

B2 *Wirkung etherischer Öle auf eine Bakterienkultur.*
A: *Erläutern Sie das Ergebnis.*

Weihrauch und Myrrhe

„Und sie gingen in das Haus und fanden das Kindlein mit Maria, seiner Mutter und sie fielen nieder und beteten es an und taten ihre Schätze auf und schenktem ihm Gold, Weihrauch und Myrrhe." Matthäus 2,11
Weihrauch und Myrrhe waren Kostbarkeiten und eine angemessene Gabe für Götter und Könige. Sie sind die Harze von Bäumen des Orients, die die Pflanzen absondern, um Wunden gegen den Befall von Pilzen oder Bakterien zu schützen. In der Antike war es weit verbreitet, durch Verbrennen von wohlriechendem Räucherwerk aus Myrrhe oder Weihrauch Gebete zu begleiten. Vom lateinischen *par fumum* (durch Rauch) leitet sich auch der Name Parfum ab.

B3 *Liturgisches Weihrauchgefäß*

Vorkommen und Gewinnung einiger etherischer Öle

Die Mischung macht's – Parfums

Die Qualität eines Parfums ist nicht nur von der Qualität der Rohstoffe abhängig, sondern auch von deren Mischung. Aus einer Fülle von mehr als 2 000 Duftstoffen stellt ein Parfumeur (B4) eine ausgewogene harmonische Mischung her. Dabei werden die teuren etherischen Öle mehr und mehr durch synthetische Duftstoffe ersetzt.

Jedes Parfum weist eine Kopf-, Herz- und Fondnote auf (B5). Die Kopfnote vermittelt den ersten Dufteindruck, sie wird durch die am leichtesten flüchtigen Bestandteile bestimmt, die in den ersten Minuten verdunsten. Zu diesen gehören z. B. Aromen von Zitrusschalen oder Früchten. Die Herznote wird von Blütenaromen wie Rose, Jasmin, Flieder u. a. getragen, die weniger leicht verdunsten. Die Fondnote wird von den am wenigsten flüchtigen Bestandteilen geprägt, sie kommt nach etwa zwei Stunden zum Tragen. Sie riecht nach Holz, Leder oder Gewürzen. Darüber hinaus erfüllen die Bestandteile der Fondnote die chemische Funktion, die Kopf- und Herznote länger zu fixieren, indem sie deren Verflüchtigung verlangsamen und so für einen ausgeglichenen Duftverlauf sorgen.

Aufgabe

A3 Ordnen Sie die Aromastoffe Butansäureethylester, Geraniol, Vanillin und Limonen (S. 18) der Kopf-, Herz- und Fondnote zu. Erläutern Sie.

B4 *Ein Parfumeur „komponiert" aus Hunderten von Aromastoffen seine Kreationen.*

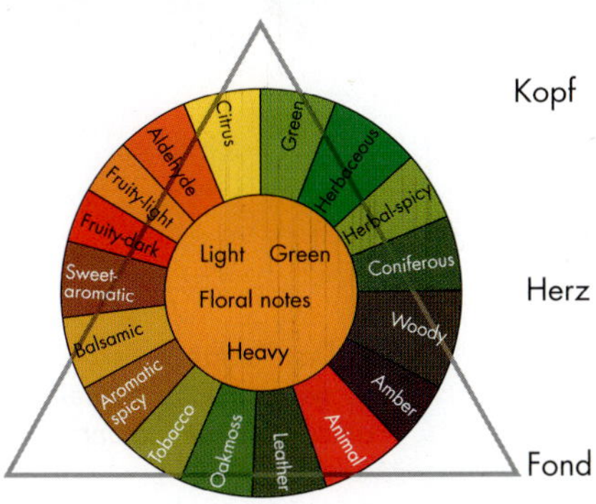

B5 *Die verschiedenen Duftnuancen lassen sich in Gruppen, den „Duftfamilien", zusammenfassen, die in einem Duftkreis zusammengestellt werden.*

Azeotrope Gemische

Durch die unterschiedliche Verdunstung der Komponenten verändert sich der Dufteindruck eines Parfums im Laufe des Tages, aber diese Veränderung soll möglichst gering und kaum bemerkbar sein. Dies erreicht ein Parfumeur, indem er die Komponenten eines Parfums so mischt, dass sich sogenannte **azeotrope Gemische** bilden können. Dies sind Flüssigkeitsgemische, die trotz verschiedener Siedetemperaturen ihrer Bestandteile in einem konstanten Mengenverhältnis verdampfen.

Ein solches azeotropes Gemisch bilden auch Ethanol und Wasser mit dem Massenanteil an Ethanol von 95,6 %. Deshalb gelingt es auch nicht, durch Destillation 100 %iges Ethanol herzustellen.

Wenn ein homogenes Flüssigkeitsgemisch verdampft, ist der Dampf in der Regel mit der niedriger siedenden Komponente angereichert. Dies gilt auch für die Verdampfung von Ethanol-Wasser-Gemischen mit einem Massenanteil an Ethanol unter 95,6 %. Wie sich aus dem Siedediagramm ablesen lässt, siedet beispielsweise ein Gemisch aus 10 % Ethanol und 90 % Wasser bei 92 °C. Der dabei entstehende Dampf besteht aus 41 % Ethanol und 59 % Wasser. Verdampft aber ein Gemisch mit einem Ethanol-Anteil von 95,6 %, so ist der Ethanol-Anteil im Dampf ebenfalls 95,6 % und nicht etwa größer. Es liegt ein azeotropes Gemisch vor.

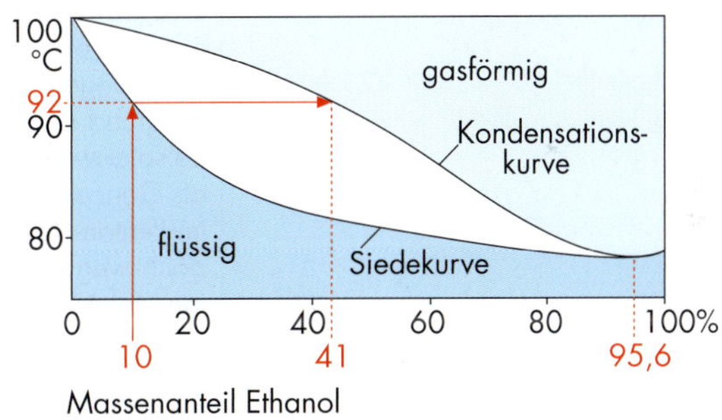

B6 *Siedediagramm eines Ethanol-Wasser-Gemisches. Die Siedekurve gibt die Siedetemperatur des flüssigen Ethanol-Wasser-Gemisches in Abhängigkeit von den jeweiligen Massenanteilen an. Die Zusammensetzung des dabei übergehenden Dampfes lässt sich an der Kondensationskurve ablesen.* **A:** *Bestimmen Sie anhand der Siedekurve die Siedetemperatur eines Gemisches aus 20 % Ethanol und 80 % Wasser. Lesen Sie die Zusammensetzung des zugehörigen Dampfes ab.*

Vom Duftstoff zum Parfum

	Duftstoff-Anteil in %	Alkohol-Anteil in %
Damenparfums		
Parfum	15 bis 20	80 bis 85
Eau de Parfum	8 bis 15	75 bis 85
Eau de Toilette	8 bis 12	73 bis 80
Eau de Cologne	4 bis 8	70 bis 75
Herrenparfums		
Eau de Toilette	5 bis 10	70 bis 75
Eau de Cologne	3 bis 5	70 bis 75
After Shave	2 bis 3	40 bis 60

B1 *Zusammensetzung von Duftwässern*

B2 *Verschiedene Parfums*

Versuche

V1 Geben Sie jeweils zu einigen Tropfen Eau de Parfum, Eau de Cologne und Eau de Toilette einige Tropfen Wasser. Tropfen Sie dann Ethanol* hinzu. Beobachtung?

V2 Mischen Sie je 2 mL
a) Pentan* mit Wasser
b) Pentan* mit Ethanol
c) Ethanol* mit Wasser
Geben Sie zur Mischung aus Pentan und Wasser portionsweise ca. 10 mL Ethanol hinzu. Beobachtung?

V3 Lösen Sie in je einem Rggl. a) einige Kristalle Iod* und b) eine Spatelspitze Glucose in Pentan, Ethanol und Wasser.

Auswertung

a) Notieren Sie die Beobachtungen.
b) Vergleichen Sie die Alkohol- und Duftstoff-Anteile in den verschiedenen Parfums und ermitteln Sie die ungefähren Wasser-Anteile. Erläutern Sie die Unterschiede.
c) Erklären Sie die Unterschiede mithilfe der Informationen aus den INFO-Kästen.

INFO

Polare und unpolare Moleküle

Die **Elektronenpaarbindung** ist gleichbedeutend mit der Ausbildung eines gemeinsamen Elektronenpaars zwischen den Atomen eines Moleküls. Elektronenpaarbindungen zwischen den Atomen verschiedener Elemente sind polar, da die Atomkerne die Bindungselektronen unterschiedlich stark anziehen. Die Eigenschaft eines Atoms innerhalb eines Moleküls Bindungselektronen anzuziehen wird **Elektronegativität EN** genannt. Je größer die Elektronegativität eines Atoms ist, desto stärker zieht es die Bindungselektronen an. In der Valenzstrichformel wird die polare Elektronenpaarbindung mit den Symbolen δ+ und δ– für die Partialladungen gekennzeichnet.
Aufgrund der unsymmetrischen Verteilung der Elektronen im Molekül wirkt beispielsweise ein Wasser-Molekül wie ein kleiner elektrischer Dipol, der als Ganzes nach außen hin elektrisch neutral ist.
Im Pentan-Molekül liegen ebenfalls polare Elektronenpaarbindungen vor, doch wegen der insgesamt symmetrischen Ladungsverteilung sind Pentan-Moleküle im Gegensatz zu Wasser-Molekülen keine Dipole.

H 2,1							**He** –
Li 1,0	**Be** 1,5	**B** 2,0	**C** 2,5	**N** 3,0	**O** 3,5	**F** 4,0	**Ne** –
Na 0,9	**Mg** 1,2	**Al** 1,5	**Si** 1,8	**P** 2,1	**S** 2,5	**Cl** 3,0	**Ar** –
K 0,8	**Ca** 1,0	**Ga** 1,6	**Ge** 1,8	**As** 2,0	**Se** 2,4	**Br** 2,8	**Kr** –
Rb 0,8	**Sr** 1,0	**In** 1,7	**Sn** 1,8	**Sb** 1,9	**Te** 2,1	**I** 2,5	**Xe** –
Cs 0,7	**Ba** 0,9	**Tl** 1,8	**Pb** 1,8	**Bi** 1,9	**Po** 2,0	**At** 2,2	**Rn** –
Fr 0,7	**Ra** 0,9						

B3 *Periodensystem mit Angabe der Elektronegativitäten.* **A:** *Wie verändert sich die Elektronegativität (vgl. Zahlenwerte) a) innerhalb einer Periode und b) innerhalb einer Gruppe?*

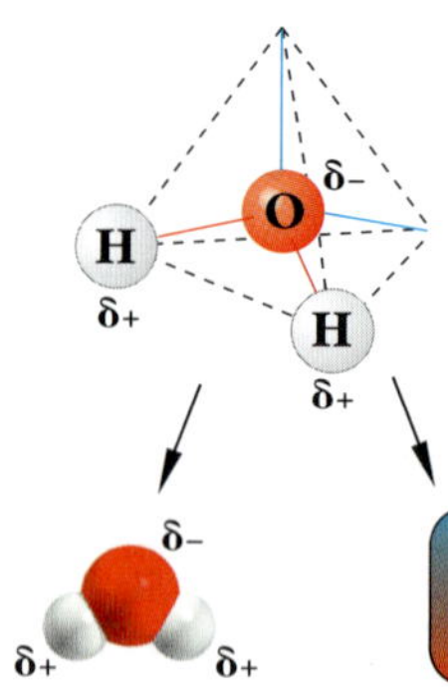

B4 *Das Wasser-Molekül ist ein Dipol, da die Elektronenpaarbindungen polar sind und das Molekül gewinkelt ist.* **A:** *Warum ist eine Sauerstoff-Wasserstoff-Bindung stärker polar als eine Kohlenstoff-Wasserstoff-Bindung?*

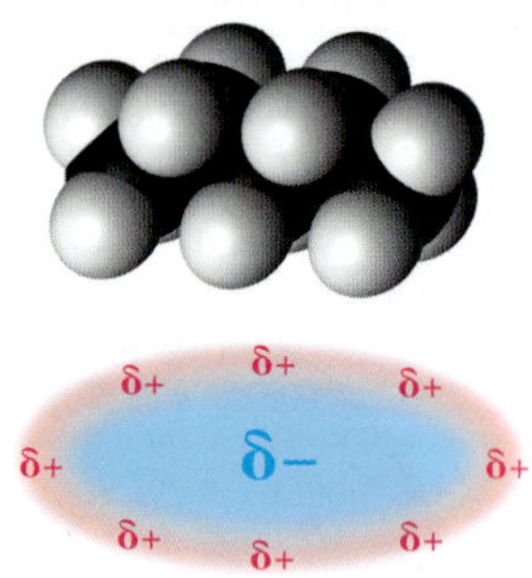

B5 *Das Pentan-Molekül ist wegen der symmetrischen Verteilung der Partialladungen ein unpolares Molekül.*

Alkohol als Lösemittel für Aromastoffe

Ein Duftöl ist noch kein Parfum. Erst die Mischung verschiedener Duftstoffe ergibt ein angenehm riechendes Parfum. Ebenso wichtig wie die Mischung ist das geeignete Lösemittel als Trägersubstanz für die Duftstoffe.
Die verschiedenen Duftwässer heißen zwar Eau de Toilette oder Kölnisch Wasser, aber Wasser ist nur in ganz geringen Anteilen in diesen enthalten. Denn die Duftstoffe lösen sich nicht in Wasser, was wir bereits bei der Wasserdampfdestillation festgestellt haben. Das geeignete Lösemittel ist Ethanol, das allgemein als Alkohol bezeichnet wird. Ethanol löst sowohl polare Stoffe, wie z. B. Wasser, als auch unpolare, in Wasser schlecht lösliche wie Pentan oder die diversen Duftstoffe.
Ethanol ist eine Verbindung aus Kohlenstoff, Wasserstoff und Sauerstoff mit der Molekülformel C_2H_6O. Man kann das Ethanol-Molekül formal als Derivat des Ethan-Moleküls ansehen, in dem ein Wasserstoff-Atom durch eine **Hydroxy-Gruppe –OH** ersetzt ist. (**Freie Elektronenpaare** werden im Folgenden je nach Bedarf eingezeichnet.) Man kann es aber auch als Derivat des Wasser-Moleküls ansehen, in dem ein Wasserstoff-Atom durch die **Ethyl-Gruppe** $-CH_2CH_3$ ersetzt ist. Sowohl die polare Hydroxy-Gruppe als auch die unpolare Ethyl-Gruppe beeinflussen die Eigenschaften des Ethanols. So ist zu vermuten, dass die Hydroxy-Gruppe die gute Wasserlöslichkeit von Ethanol bedingt, indem sich Wasserstoffbrückenbindungen zwischen den Molekülen ausbilden. Weiterhin ist anzunehmen, dass die gute Löslichkeit von unpolaren Stoffen in Ethanol auf der unpolaren Ethyl-Gruppe beruht.
Die Hydroxy-Gruppe ist **hydrophil**[1] und **lipophob**, während die Ethyl-Gruppe **hydrophob**[2] und **lipophil**[3] ist.

Fachbegriffe

Elektronenpaarbindung, Elektronegativität EN, polare und unpolare Moleküle, Hydroxy-Gruppe, hydrophil, hydrophob, lipophil, lipophob, van-der-Waals-Kräfte, Wasserstoffbrückenbindungen, freie Elektronenpaare

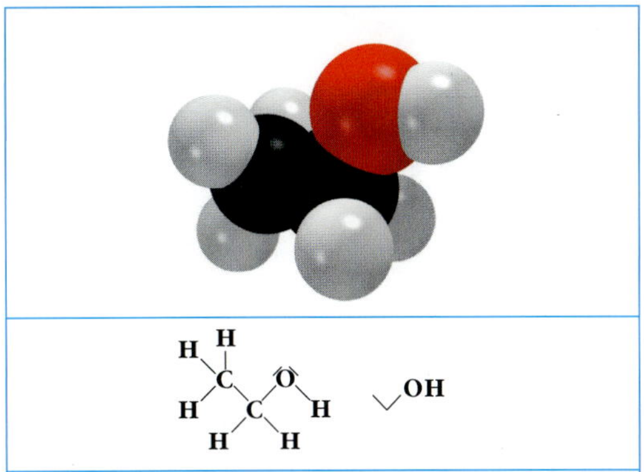

ϑ_b = 78 °C

B6 *Kalotten-Modell, Valenzstrichformel, Struktursymbol und Siedetemperatur von Ethanol.* **A:** *Bauen Sie ein Kugelstäbchen-Modell des Ethanol-Moleküls.*

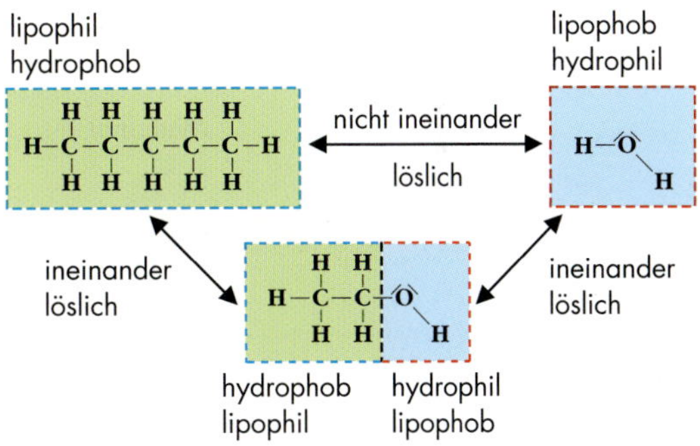

B7 *Löslichkeit von Ethanol*

INFO

Zwischenmolekulare Wechselwirkungen

Die Anziehungskräfte zwischen Molekülen einer Stoffportion werden als **van-der-Waals-Kräfte** bezeichnet. Im Vergleich zur Anziehung zwischen Ionen und zur Elektronenpaarbindung sind sie sehr schwach. Unter den van-der-Waals-Kräften gibt es folgende Abstufung nach zunehmender Stärke der Wechselwirkung:

- Wechselwirkungen zwischen unpolaren Molekülen, die mit steigender Molekülmasse und steigender Moleküloberfläche zunehmen
- Wechselwirkungen zwischen unpolaren Molekülen und Dipol-Molekülen
- **Dipol-Dipol-Wechselwirkungen**

Die **Wasserstoffbrückenbindung** ist eine Bindung zwischen Molekülen über Wasserstoff-Atome, die an stark elektronegative Atome der Elemente Fluor, Sauerstoff und Stickstoff gebunden sind. Die Anziehungskräfte zwischen den partiell positiv geladenen Wasserstoff-Atomen und den partiell negativ geladenen Fluor-, Sauerstoff- oder Stickstoff-Atomen sind sehr viel stärker als die van-der-Waals-Kräfte. Dabei tritt jeweils ein gebundenes Wasserstoff-Atom mit einem freien Elektronenpaar eines Sauerstoff-, Stickstoff- oder Fluor-Atoms eines anderen Moleküls in Wechselwirkung.

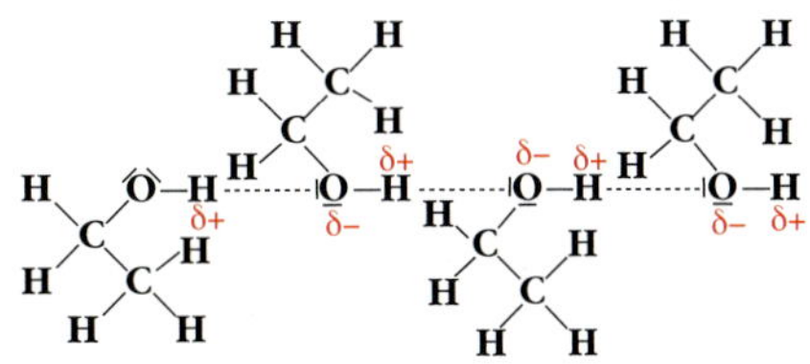

B8 *Wasserstoffbrückenbindungen zwischen Ethanol-Molekülen.* **A:** *Warum bilden sich Wasserstoffbrücken nur zwischen den Hydroxy-, aber nicht zwischen den Ethyl-Gruppen aus?* **A:** *Skizzieren Sie Wasserstoffbrückenbindungen zwischen Ethanol- und Wasser-Molekülen.*

---
[1] von *hydor* (griech.) = Wasser und von *philos* (griech.) = freundlich
[2] von *hydor* (griech.) = Wasser und von *phobos* (griech.) = scheu
[3] von *lipos* (griech.) = Fett und von *philos* (griech.) = freundlich

Geschwister des Ethanols

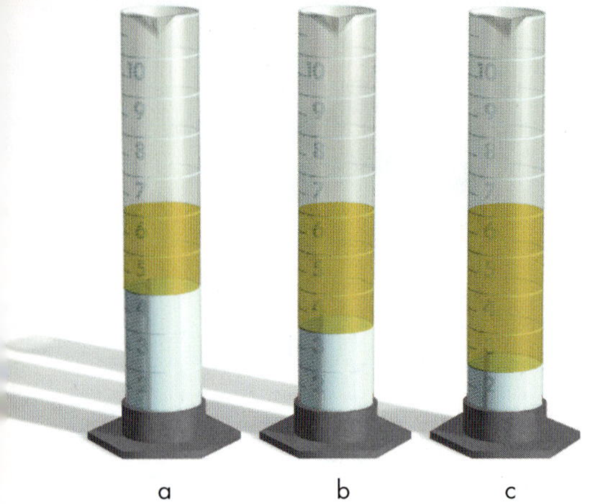

B1 *Beobachtungen zu V2*

Versuche

V1 Untersuchen Sie in Rggl. oder Petrischalen die Löslichkeit kleiner Portionen (1 mL) der Alkohole Methanol*, Ethanol*, 1-Propanol*, 1-Butanol*, 1-Pentanol*, Ethandiol* und Propantriol
a) in 1 mL Wasser und
b) in 1 mL Pentan*.

V2 Füllen Sie in drei 10-mL-Messzylinder jeweils 2 mL Pentan* und 2 mL Wasser. Geben Sie a) 2 mL Ethanol*, b) 2 mL 1-Propanol* und c) 2 mL 1-Butanol* hinzu und schütteln Sie. Messen Sie die Volumina der Phasen.

Auswertung

a) Schätzen Sie die Löslichkeit der Alkohole vor den Versuchen ab. Notieren Sie die Versuchsergebnisse in einer Tabelle und vergleichen Sie diese mit den Voraussagen.
Vergleichen Sie die Löslichkeiten der Alkohole und erklären Sie die Unterschiede anhand der Molekülstrukturen.
b) Erklären Sie die Beobachtungen bei V2 (B1).

Alkohol	Valenzstrichformel Halbstrukturformel	Struktursymbol	Siedetemp. in °C	Löslichkeit (g/100 g Wasser)
Methanol	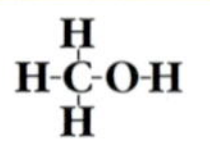 CH_3OH		65	∞
Ethanol	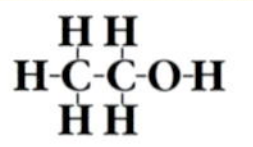 CH_3CH_2OH	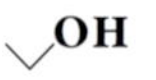	78,4	∞
1-Propanol	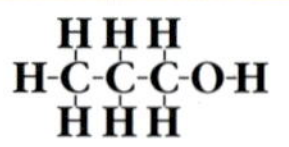 $CH_3CH_2CH_2OH$		97	∞
1-Butanol	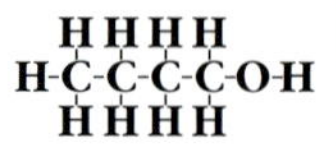 $CH_3CH_2CH_2CH_2OH$		117	7,9
1-Pentanol	 $CH_3CH_2CH_2CH_2CH_2OH$		138	2,3

B2 *Valenzstrichformeln, Struktursymbole, Siedetemperaturen und Löslichkeiten einwertiger Alkohole. In den Struktursymbolen stellt jede Ecke ein Kohlenstoff-Atom mit den dazugehörigen Wasserstoff-Atomen dar. Insbesondere größere Moleküle können mit Struktursymbolen viel übersichtlicher dargestellt werden als mit Valenzstrichformeln.*
A: *Welche weiteren Vorteile haben die Struktursymbole?*
A: *Geben Sie Struktursymbole für Glykol, Glycerin und Sorbit (B3) an.*

Stoffklasse der Alkohole

Ethanol ist ein Vertreter der Stoffklasse der **Alkohole**, Verbindungen, die in ihren Molekülen eine **Hydroxy-Gruppe –OH** enthalten, wie Methanol, Propanol oder Butanol, oder zwei oder mehrere Hydroxy-Gruppen wie Ethandiol (Glykol), Propantriol (Glycerin) oder Hexanhexol (Sorbit).

Die Ergebnisse von V1 und V2 bestätigen die Annahme (vgl. S. 11), dass die hydrophile Hydroxy-Gruppe eine gute Wasserlöslichkeit bewirkt und die lipophile Kohlenwasserstoff-Gruppe (Alkyl-Gruppe) die gute Löslichkeit in Pentan. Methanol, Ethanol und Propanol sind unbegrenzt in Wasser löslich. Die Löslichkeit sinkt von Butanol zu Pentanol wegen des kleiner werdenden Anteils der Hydroxy-Gruppe und der Zunahme des Anteils der hydrophoben Alkyl-Gruppe. Umgekehrt steigt die Löslichkeit in Pentan mit der Zunahme des lipophilen Alkyl-Restes. Wie V2 zeigt, ist der Einfluss der hydrophilen Hydroxy-Gruppe und der lipophilen Alkyl-Gruppe auf die Löslichkeit bei Propanol ungefähr gleich.

Alkohole sieden bei höheren Temperaturen als Alkane mit etwa gleicher Molekülmasse. Zwischen den Hydroxy-Gruppen der Alkohol-Moleküle bilden sich Wassserstoffbrückenbindungen aus, die wesentlich stärker als van-der-Waals-Kräfte sind. Mit steigender Molekülmasse nehmen die van-der-Waals-Kräfte zu, daher steigt die Siedetemperatur in der Reihe vom Methanol zum Pentanol.

Aufgaben

A1 Informieren Sie sich über die Nomenklaturregeln zur Bezeichnung von Alkanen (vgl. S. 49). Leiten Sie aus den Namen der in B2, B3 und B4 angegebenen Alkohole Regeln zur Nomenklatur der Alkohole ab.

A2 1-Hexanol ist kaum wasserlöslich, Sorbit dagegen sehr gut. Erklären Sie den Unterschied.

	Siedetemp. in °C	Löslichkeit in Wasser in g/100 g
1-Butanol 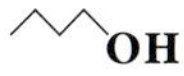	117	7,9
2-Butanol 	100	12,5
2-Methyl-1-propanol 	108	10,0
2-Methyl-2-propanol 	83	∞

B4 *Isomere[1] Butanole C_4H_9OH.* **A:** *Schätzen Sie anhand der Siedetemperaturen ab, bei welchem Butanol die stärksten van-der-Waals-Kräfte, bei welchem die schwächsten zwischen den Butyl-Gruppen auftreten. Erklären Sie dann die unterschiedlichen Löslichkeiten.*

[1] Isomere sind Verbindungen mit gleicher Summenformel, aber verschiedener Strukturformel (vgl. S. 51, B5)

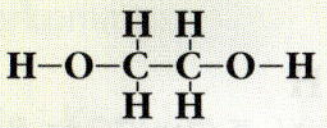 Ethandiol (Glykol)	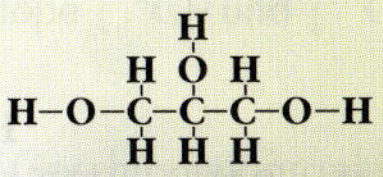 Propantriol (Glycerin)	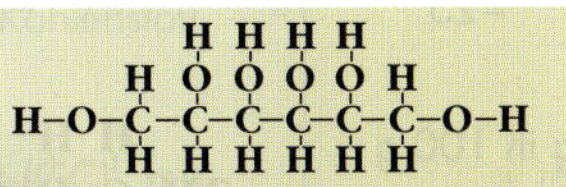 Hexanhexol (Sorbit)
ϑ_b = 197 °C	ϑ_b = 290 °C	ϑ_m = 112 °C ϑ_b = 295 °C
Verwendung als Frostschutzmittel in wassergekühlten Motoren. Ausgangsstoff für Kunststoffe	Verwendung in Kosmetika Ausgangsstoff für Sprengstoffe	Verwendung als Zuckerersatzstoff zur Vorbeugung von Karies und für Zuckerkranke

B3 *Einige wichtige Alkohole und ihre Verwendung.* **A:** *Bauen Sie Molekülmodelle für die genannten Alkohole auf.*

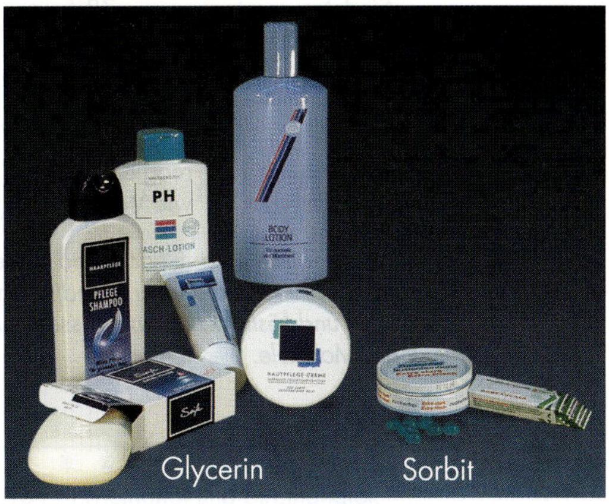

B5 *Verwendung von Glycerin und Sorbit. Sorbit wird durch Mundbakterien nicht angegriffen und zu Säuren zersetzt, die Karies fördern würden.*

Von Bier und Wein

B1 *Weinlese im alten Ägypten*

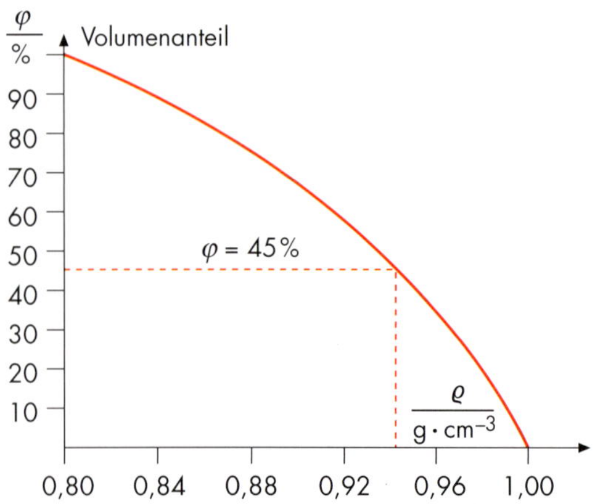

B2 *Zusammenhang zwischen Dichte ϱ und Alkoholgehalt φ von Alkohol-Wasser-Gemischen*

B3 *Hopfen und Gerste, Ausgangsstoffe für die Bierherstellung*

Versuche

V1 Lösen Sie in je einem Erlenmeyerkolben 10 g Glucose, 10 g Saccharose und 10 g Fructose in jeweils 100 mL Wasser, versetzen Sie die Lösungen mit 5 g Bäckerhefe und vermischen Sie gut. Verschließen Sie die Erlenmeyerkolben mit Gärröhrchen, die mit Kalkwasser* gefüllt sind. Lassen Sie die Ansätze bis zur nächsten Stunde stehen. Beobachtung?

V2 Um den Ethanolgehalt in der Gärlösung zu bestimmen, pipettieren Sie 50 mL der über der Hefe stehenden klaren Lösung in einen Destillationskolben. Destillieren Sie in einer Destillationsapparatur die Gärlösung so lange, bis die Siedetemperatur 100 °C erreicht ist. Fangen Sie das Destillat in einem ausgewogenen Messzylinder auf. Bestimmen Sie Volumen und Masse des Destillats. Entzünden Sie eine kleine Portion des Destillats in einer Porzellanschale. Beobachtung?

Auswertung

a) Bestimmen Sie den Alkoholgehalt in der Gärlösung nach folgendem Muster:

Beispiel: Bei der Destillation von 50 mL Gärlösung erhält man 12,5 mL Destillat. Die Masse beträgt: $m(\text{Destillat}) = 11{,}68\ \text{g}$

1. Berechnung der Dichte: $\varrho(\text{Destillat}) = \frac{m(\text{Destillat})}{V(\text{Destillat})} = \frac{11{,}68\ \text{g}}{12{,}5\ \text{mL}} = 0{,}935\ \frac{\text{g}}{\text{mL}}$

2. Ablesen des Volumenanteils φ an Ethanol in einer Tabelle (Dichte/Ethanol-Anteil) oder in B2: $\varphi(\text{Ethanol}) = 48\ \%$

3. Berechnung des Volumens des reinen Ethanols:
$V(\text{Ethanol}) = V(\text{Destillat}) \cdot \varphi(\text{Ethanol}) = 12{,}5\ \text{mL} \cdot 48\ \% = 6{,}0\ \text{mL}$

4. Bestimmung des Volumenanteils an Alkohol in der Gärlösung:
$\varphi(\text{Ethanol}) = V(\text{Ethanol}) : V(\text{Gärlösung}) = 6{,}0\ \text{mL} : 50\ \text{mL} = 0{,}12 = 12\ \%$

b) Warum muss man zur Bestimmung des Alkohol-Anteils in der Gärlösung den Umweg über die Destillation nehmen?

Von Hopfen und Malz zum Bier: In Wasser eingeweichte *Gerste* lässt man bei 15 °C bis 18 °C etwa 7 bis 8 Tage keimen. Das entstehende *Grünmalz* wird bei 60 °C bis 80 °C getrocknet. Dabei bildet sich das dunkle, aromatische *Darrmalz*. Dieses wird in der Brauerei zermahlen, mit Wasser gemischt und erwärmt. In dieser *Maische* wird die Stärke durch Enzyme der keimenden Gerste in wasserlösliche Zucker gespalten, die vergoren werden können. Die Maische wird filtriert und das Filtrat, die *Würze*, im Hopfenkessel mit Hopfen zum Sieden erhitzt. Geschmacksstoffe aus dem Hopfen werden gelöst. Die abgekühlte, *gehopfte Würze* wird mit Hefe zum Gären gebracht.

Man unterscheidet *untergärige Biere*, die bei 5 °C bis 9 °C in 8 bis 10 Tagen langsam entstehen, wobei die Hefe sich am Boden absetzt, und *obergärige Biere*, bei denen die Gärung bei 15 °C bis 20 °C unter Aufsteigen der Hefe in 4 bis 6 Tagen schnell abläuft. Nach längerer Lagerzeit und langsamer Nachgärung kommen die Biere in den Handel.

Aufgaben

A1 Stellen Sie für die Bierherstellung ein übersichtliches Schema auf.

A2 Warum setzt sich die Hefe bei langsamer Gärung am Boden ab, warum steigt sie bei schneller Gärung auf?

A3 „Alkoholfreies" Bier enthält weniger als 1 % Alkohol. Warum kann man es nicht einfach durch Abdestillieren des Alkohols bei normalem Druck gewinnen?

Die alkoholische Gärung

Die frühe Herstellung von Wein oder Bier ist darauf zurückzuführen, dass Alkohol in der Natur von selbst, ohne menschliches Zutun, entsteht. Eine wässrige Glucose-Lösung vergärt in Gegenwart von Hefezellen zu Ethanol und Kohlenstoffdioxid. Dieser Vorgang wird als **alkoholische Gärung** bezeichnet. Die Enzyme aus der Hefe wirken dabei als Katalysatoren.

$$C_6H_{12}O_6 \xrightarrow{\text{Hefe}} 2\ C_2H_5OH + 2CO_2$$

Glucose — Ethanol

Die günstigsten Bedingungen sind etwa 30 °C. Bei niedrigeren Temperaturen verläuft die alkoholische Gärung nur sehr langsam, bei Temperaturen oberhalb von ca. 50 °C findet keine Gärung statt, weil die Hefezellen nicht mehr lebensfähig sind.
Bei der Herstellung von Wein wird die Glucose aus Trauben vergoren, bei der Bierherstellung dient die Stärke aus der Gerste als Ausgangsmaterial.
Durch Gärung kann maximal ein Alkohol-Anteil von ca. 15 Volumenprozent erreicht werden. Bei höheren Alkohol-Konzentrationen stoppt die Gärung, weil die Hefezellen absterben. Getränke mit höherem Alkoholgehalt werden durch Destillation von Wein, Obstweinen oder Bier hergestellt.

Alkohol als Droge: Etwa 25 Milliarden € werden in Deutschland pro Jahr für alkoholische Getränke ausgegeben. Durchschnittlich nimmt jeder Bürger 12 L reinen Alkohol zu sich. Dabei ist der Genuss von Alkohol mit gesundheitlichen Risiken verbunden. Schon kleine Mengen Alkohol beeinträchtigen das Reaktionsvermögen, wodurch gerade Verkehrsteilnehmer stark gefährdet sind. So gilt ab einem Blutalkoholgehalt von 0,5 ‰ absolutes Fahrverbot. Hoher oder häufiger Genuss von Alkohol führt zu Schädigungen der inneren Organe, insbesondere der Leber, zu Erkrankungen des Nervensystems und zum Persönlichkeitsverfall. Alkohol ist eines der gefährlichsten Suchtmittel.

Aufgaben

A1 Der Blutalkoholgehalt in Promille (‰) lässt sich näherungsweise aus der aufgenommenen Alkoholmenge nach folgender Faustregel

$$\varphi\,(\text{Blutalkoholgehalt}) = \frac{m(\text{Alkohol})\text{ in g}}{m(\text{Person})\text{ in kg}\cdot K}\ \text{berechnen.}$$

K ist ein mittlerer Erfahrungswert und beträgt für Männer 0,68 und für Frauen 0,55.
Berechnen Sie den Blutalkoholgehalt einer männlichen Person von 70 kg nach dem Genuss von einem Glas (0,3 L) Bier (B4).

A2 Nennen Sie Gründe, die zu Alkoholmissbrauch führen können, und stellen Sie Regeln für einen vernünftigen Umgang mit Alkohol auf.

A3 Untersuchen Sie anhand von Werbesendungen im Fernsehen und Anzeigen in Zeitschriften, wie für alkoholische Getränke geworben wird.

A4 Wenn Winzer in den Gärkeller hinabsteigen, nehmen sie eine brennende Kerze mit. Warum wohl?

	Bier	Weinbrand	Weißwein	Likör
Volumenanteil:	5 %	38 %	10 %	30 %
Masse an Alkohol in einem Getränk:	11,8 g	11,9 g	9,8 g	9,1 g

Blutalkoholgehalt in ‰	Erscheinungen
0,3	erste Gangstörungen
0,6	verlängerte Reaktionszeit
0,8	Fahr- und Verkehrsuntüchtigkeit
1,0	mäßiger Rausch, torkelnder Gang
2,0	Bewusstsein stark eingetrübt
4,0	Tod durch Alkoholvergiftung

B4 *Ethanol-Anteil alkoholischer Getränke und Wirkungen von Alkohol*

Den nächsten Planeten bewohnte ein Säufer. Dieser Besuch war sehr kurz, aber er tauchte den kleinen Prinzen in eine tiefe Schwermut.
„Was machst du da?" fragte er den Säufer, den er stumm vor einer Reihe leerer und einer Reihe voller Flaschen sitzend antraf.
„Ich trinke", antwortete der Säufer mit düsterer Miene.
„Warum trinkst du?" fragte ihn der kleine Prinz.
„Um zu vergessen", antwortete der Säufer.
„Um was zu vergessen?" erkundigte sich der kleine Prinz, der ihn schon bedauerte.
„Um zu vergessen, dass ich mich schäme", gestand der Säufer und senkte den Kopf.
„Weshalb schämst du dich?" fragte der kleine Prinz, der den Wunsch hatte, ihm zu helfen.
„Weil ich saufe!", endete der Säufer und verschloss sich endgültig in sein Schweigen.
Und der kleine Prinz verschwand bestürzt.

B5 *Aus ANTOINE DE SAINT-EXUPÉRY, Der kleine Prinz*

Was ist ein Aromastoff?

Benzaldehyd

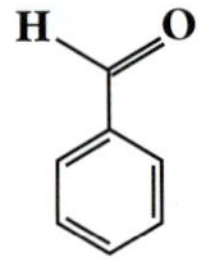

Bittermandelöl
Aprikosen- und Pfirsichkerne

ϑ_b = 180 °C

Ethansäurebenzylester

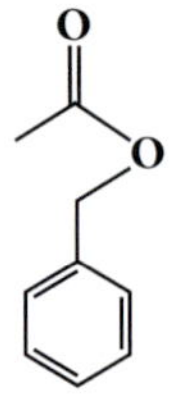

Jasmin

ϑ_b = 213 °C

Citronellal

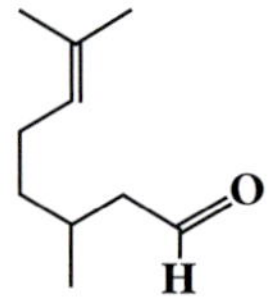

Zitronenmelisse

ϑ_b = 208 °C

Eugenol

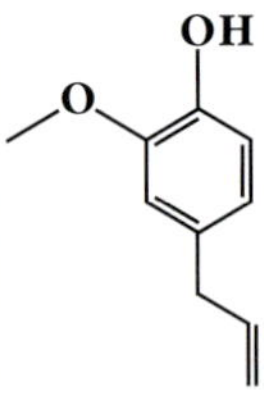

Gewürznelkenöl
Basilikumöl

ϑ_b = 253 °C

Geraniol

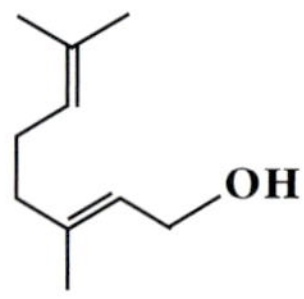

Rose
Geranie
Jasmin

ϑ_b = 230 °C

2-Heptanon

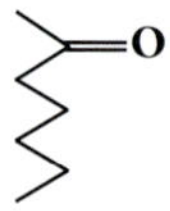

Gewürznelkenöl

ϑ_b = 152 °C

Ionon

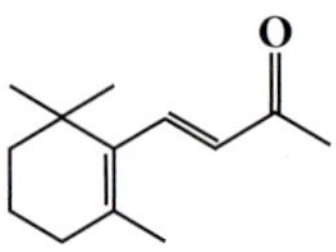

Veilchen

ϑ_b = 250 °C

Butansäureethylester

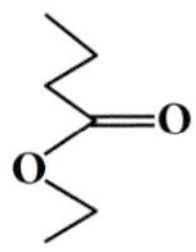

Ananas
Bananen

ϑ_b = 116 °C

Limonen

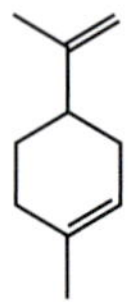

Zitronenöl
Orangenöl
Fichtennadelöl

ϑ_b = 176 °C

Linalool

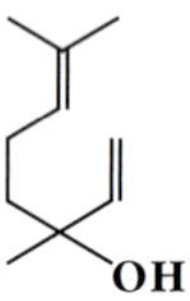

Lavendelöl
Orangenöl

ϑ_b = 200 °C

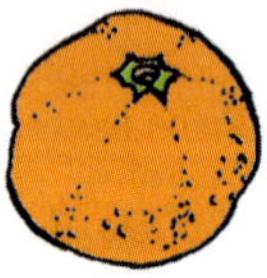

Linalylacetat

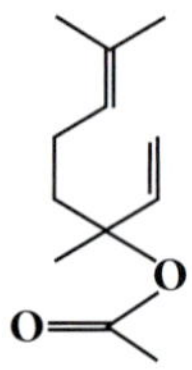

Lavendelöl

ϑ_b = 220 °C

Menthol

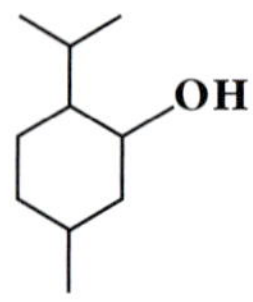

Pfefferminzöl

ϑ_b = 216 °C

Terpineol

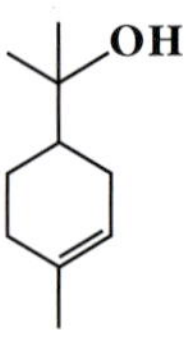

Kiefernöl

ϑ_b = 218 °C

Vanillin

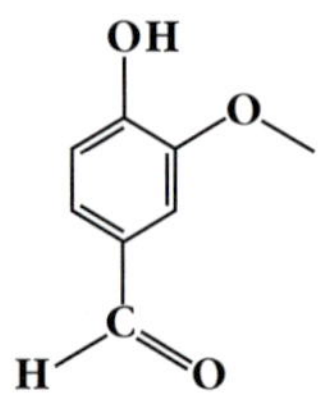

Vanille

ϑ_b = 285 °C

Zimtaldehyd

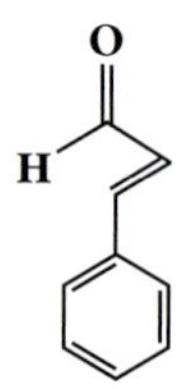

Zimtöl

ϑ_b = 246 °C

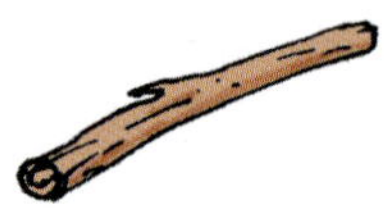

B1 *Inhaltsstoffe von Pflanzenaromen, Struktursymbole, Vorkommen und Siedetemperaturen*

Auswertung

a) Stellen Sie für Limonen, 2-Heptanon, Citronellal, Menthol und Linalool die Valenzstrichformeln und Molekülformeln auf.
b) Suchen Sie nach Möglichkeiten, die angegebenen Verbindungen zu ordnen.
c) Ordnen Sie die Verbindungen nach gleichen Atomgruppierungen.
d) Informieren Sie sich im Internet über Aromastoffe (mögliche Einstiegsadresse: http://www.haarmann-reimer.de).

Stoffklassen und funktionelle Gruppen

Die Aromen aus Pflanzen und die aus ihnen gewonnenen etherischen Öle enthalten eine Fülle verschiedenster Verbindungen, von denen B1 eine kleine Auswahl zeigt. Auf den ersten Blick sehen die verschiedenen Strukturformeln dieser Verbindungen verwirrend aus. Auf den zweiten Blick erkennt man jedoch Gemeinsamkeiten. Alle bestehen aus einem Gerüst aus Kohlenstoff- und Wasserstoff-Atomen, bei denen die Kohlenstoff-Atome entweder über **Einfachbindungen** (Alkane, vgl. S. 49) oder über **Doppelbindungen** (Alkene, vgl. S. 51) miteinander verknüft sind. Weiterhin stellt man fest, dass einige Atomgruppierungen immer wieder vorkommen. So finden wir bei Geraniol, Linalool, Menthol u.a. die **Hydroxy-Gruppe –OH**. Diese Verbindungen gehören zur Stoffklasse der Alkohole. Andere Verbindungen wie Benzaldehyd, Citronellal oder 2-Heptanon weisen eine **Carbonyl-Gruppe >C=O** auf. Hier unterschiedet man zwischen der **Aldehyd-Gruppe**, bei der an das Carbonyl-Kohlenstoff-Atom noch ein Wasserstoff-Atom gebunden ist, und der **Keto-Gruppe**. Eine weitere häufig anzutreffende Gruppe ist die **Ester-Gruppe –COO–**, hier bei Ethansäurebenzylester, Linalylacetat und Butansäureethylester. Da diese Gruppen die Eigenschaften der Verbindungen maßgeblich beeinflussen, fasst man die Verbindungen anhand ihrer **funktionellen Gruppen** zu Stoffklassen zusammen.

Stoffklasse	Strukturelement oder funktionelle Gruppe	Beispiel
Alk**ane**	Einfachbindung $>C-C<$	Eth**an** H_3C-CH_3
Alk**ene**	Doppelbindung $>C=C<$	Eth**en** $H_2C=CH_2$
Alko**hole** (Alkan**ole**)	Hydroxy-Gruppe $-\overline{O}-H$	Ethan**ol** $H_3C-CH_2-\overline{O}-H$
Aldehyde (Alkan**ale**)	Carbonyl-Gruppe (Aldehyd-Gruppe) $-CHO$	Etha**nal** H_3C-CHO
Ket**one** (Alkan**one**)	Carbonyl-Gruppe (Keto-Gruppe) $>C=\overline{O}$	Propan**on** $H_3C-CO-CH_3$
Carbonsäuren (Alkansäuren)	Carboxy-Gruppe $-COOH$	Ethan**säure** $H_3C-COOH$
Ether	Alkoxy-Gruppe $>C-\overline{O}-C<$	Diethyl**ether** $H_3CH_2C-O-CH_2CH_3$
Ester	Ester-Gruppe $-COO-$	Ethansäureethyl**ester** $H_3C-COO-CH_2CH_3$

B2 *Wichtige Stoffklassen und ihre funktionellen Gruppen. Die Endung im Namen gibt an, zu welcher Stoffklasse die Verbindung gehört.*

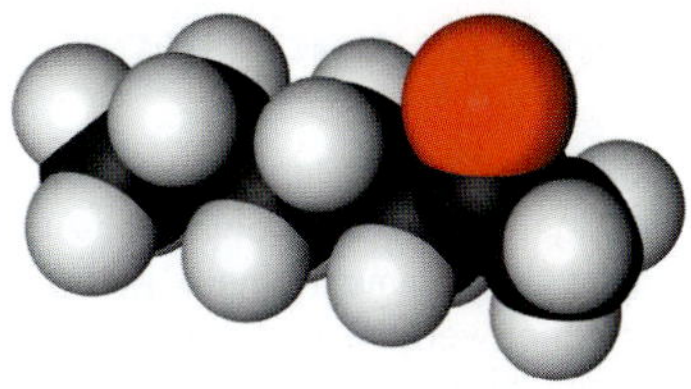

B3 *2-Heptanon (Kalotten-Modell)*

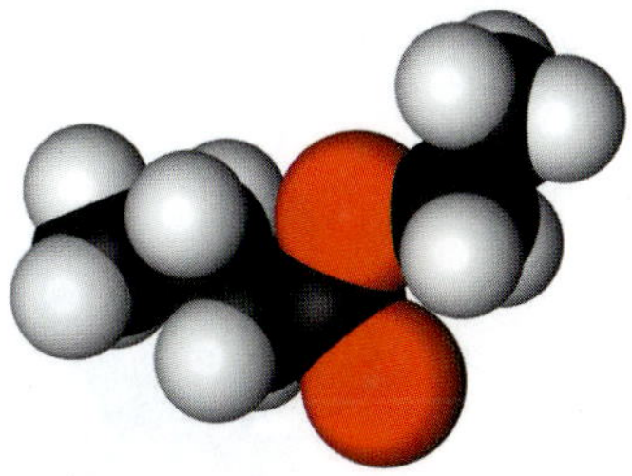

B4 *Butansäureethylester (Kalotten-Modell)*

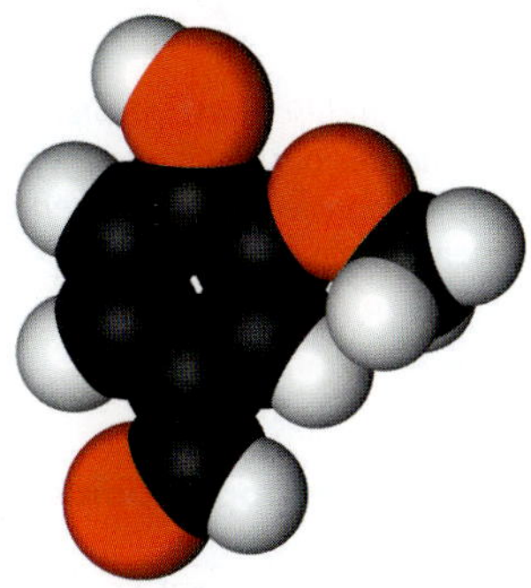

B5 *Vanillin (Kalotten-Modell), eine Verbindung mit drei funktionellen Gruppen.* **A:** *Welchen Stoffklassen ist Vanillin zuzuordnen?*

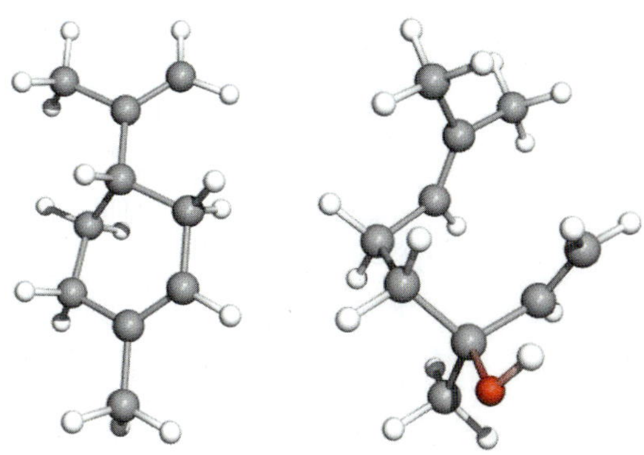

B6 *Limonen und Linalool (Computerbilder von Kugelstäbchen-Modellen).* **A:** *Vergleichen Sie die Kalotten-Modelle mit den Kugelstäbchen-Modellen hinsichtlich ihrer Aussagekraft über die räumliche Struktur von Molekülen.*

Terpene und Isopren

Auffallend bei vielen Aromastoffen (S. 18) ist ein Molekülgerüst aus 10 Kohlenstoff-Atomen. Kohlenwasserstoffe der Summenformel $C_{10}H_{16}$, die als Terpene[1] bezeichnet werden, und ihre Derivate haben meist einen angenehmen Geruch. Gemeinsames Merkmal der Terpene ist ihr Aufbau aus zwei Isopren-Einheiten mit je 5 Kohlenstoff-Atomen. In Pflanzen sind Terpene sowie Verbindungen, die aus mehreren Isopren-Einheiten aufgebaut sind, weit verbreitet. Sie tragen nicht nur zu deren Duft, sondern auch zu deren Farben bei.

So sind die Carotinoide, wie β-Carotin, der gelbe Farbstoff der Karotten, oder Lycopin, der rote Farbstoff der Tomaten, ebenfalls aus Isopren-Einheiten aufgebaut. Die Farbe roter und gelber Blätter, der Paprika oder Aprikosen, aber auch die Farbe der Schalen von Hummer und anderen Schalentieren beruhen auf Carotinoiden. Man vermutet, dass die Riechstoffe beim Abbau der Carotinoide entstehen.

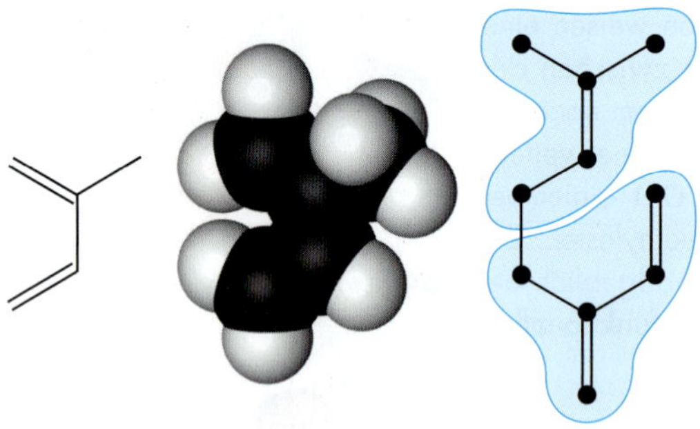

B1 *Isopren und Isopren-Einheiten in Terpenen.*
A: *Welche der auf S. 18 angegebenen Moleküle gehören zu den Terpenen und Terpen-Derivaten? Zeichnen Sie die Isopren-Einheiten ein.*

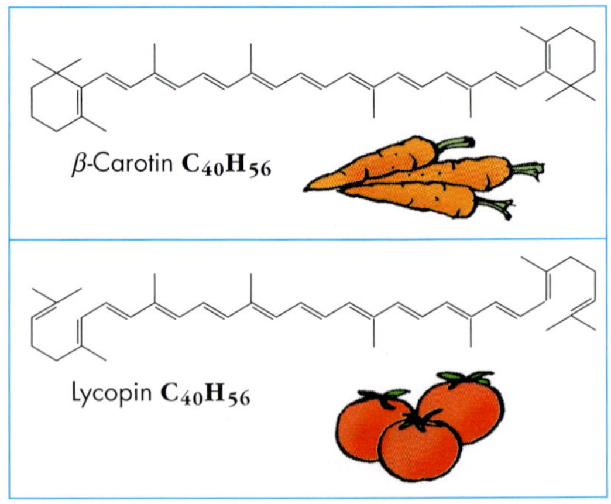

B2 *β-Carotin und Lycopin, zwei Carotinoide.*
A: *Aus wie vielen Isopren-Einheiten sind β-Carotin bzw. Lycopin aufgebaut?* **A:** *Bei einer Gemüsesuppe mit Möhren oder Tomaten sind die Fettaugen gelborange bis rot gefärbt, aber nicht die wässrige Brühe. Erklären Sie diese Beobachtung.*

Nachweis von Doppelbindungen im Molekül

Versuche

V1 Schütteln Sie in zwei Rggl. a) 3 mL Cyclohexan* und b) 3 mL Cyclohexen* jeweils mit 3 mL Bromwasser*. Beobachtung?

V2 Schütteln Sie verschiedene etherische Öle, auch selbst isolierte, wie Orangenöl, Nelkenöl, Lavendelöl, Zimtöl u.a. sowie Eau de Parfum mit jeweils 2 mL Bromwasser*. Beobachtung?

Viele Aromastoffe (vgl. S. 18), wie z. B. die Terpene, besitzen eine oder mehrere Kohlenstoff-Kohlenstoff-Doppelbindungen im Molekül. Eine Nachweisreaktion für dieses Strukturmerkmal ist die Entfärbung von Bromwasser beim Schütteln (V1 und V2). Die Brom-Moleküle werden dabei an die Kohlenstoff-Atome der Doppelbindungen angelagert:

$$R_2C{=}CR_2 + Br_2 \longrightarrow R_2CBr{-}CBrR_2$$

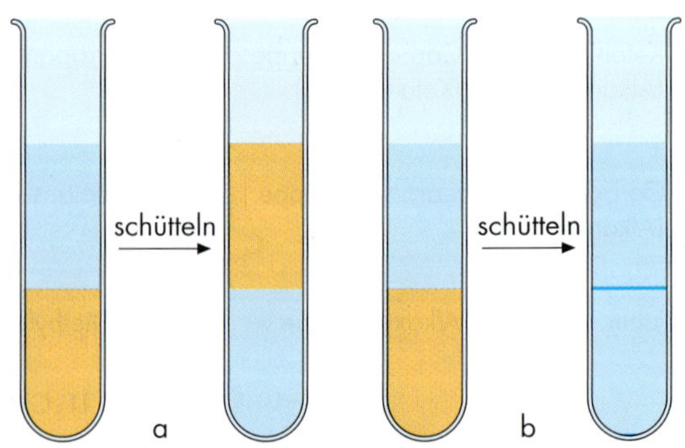

B3 *a) Schütteln eines Alkans, z. B. Cyclohexan, mit Bromwasser und b) Schütteln eines Alkens, z. B. Cyclohexen mit Wasser.* **A:** *Vergleichen Sie die Löslichkeit von Brom in Wasser und in einem Alkan bzw. Alken und erklären Sie den Unterschied.*

Aufgabe

A1 Welche der folgenden Aromastoffe – Limonen, Menthol, Geraniol, Linalool, Terpineol (S. 18) – zeigen eine positive Bromwasser-Probe? Wie viele Moleküle Brom werden jeweils pro Molekül addiert?

[1] von *terpien* (griech.) = erfreuen

Riechen und Geruch

Riechen kann man nur Stoffe, die mit der Atemluft in die Nase gelangen, sie müssen sich also im gasförmigen Zustand befinden. Weiterhin müssen sie zumindest in geringem Maße hydrophil sein, damit sie sich in der wässrigen Nasenschleimhaut lösen können.

In der Nase befinden sich im oberen Bereich (B1) zwei ca. 4 cm^2 große Riechschleimhäute mit ca. 30 Millionen Nervenzellen und sogenannten Stützzellen, die den Schleim erzeugen (B2). Die Riechnervenzellen besitzen eine Vielzahl von feinen Endungen, die wie feine Härchen, den Riechhärchen, in die Schleimschicht hineinragen. Im Schleim verfangen sich die Duftmoleküle, die mit der Atemluft in die Nase strömen. Wie das Riechen genau funktioniert, ist noch nicht geklärt. Die Vielfalt der Geruchsempfindungen und die Vielfalt der chemischen Strukturen der Geruchsstoffe lassen noch keinen Schluss auf den Mechanismus des Riechens zu. Man vermutet, dass sich auf den Riechhärchen Rezeptor-Moleküle befinden, an die sich nach dem Schlüssel-Schloss-Prinzip bestimmte Duftmoleküle mit passender Struktur anlagern können (B3). Dockt ein Molekül an, so wird über die Nervenfasern ein elektrisches Signal ans Gehirn geleitet. Der Geruchseindruck entsteht. Das Riechzentrum befindet sich im entwicklungsgeschichtlich ältesten Teil des Großhirns, der auch für die emotionalen Reaktionen eines Menschen verantwortlich ist. Gerüche beeinflussen daher unsere Emotionen oft unterhalb der Bewusstseinsschwelle.

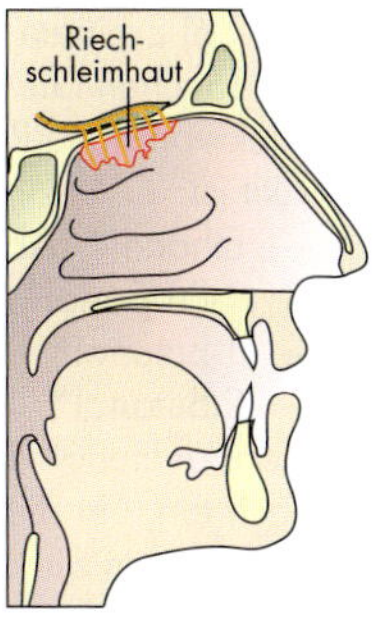

B1 *Lage der Riechschleimhaut*

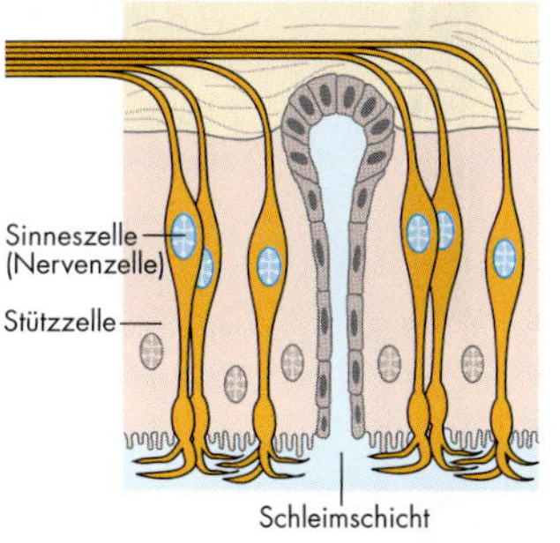

B2 *Querschnitt durch die Riechschleimhaut beim Menschen*

B3 *Modell eines Riechhärchens mit Rezeptoren und passenden Riechstoff-Molekülen nach dem Schlüssel-Schloss-Prinzip*

Die Gerüche, auf die wir Menschen am empfindlichsten reagieren, entstehen beim Verderben von Lebensmitteln. Fäulnisbakterien geben für den Menschen giftige Stoffwechselprodukte ab, wie z. B. Ammoniak oder Dimethylsulfid. Der Geruch dient sozusagen als Warnsignal vor dem Verzehr verderbender Lebensmittel. Nicht alle flüchtigen Verbindungen haben einen charakteristischen Geruch. Die bekanntesten Stoffe ohne Geruch sind Wasser und die Gase der Luft. Diese allgegenwärtigen Stoffe haben wir im Laufe der Evolution zu ignorieren gelernt.

Etwa 700 Duftnuancen kann ein normaler Mensch unterscheiden, Parfumeure mehr als 2000. Der Geruchssinn ist sehr empfindlich. Manche Stoffe sind noch in einer Verdünnung von 1 : 1 Million, manche sogar noch in einer Verdünnung von 1 : 1 Milliarde wahrzunehmen. Die Konzentration beeinflusst auch die Geruchswahrnehmung. So empfinden wir den Geruch eines etherischen Öls manchmal als streng, in der Verdünnung aber als angenehm.
Im Vergleich mit Tieren wie z. B. Hunden ist unsere Riechleistung allerdings bescheiden. Hunde riechen etwa 100 mal besser als Menschen.

Aufgabe

A1 Vielen Alltagsprodukten werden heute Duftstoffe zugesetzt, damit sie angenehm riechen oder andere unangenehme Gerüche überdecken. Stellen Sie eine Liste zusammen.

Vom Alkohol zum Aldehyd oder zum Keton

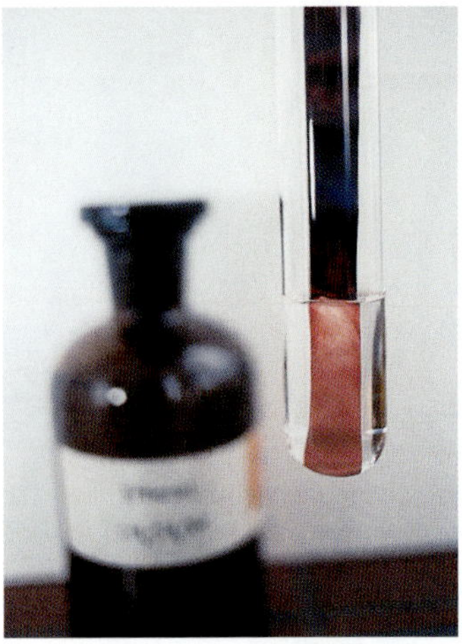

B1 *Kupferoxid wird durch Alkohole zu Kupfer reduziert.*

B2 *Im Aroma von Früchten und Blüten ist eine Vielzahl von Aldehyden und Ketonen enthalten.*
Das Aroma von Äpfeln wird beispielsweise von Hexanal und 2-Hexenal, das von Pfirsichen von Nonanal mitbestimmt. **A:** *Geben Sie die Strukturformeln der Verbindungen an.*

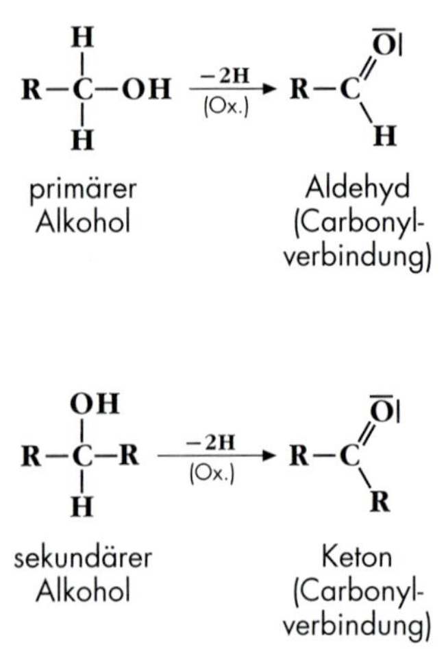

B3 *Vom Alkohol zur Carbonylverbindung.* **A:** *Warum lässt sich ein tertiärer Alkohol nicht zu einer Carbonylverbindung oxidieren?*

Versuche

V1 a) Erhitzen Sie ein Kupferblech in der Flamme stark. Beobachtung?
b) Tauchen Sie jeweils ein rot glühendes, oxidiertes Kupferblech in ein dickwandiges Rggl., das jeweils mit ca. 5 mL der folgenden Alkohole gefüllt ist:
- Ethanol* (Abzug!)
- 1-Propanol*
- 1-Butanol*
- 2-Butanol*

Beobachtung? Tauchen Sie das heiße Kupferblech in einen Alkohol mehrfach ein, um die Nachweise von V2 durchzuführen.

V2 Prüfen Sie die Reaktionsgemische aus V1 mit einem Streifen Watesmo-Papier (Indikator für Wasser).
Geben Sie zu den Rggl. aus V1 nach der Reaktion je 1 mL SCHIFF[1]-Reagenz*. SCHIFF-Reagenz ist ein Nachweis-Reagenz für Aldehyde (vgl. S. 19). Geben Sie zum Vergleich auch zu den reinen Alkoholen je 1 mL SCHIFF-Reagenz.

V3 Lösen Sie jeweils einige Tropfen von etherischen Ölen (Zimtöl, Bittermandelöl u. a.), Eau de Parfums oder eine Spatelspitze Vanillezucker in 1 mL Ethanol* und versetzen Sie diese Lösungen mit jeweils 1 mL SCHIFF-Reagenz *.

Auswertung

a) Erläutern Sie, welche Reaktion beim Erhitzen des Kupferblechs abläuft. Formulieren Sie die Reaktionsgleichung.
b) Deuten Sie die Beobachtungen von V1b).
c) Stellen Sie die Ergebnisse von V1 tabellarisch zusammen. Aus welchen Alkoholen entstehen Aldehyde? Entwickeln Sie die zugehörigen Reaktionsgleichungen anhand von B3.
d) Notieren Sie die Ergebnisse von V3 und erklären Sie diese.

Aufgaben

A1 Das berühmte Parfum Chanel Nr. 5 enthält als Duftkomponente den vollsynthetischen Stoff 2-Methylundecanal (undecan (lat.) = elf). Auch 7-Hydroxy-3,7-dimethyloctanal ist wegen seines blumigen Dufts ein wichtiger Baustein in der Parfümerie. Geben Sie die Strukturformeln an.

A2 Welche Carbonylverbindungen erhält man aus
a) 2-Propanol, b) 2-Methyl-1-propanol, c) 1-Pentanol und d) 3-Hexanol? Geben Sie die Namen der Produkte an.

Rationeller Name (Genfer Nomenklatur)	Formel	Trivialname	ϑ_b in °C
Methanal	$HCHO$	Formaldehyd	−19
Ethanal	CH_3CHO	Acetaldehyd	21
Propanal	C_2H_5CHO	Propionaldehyd	48
Butanal	C_3H_7CHO	Butyraldehyd	76
Pentanal	C_4H_9CHO	Valeraldehyd	103
Hexanal	$C_5H_{11}CHO$	Capronaldehyd	131
Heptanal	$C_6H_{13}CHO$	Heptaldehyd	155

B4 *Einige einfache Aldehyde (Alkanale).* **A:** *Vergleichen Sie die Siedetemperaturen der Alkanale mit denen der Alkanole (vgl. S. 12, B3) gleicher Kettenlänge. Welche zwischenmolekularen Kräfte wirken zwischen Alkanalen?*

[1] HUGO SCHIFF (1834 bis 1915), Prof. für Chemie in Florenz und Turin

Redoxreaktionen als Elektronenübertragungen

Viele Aromastoffe sind an der Luft nicht unbegrenzt haltbar. Sie werden allmählich oxidiert und verlieren oder verändern dabei ihren Geruch.

Einige Aromastoffe gehören zu der Stoffklasse der Alkohole. Deren Oxidationsverhalten wollen wir am Beispiel Ethanol untersuchen. Dazu setzen wir Ethanol mit Kupferoxid, einem gebräuchlichen Oxidationsmittel, um (V1). Wir stellen fest, dass beim Eintauchen von heißem, schwarzem Kupferoxid in Ethanol rot glänzendes Kupfer gebildet wird. Ein weiteres Produkt lässt sich durch die rotviolette Färbung mit SCHIFF-Reagenz als Aldehyd nachweisen. Es ist Ethanal. Gleichzeitig wird noch Wasser gebildet.

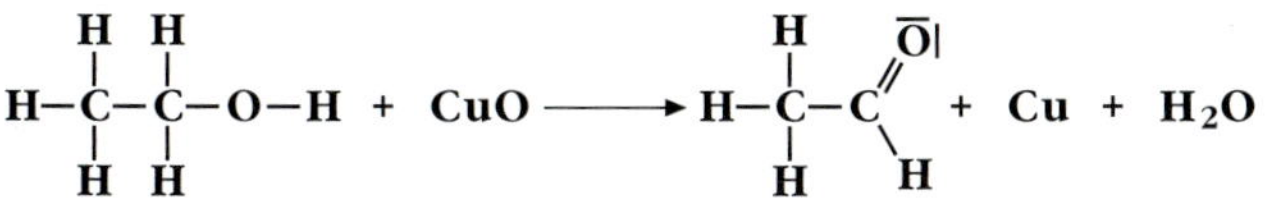

Ethanol Ethanal

Kupferoxid wird zu Kupfer reduziert. Da kein anderer Reaktionspartner vorhanden ist, muss Ethanol als Reduktionsmittel wirken. Dabei wird es vermutlich selbst oxidiert. Da Ethanol aber keinen Sauerstoff aufnimmt, trifft die ursprüngliche Definition der Oxidation als Sauerstoffaufnahme hier nicht zu. Es ist daher sinnvoll, den Oxidationsbegriff bzw. den Reduktionsbegriff zu erweitern. Dazu betrachten wir die Reaktionen von V1 auf der Teilchenebene:
Bei der Oxidation von Kupfer zu Kupferoxid geben die Kupfer-Atome Elektronen an Sauerstoff-Atome ab und werden zu Kupfer-Ionen (B5). Umgekehrt nehmen bei der Reduktion Kupfer-Ionen Elektronen auf. Allgemeiner kann man entsprechend definieren:

Die Oxidation ist eine Elektronenabgabe, die Reduktion eine Elektronenaufnahme. Eine Redoxreaktion ist eine Reaktion mit Elektronenübertragung.
Die Teilchen des Reduktionsmittels (der Stoff, der oxidiert wird) wirken als Elektronen-Donatoren[1], die Teilchen des Oxidationsmittels (der Stoff, der reduziert wird) wirken als Elektronen-Akzeptoren[2].

Bei der Reaktion von Kupferoxid mit Ethanol müssen die Elektronen, die die Kupfer-Ionen aufnehmen, aus den Ethanol-Molekülen stammen.

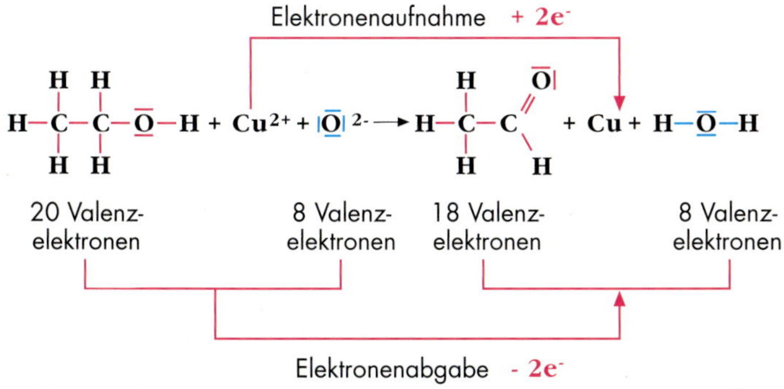

Zählen wir die Valenzelektronen, stellen wir fest, dass bei dem Übergang von einem Ethanol-Molekül und einem Oxid-Ion zu einem Ethanal-Molekül und einem Wasser-Molekül tatsächlich zwei Elektronen abgegeben werden.

Bei der Oxidation von Kupfer zu Kupferoxid werden Kupfer-Ionen Cu^{2+} und Oxid-Ionen O^{2-} gebildet, die sich in einem Gitter anordnen.

Jedes Kupfer-Atom gibt 2 Elektronen ab:

$$2\,Cu \longrightarrow 2\,Cu^{2+} + 4\,e^-$$

Jedes Sauerstoff-Atom nimmt 2 Elektronen auf:

$$\langle O{=}O \rangle + 4\,e^- \longrightarrow |\overline{\underline{O}}|^{2-} + |\overline{\underline{O}}|^{2-}$$

Die Zusammenfassung dieser Teilschritte ergibt:

$$2\,Cu + O_2 \xrightarrow{4\,e^-} \underbrace{2\,Cu^{2+} + 2\,O^{2-}}_{2\,CuO}$$

B5 *Die Oxidation von Kupfer als Elektronenübergang von Kupfer-Atomen zu Sauerstoff-Atomen*

Aufgaben

A1 Die Reaktion von Kupfer zu Kupferoxid war nach der ursprünglichen Definition eine Oxidation. Als was ist sie nach der heutigen Definition anzusehen?

A2 In einem Reagenzglas werden 5,6 g Eisenpulver und 8,0 g Kupferoxid gemischt und bis zum Aufglühen erhitzt.
Dabei läuft folgende Reaktion ab:
$CuO + Fe \rightarrow Cu + FeO$
a) Wenden Sie auf diese Reaktion den ursprünglichen und den heutigen Oxidations- bzw. Reduktionsbegriff an.
b) Geben Sie das Oxidations- bzw. Reduktionsmittel, den Elektronen-Donator und den Elektronen-Akzeptor an.

A3 Vergleichen Sie die Verbrennung von Magnesium nach
$2\,Mg + O_2 \rightarrow 2\,MgO$
und die Reaktion von Magnesium mit Chlor nach
$Mg + Cl_2 \rightarrow MgCl_2$.
Zerlegen Sie dazu die Reaktionen in Teilschritte wie bei B5. Geben Sie an: Elektronenabgabe, Elektronenaufnahme, Elektronen-Donator, Elektronen-Akzeptor, Oxidation, Reduktion, Reduktionsmittel, Oxidationsmittel.

Fachbegriffe

Oxidation, Reduktion, Redoxreaktion

[1] von *donare* (lat.) = geben, schenken
[2] von *accipere* (lat.) = annehmen

Vom Aldehyd zur Carbonsäure

B1 *Silberspiegel-Probe auf Aldehyde*

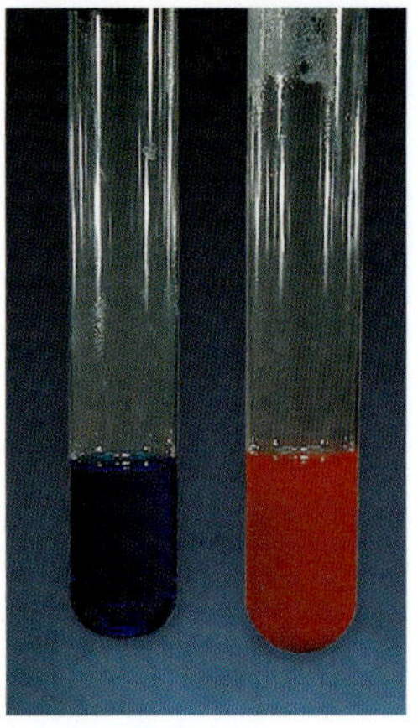

B2 *FEHLING-Probe auf Aldehyde*

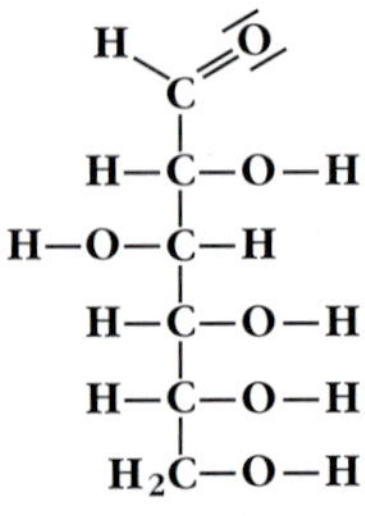

B3 *Vereinfachte Formel von Glucose*

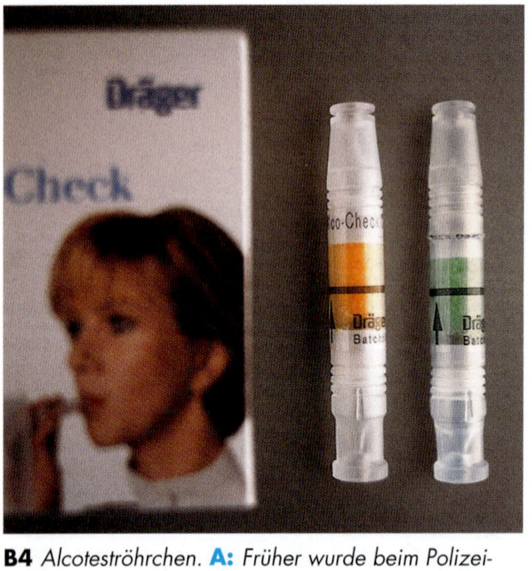

B4 *Alcoteströhrchen.* **A:** *Früher wurde beim Polizei-Alkoholtest Atemluft durch Röhrchen mit gelb-orangem Kaliumdichromat $K_2Cr_2O_7$ geblasen. Enthält die Atemluft Alkohol, so verfärbt sich das Röhrchen grün. Die Grünfärbung ist auf Chrom(III)-Ionen Cr^{3+} zurückzuführen. Alkohol wird dabei zu Ethansäure oxidiert. Entwickeln Sie schrittweise die Teilgleichungen für die Oxidation und die Reduktion anhand der Oxidationszahlen. Beachten Sie, dass das Alcoteströhrchen noch Wasser und Säure enthält.*

Versuche

V1 Versetzen Sie in einem neuen Rggl. 5 mL Silbernitrat-Lösung*, $w = 5\,\%$, tropfenweise mit Natronlauge*, $w = 10\,\%$, bis ein schwarzbrauner Niederschlag entsteht. Dazu tropfen Sie Ammoniak-Lösung*, $w = 3\,\%$, bis der Niederschlag gerade verschwindet. Geben Sie zu dem so hergestellten TOLLENS-Reagenz[1] unter dem Abzug einige Tropfen Ethanal-Lösung* und erwärmen Sie vorsichtig ohne zu schütteln im Wasserbad. Beobachtung?

V2 Führen Sie V1 mit Glucose-Lösung oder Propanal-Lösung* durch.

V3 *FEHLING-Probe:* Mischen Sie in einem Becherglas 5 mL FEHLING-I-Lösung* (Kupfersulfat-Lösung) und 5 mL FEHLING-II-Lösung* (wässrige Lösung von Kaliumnatriumtartrat, einem Salz der Weinsäure, und Natriumhydroxid). Verteilen Sie diese Lösung auf 4 Rggl. und geben Sie a) 2 Tropfen Ethanal-Lösung*, b) 2 Tropfen Propanal*, c) 2 Tropfen Propanon* (Aceton) und d) 1 mL Glucose-Lösung zu. Erhitzen Sie die Rggl. mit kleiner Flamme vorsichtig zum Sieden, Rggl. a) unter dem Abzug.

Auswertung

a) Der schwarzbraune Niederschlag bei V1 ist Silberhydroxid. Er löst sich bei Ammoniak-Zugabe unter Bildung des Diamminsilber-Komplexes $Ag(NH_3)_2^+$ auf. Dadurch werden die Silber-Ionen im alkalischen Bereich in Lösung gehalten. Vereinfachend können wir von Silber-Ionen Ag^+ ausgehen. Welche Reaktion tritt bei Zugabe von Ethanal ein? Aus Ethanal entsteht Ethansäure. Entwickeln Sie die Reaktionsgleichung. Beachten Sie dabei, dass diese sogenannte Silberspiegel-Probe in alkalischer Lösung abläuft.

b) Ähnlich wie bei V1 werden bei der FEHLING-Probe durch Zugabe von Kaliumnatriumtartrat die Kupfer(II)-Ionen Cu^{2+} in Lösung gehalten. Der rote Niederschlag bei der FEHLING-Reaktion (V3) ist Kupfer(I)-oxid Cu_2O. Entwickeln Sie analog zur Silberspiegel-Probe (S. 25) die Reaktionsgleichung für die FEHLING-Reaktion bei Ethanal unter Angabe der Oxidationszahlen und der Teilgleichungen für die Oxidation und die Reduktion.

c) Ermitteln Sie anhand von V3, welche Carbonylverbindungen eine positive FEHLING-Probe zeigen und begründen Sie.

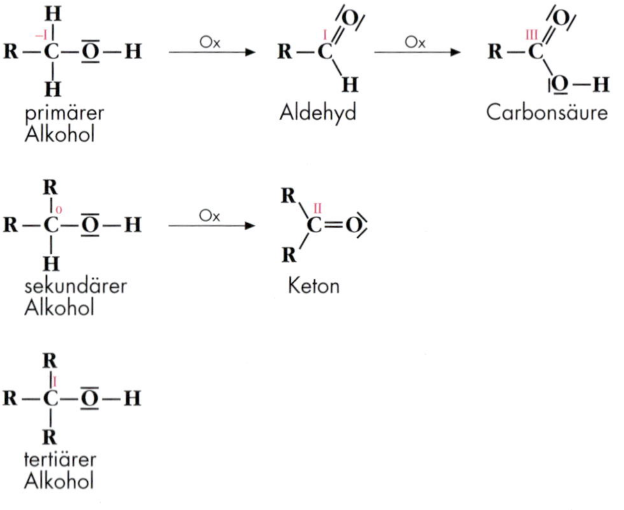

B5 *Die Oxidationsreihen der Alkohole*

---

[1] BERNHARD TOLLENS (1841 bis 1918), Prof. für Chemie in Göttingen

[2] HERMANN VON FEHLING (1812 bis 1885), Prof. in Stuttgart

Oxidationszahl

Bei der Silberspiegel-Probe auf Aldehyde werden Silber-Ionen zu Silber-Atomen reduziert und die Aldehyd-Gruppe zur Carboxy-Gruppe oxidiert.

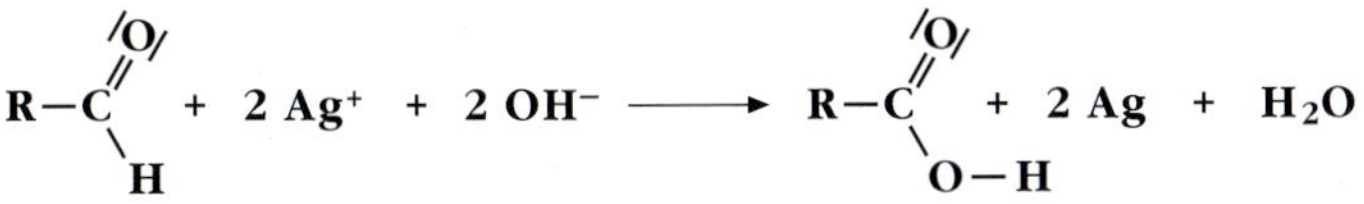

Um eine solche Redoxgleichung systematisch aufstellen zu können, muss man die Anzahl der übertragenen Elektronen ermitteln und feststellen, welche Teilchen Elektronen aufgenommen bzw. abgegeben haben. Bei Atom-Ionen wie dem Silber-Ion ist dies leicht zu erkennen, bei Molekülen und Molekül-Ionen jedoch nicht. Dazu hat man als Hilfsmittel die **Oxidationszahl** eingeführt.
Die Oxidationszahl einatomiger Ionen entspricht ihrer Ladungszahl. Bei Atomen von Molekülen entspricht die Oxidationszahl einer *erdachten* Ladungszahl, die man erhält, indem man alle Bindungselektronen dem jeweils elektronegativeren an der Bindung beteiligten Atom zuordnet (B6). Bei Bindungen zwischen zwei gleichartigen Atomen werden die Bindungselektronen beiden Atomen jeweils zur Hälfte zugeordnet. Die Oxidationszahl wird als römische Ziffer über das Atom-Symbol geschrieben, negative Oxidationszahlen erhalten ein Minuszeichen.
Anhand der Oxidationszahl lässt sich erkennen, welches Atom bei einer Redoxreaktion oxidiert, welches reduziert wird. Eine Erhöhung der Oxidationszahl bedeutet eine Elektronenabgabe, also eine Oxidation, eine Erniedrigung der Oxidationszahl entspricht einer Elektronenaufnahme, also einer Reduktion.

Mithilfe der Oxidationszahlen lassen sich Reaktionsgleichungen für Redoxreaktionen nach folgendem Verfahren systematisch aufstellen:

1. Oxidationszahlen der Atome in Edukt- und Produkt-Teilchen bestimmen:

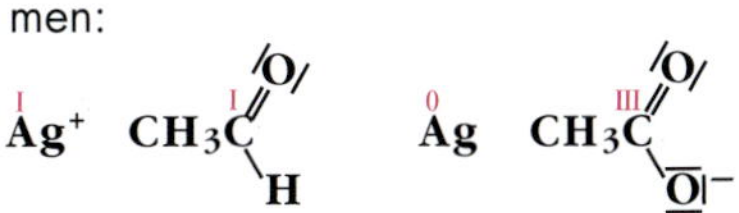

2. Teilgleichungen für die Oxidation und Reduktion mit der Anzahl der abgegebenen und aufgenommenen Elektronen aufstellen:

$\overset{I}{Ag}^+ + e^- \longrightarrow \overset{0}{Ag}$ (Reduktion)

$CH_3\overset{I}{C}HO \longrightarrow CH_3\overset{III}{C}OO^- + 2e^-$ (Oxidation)

3. Ladungsbilanz ausgleichen durch Hinzufügen von OH^--Ionen bei Redoxreaktionen in alkalischer Lösung oder H^+-Ionen bei Redoxreaktionen in saurer Lösung:

$CH_3\overset{I}{C}HO + 3OH^- \rightarrow CH_3\overset{III}{C}OO^- + 2e^-$

4. Atombilanz für jede Teilgleichung ausgleichen durch Hinzufügen von Wasser-Molekülen:

$CH_3\overset{I}{C}HO + 3OH^- \longrightarrow CH_3\overset{III}{C}OO^- + 2H_2O + 2e^-$

5. Multiplikation der Teilgleichungen mit den entsprechenden Faktoren, da die Anzahl der bei der Oxidation abgegebenen und der bei der Reduktion aufgenommenen Elektronen gleich sein muss, und Addition der Teilgleichungen:

$CH_3\overset{I}{C}HO + 2Ag^+ + 3OH^- \longrightarrow CH_3\overset{III}{C}OO^- + 2Ag + 2\,H_2O$

1. Atome von Elementen haben die Oxidationszahl 0:

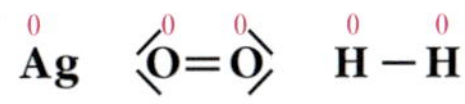

2. Die Oxidationszahl einatomiger Ionen ist gleich ihrer Ladungszahl:

3. Bei Atomen von Molekülen ordnet man die Bindungselektronen dem jeweils elektronegativeren Atom zu:

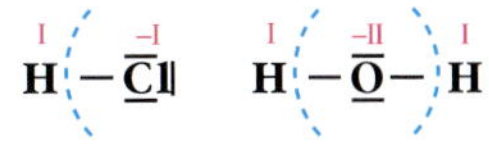

Daraus ergibt sich:
- Wasserstoff-Atome haben in der Regel die Oxidationszahl +I
- Sauerstoff-Atome haben in der Regel die Oxidationszahl –II
- Metall-Atome haben positive Oxidationszahlen

4. Die Summe der Oxidationszahlen aller Atome in einem Molekül ist 0, bei Molekül-Ionen ist sie gleich der Ladungszahl.

B6 *Regeln zum Feststellen der Oxidationszahl*

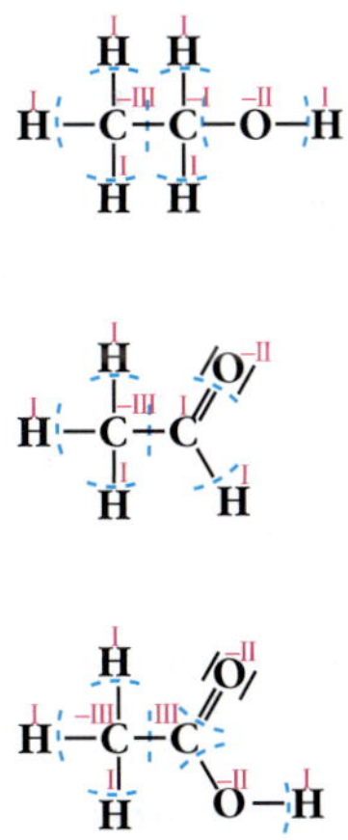

B7 *Ermitteln der Oxidationszahlen bei organischen Molekülen.* ***A:*** *Geben Sie die Oxidationszahlen aller Atome in folgenden Molekülen an: Methan, Methanol, 1-Propanol, 2-Propanol, Propanon.*

Fachbegriff
Oxidationszahl

Carbonylverbindungen

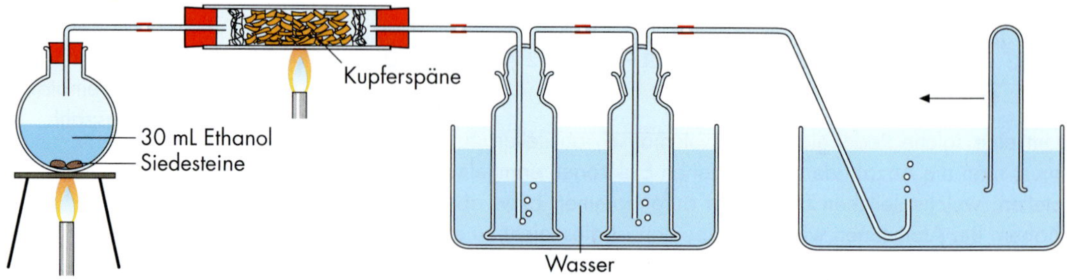

B1 *Versuchsaufbau zu LV1*

Versuche

LV1 *Dehydrierung von Ethanol*: Die Apparatur aus B1 wird zusammengebaut und mit 30 mL Ethanol* und Kupferspänen beschickt. Die Kupferspäne werden kräftig erhitzt. Beobachtung?
Während die Kupferspäne weiter erhitzt werden, bringt man auch das Ethanol* zum Sieden und hält es so am Sieden, dass Ethanoldampf gelinde über das heiße Kupfer strömt. Beobachtung am Kupfer und in der pneumatischen Wanne?
Das durch die Wanne entweichende Gas wird erst dann im Rggl. aufgefangen, wenn die Luft aus der Apparatur verdrängt wurde. Während der Reaktion müssen die Kupferspäne weiter erhitzt werden. Man unterbricht die Reaktion, wenn zwei Rggl. mit Gas gefüllt sind. Mit der Lösung aus der 2. Waschflasche wird die FEHLING-Probe und die Probe mit SCHIFF-Reagenz durchgeführt. Anschließend wird auch die Lösung der 1. Waschflasche auf diese Weise geprüft. Mit dem Gas aus den beiden Rggl. führt man die Knallgasprobe durch.

Auswertung

a) Welche Produkte werden durch die Nachweisversuche (FEHLING-Probe, SCHIFF-Reagenz, Knallgasprobe) angezeigt? Formulieren Sie die Reaktionsgleichung für die an den Kupferspänen abgelaufene Reaktion.
b) Erklären Sie die Veränderungen an den Kupferspänen in der Startphase des Versuchs.

V2 *Nachweis von Formaldehyd im Zigarettenrauch*: Bauen Sie die Apparatur von B2 auf. Zünden Sie die Filterzigarette an und ziehen Sie den Rauch mit der Wasserstrahlpumpe durch das Wasser. Geben Sie nach dem Abbrennen der Zigarette SCHIFF-Reagenz in das Wasser. Beobachtung? Geben Sie etwas konz. Salzsäure* zu. Blaufärbung zeigt Formaldehyd **HCHO** an.

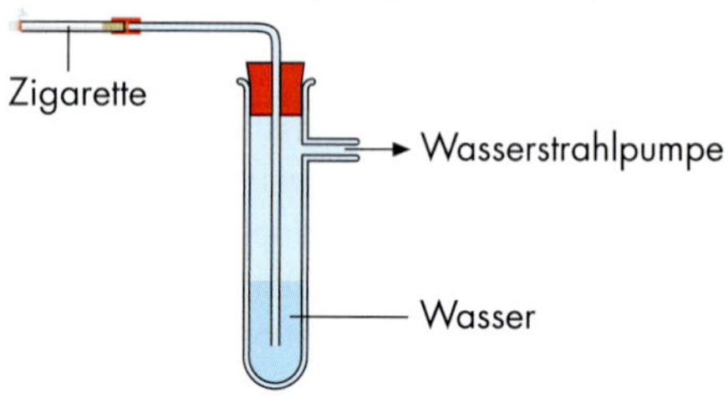

B2 *Nachweis von Formaldehyd im Zigarettenrauch*

V3 *Aceton (Propanon) als Lösemittel:* a) Versetzen Sie je 2 mL Aceton* mit 2 mL Wasser mit 2 mL Pentan*.
b) Geben Sie zu Nagellackentferner tropfenweise Wasser. Beobachtung? Geben Sie dann Aceton hinzu.

Auswertung

Erklären Sie die Beobachtungen von V3 anhand der Struktur der Aceton-Moleküle CH_3COCH_3. *Anmerkung:* Nagellackentferner enthalten als rückfettenden Bestandteil u. a. Dodecanol.

Dehydrierung von Alkoholen

Beim Überleiten von Ethanoldampf über erhitztes Kupfer wird das anfänglich gebildete Kupferoxid wieder zu Kupfer reduziert. Im weiteren Verlauf bildet sich an dem etwa 500 °C heißen Kupfer Ethanal und Wasserstoff:

$$H_3C-CH(H)(O-H) \xrightarrow{(Cu)} H_3C-C(H)=O + H_2 \, ; \, \Delta H_R > 0$$

Aus jeweils einem Ethanol-Molekül wird ein Wasserstoff-Molekül abgespalten. Es handelt sich um eine Dehydrierung. Die Bezeichnung **Aldehyd** für das neben Wasserstoff gebildete Produkt ist darauf zurückzuführen, dass es aus **Al**koholen durch **Dehyd**rierung gebildet wird.

Die Dehydrierung von Alkoholen wird technisch zur Herstellung von Methanal (Formaldehyd) und von Propanon (Aceton) durchgeführt. Dabei wird kontinuierlich Alkoholdampf über den Katalysator geleitet. Damit der Katalysator nicht ständig von außen erhitzt werden muss, dosiert man dem Alkoholdampf Luft zu, sodass ein Teil des Wasserstoffs zu Wasser oxidiert wird. Dadurch wird der Katalysator aufgeheizt.

Aufgaben

A1 Erklären Sie anhand der Oxidationszahlen, warum die Dehydrierung eine Redoxreaktion ist.
A2 Welche Funktion hat das Kupfer bei der Dehydrierung?

Carbonylverbindungen

Methanal oder Formaldehyd HCHO

Methanal, allgemein besser bekannt unter dem Trivialnamen Formaldehyd, ist der einfachste Aldehyd. Er kommt überall in der Natur in Spuren vor. Selbst in Meeresluft ist er nachweisbar; er entsteht durch die Oxidation von Methan, einem Produkt der Algen. In bewohnten Gebieten wird Formaldehyd überwiegend durch menschliche Aktivitäten gebildet.

Formaldehyd ist ein farbloses Gas mit beißendem, tränenreizendem Geruch. Es löst sich gut in Wasser und kommt als Formalin, einer 40%igen Lösung, in den Handel. Wegen seiner antibakteriellen Wirkung wird Formaldehyd als Desinfektionsmittel und zur Konservierung von biologischen Präparaten verwendet. Diese Wirkung beruht auf der Reaktion der Formaldehyd-Moleküle mit den Amino-Gruppen ($-NH_2$) der Eiweiß-Moleküle (Proteine).

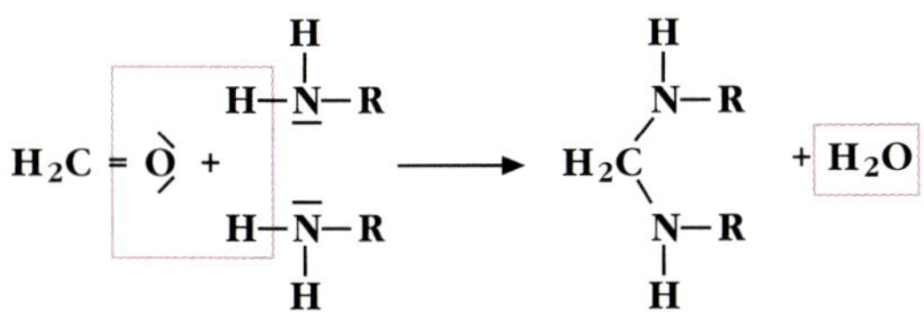

Dadurch werden benachbarte Proteinketten miteinander verknüpft, wodurch das Material biologisch inaktiv wird. Die gleiche chemische Reaktion nutzt man, um aus Formaldehyd Kunstharze und Klebstoffe sowie Leime insbesondere für die Holzverarbeitung herzustellen.

Formaldehyd kann Allergien auslösen und steht in dem Verdacht, krebserzeugend zu wirken. Vermutlich ist dies auf die Reaktion mit Protein-Molekülen zurückzuführen, die so irreversibel verändert werden.

Vorkommen von Formaldehyd	Konzentration von Formaldehyd in mg/m^3
Meeresluft	0,0005
Bergluft	0,003
Stadtluft	0,02
Stadtluft, belastet	0,09
verrauchtes Zimmer	0,6
Rauch von Holzfeuer	1000
Zigarettenrauch	1000
MAK-Wert (maximale Arbeitsplatzkonzentration)	0,6

B3 *Formaldehyd-Konzentrationen in der Luft*

Ethanal oder Acetaldehyd CH_3CHO

Ethanal oder Acetaldehyd ist eine stechend riechende, gut wasserlösliche Flüssigkeit mit der Siedetemperatur 21 °C. Es entsteht als erstes Zwischenprodukt beim Abbau von Alkohol durch das Enzym Alkoholdehydrogenase in der Leber. Acetaldehyd ist mitverantwortlich für den Kater nach einem allzu reichlichen Alkoholgenuss. In der Technik spielt Acetaldehyd bei der Synthese vieler Stoffe, wie z. B. der Essigsäure, als Zwischenprodukt eine wichtige Rolle.

Propanon oder Aceton CH_3COCH_3

Propanon oder Aceton ist das einfachste **Keton**. Es ist ein hervorragendes Lösemittel und z. B. als Nagellackentferner und Lösemittel für Klebstoffe bekannt. Aceton ist sowohl mit polaren Stoffen wie Wasser oder Ethanol als auch mit unpolaren Stoffen wie Pentan oder Ölen mischbar. Es wird als Zwischenprodukt bei der Herstellung einiger Kunststoffe (z. B. Plexiglas) verwendet.

Ascorbinsäure, ein Antioxidationsmittel

Zahlreichen Nahrungsmitteln wie Apfelmus oder Marmelade wird Ascorbinsäure als sogenanntes Antioxidans zugesetzt. Viele Inhaltsstoffe von Nahrungsmitteln wie Aromastoffe und natürliche Farbstoffe werden an der Luft leicht oxidiert. Sie verlieren dabei mit der Zeit ihr Aroma bzw. ihre Farbe.

Durch Ascorbinsäure, besser bekannt als Vitamin C, wird dies verhindert, denn Ascorbinsäure wird von Luftsauerstoff leicht zu Dehydroascorbinsäure oxidiert, leichter als Aromastoffe oder Farbstoffe.

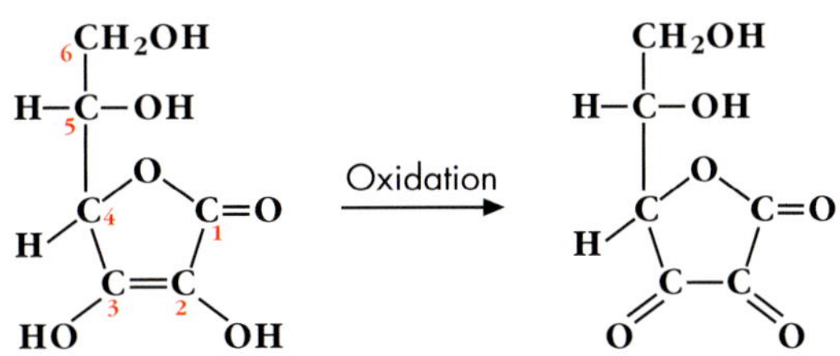

Ascorbinsäure VitaminC   Dehydroascorbinsäure

Vitamin C ist aber auch selbst ein wichtiger Nahrungsbestandteil. Vitamin C-Mangel führt zu Infektionsanfälligkeit und zu Skorbut (Blutungen, Zahnausfall, Schwäche, Tod). Vitamin C schützt vor krebserzeugenden Oxidationsmitteln wie Nitrosoverbindungen.

Aufgaben

A3 Eine Carbonylverbindung hat die Summenformel C_4H_8O. a) Formulieren Sie die möglichen Isomere und benennen Sie diese. b) Beschreiben Sie einen Versuch, der es erlaubt, die richtige Strukturformel zuzuordnen.

A4 Geben Sie an, welche Kohlenstoff-Atome im Ascorbinsäure-Molekül ihre Oxidationszahlen bei der Oxidation zu einem Dehydroascorbinsäure-Molekül ändern. Vergleichen Sie die Oxidation mit der eines Alkohols zu einer Carbonylverbindung. Stellen Sie die vollständige Teilgleichung für die Oxidation von Ascorbinsäure auf.

A5 In altem Fritierfett wird das durch Hydrolyse von Fett gebildete Glycerin (1,2,3-Propantriol) (vgl. S. 13) dehydratisiert, wobei aus dem Glycerin-Molekül zwei Wasser-Moleküle abgespalten werden. Es bildet sich der übel riechende Aldehyd Acrolein (Propenal). Bestimmen Sie die Oxidationszahlen aller Kohlenstoff-Atome im Glycerin-Molekül und im Acrolein-Molekül und überlegen Sie, ob es sich bei der Umwandlung von Glycerin in Acrolein um eine Oxidation oder eine Reduktion handelt. Welche Grenzen des Oxidationszahl-Konzepts werden hier deutlich?

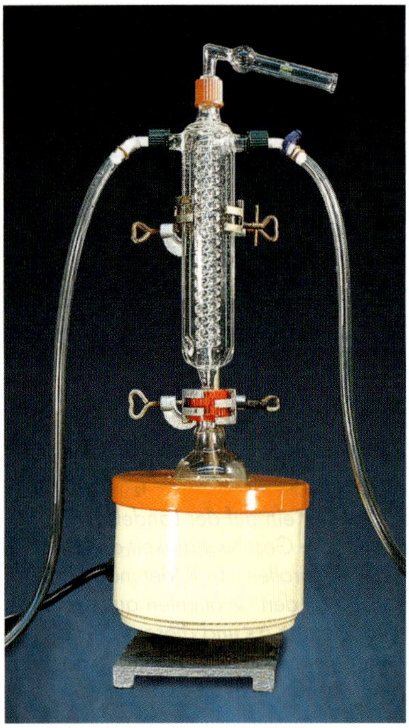

B1 *Versuchsapparatur zur Esterherstellung (V2)*

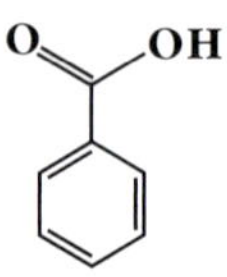

Benzoesäure

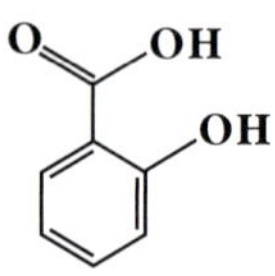

Salicylsäure

B2 *Strukturformeln von Benzoesäure und Salicylsäure*

	Methanol 64,5	Ethanol 78,2
Methansäure 100,5	Methansäure- methylester 32	Methansäure- ethylester 54
Ethansäure 118	Ethansäure- methylester 57	Ethansäure- ethylester 77

B3 *Siedetemperaturen von Alkoholen, Säuren und ihren Estern im Vergleich in °C.* **A:** *Vergleichen Sie die Siedetemperaturen der Alkohole, Säuren und Ester und erklären Sie die Unterschiede.*

Natürlich oder natur-identisch

Versuche

V1 Mischen Sie in je einem Rggl. die folgenden Carbonsäuren und Alkohole:
1. 2 mL Methansäure* mit 2 mL Ethanol*
2. 2 mL Ethansäure* mit 2 mL 1-Butanol*
3. 2 mL Ethansäure* mit 2 mL 1-Pentanol*
4. 1 mL Butansäure* mit 10 mL Ethanol* (Abzug!)
5. 0,5 g Salicylsäure* mit 2 mL Methanol*
6. 0,5 g Benzoesäure* mit 2 mL Ethanol*

Lassen Sie vom Lehrer jeweils 1 Tropfen konz. Schwefelsäure* zufügen. Statt Schwefelsäure kann auch eine Feststoffsäure, z. B. Amberlyst 15, oder ein Zeolith (Aquarienhandel) zugesetzt werden.
Geben Sie 1 Siedesteinchen zu und erhitzen Sie über kleiner Flamme ca. 2 min zum Sieden. Gießen Sie anschließend den Inhalt in ein Becherglas mit 200 mL Wasser. Beobachtung? Geruch?
Führen Sie in jeder Gruppe 1 bis 2 Umsetzungen aus und vergleichen Sie die Produkte mit denen der anderen Gruppen.

V2 a) Bauen Sie eine Apparatur aus einem 100-mL-Rundkolben, einem Rückflusskühler und einem Heizpilz auf und geben Sie 10 mL (≅ 0,17 mol) Ethanol* und 10 mL (≅ 0,17 mol) Essigsäure* in den Rundkolben. Lassen Sie vom Lehrer 10 Tropfen konz. Schwefelsäure* hinzugeben. Erhitzen Sie nach Zugabe von 2 Siedesteinchen etwa 10 min lang zum Sieden. Lassen Sie abkühlen und gießen Sie dann den Kolbeninhalt in einen 100-mL-Messzylinder mit Stopfenbett, in dem sich 50 mL Wasser befinden. Beobachtung?
b) Verschließen Sie den Messzylinder mit einem Stopfen und lassen Sie ihn bis zur nächsten Stunde stehen. Beobachtung?

Auswertung

a) Welche strukturellen Merkmale der Edukt-Moleküle sind bei den Molekülen der auf dem Wasser schwimmenden Ester vermutlich nicht mehr vorhanden? Begründen Sie Ihre Vermutung. Woran erinnert der Geruch der entstehenden Ester?
b) Schwefelsäure wirkt bei den Versuchen als Katalysator. In welcher Phase liegt sie nach dem Ausgießen der Reaktionsgemische in Wasser vor?
c) Beschreiben Sie die Funktionsweise der Rückflussapparatur bei V2. Welche Reaktionsbedingungen gewährleistet sie?
d) Bestimmen Sie das Volumen der wässrigen Phase und das Volumen der Esterphase. Berechnen Sie, wie viel mol Ethansäureethylester (ρ = 0,900 g/cm^3; M = 88 g/mol) ungefähr entstanden sind. Vergleichen Sie die Stoffmenge des entstandenen Produkts mit der Stoffmenge der Edukte.
e) Ziehen Sie Schlussfolgerungen aus den Beobachtungen bei V2 b) und schlagen Sie ein Experiment zur Überpüfung vor.
f) Formulieren Sie für die Estersynthesen aus V1 und V2 die Reaktionsgleichungen.

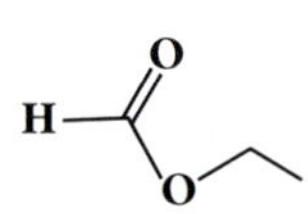 Methansäureethylester (Rumaroma)	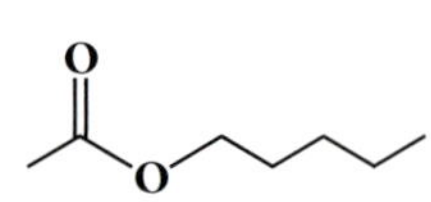 Ethansäurepentylester (Birnengeruch)
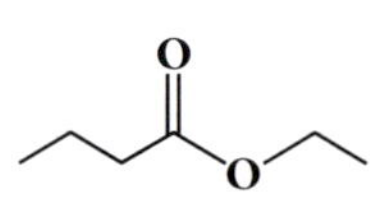 Butansäureethylester (Ananasgeruch)	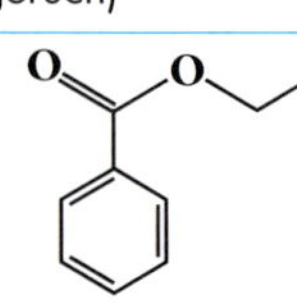 Benzoesäureethylester (Pfefferminzgeruch)

B4 *Carbonsäureester mit Fruchtaroma*

Vom Alkohol zum Aromastoff

Viele der in der Natur in Früchten und Blüten vorkommenden Aromastoffe gehören zur Stoffklasse der **Ester**. Diese lassen sich aus Carbonsäuren und Alkoholen in Gegenwart von Schwefelsäure als Katalysator herstellen. Bei der Veresterung bildet sich neben Ester auch Wasser.

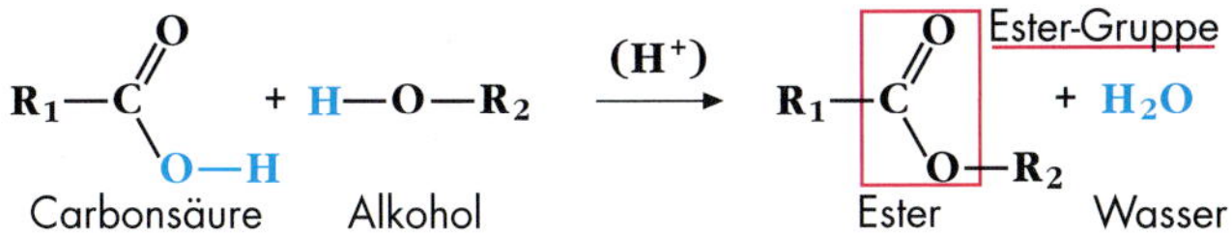

Eine solche Reaktion, bei der unter Wasserabspaltung zwei Moleküle zu einem größeren verknüpft werden, bezeichnet man als **Kondensation**.

Ester kurzkettiger Carbonsäuren und kurzkettiger Alkohole sind wohlriechende, niedrig siedende und in Wasser schlecht lösliche Flüssigkeiten. Denn Ester-Moleküle besitzen keine Hydroxy-Gruppen und können deshalb keine Wasserstoffbrückenbindungen untereinander oder zu Wasser-Molekülen ausbilden. Viele Ester, auch die in V1 hergestellten, besitzen ein ausgeprägtes Fruchtaroma. Die in B4 angegebenen Ester werden in der Lebens- und Genussmittelindustrie zur Nachahmung von Fruchtaromen hergestellt und als naturidentische Aromastoffe gekennzeichnet. Essigsäureethylester wird als Lösemittel in vielen Alleskleberb und Lacken verwendet und kann am Geruch identifiziert werden.

Wie V2 zeigt, reagieren Carbonsäure und Alkohol nicht vollständig zu Ester und Wasser. Auch längeres Erhitzen würde nicht zu einer größeren Ausbeute an Ester führen. Es handelt sich bei diesen Veresterungen um **unvollständige Reaktionen**.

Beim Stehenlassen des Esters im Gemisch mit einem Überschuss an Wasser in einem dicht verschlossenen Gefäß stellt man fest, dass die Esterphase kleiner wird, bis sie allmählich verschwindet. Dies zeigt, dass der Ester durch **Hydrolyse** mit Wasser wieder in die Carbonsäure und den Alkohol gespalten werden kann. Reaktionen wie die Veresterung und die Esterhydrolyse, die in beide Richtungen verlaufen können, bezeichnet man als **umkehrbare Reaktionen**:

$$\text{Carbonsäure + Alkohol} \underset{\text{Rückreaktion}}{\overset{\text{Hinreaktion}}{\rightleftharpoons}} \text{Ester + Wasser}$$

In einem **geschlossenen System** wie in V2, d. h. in einem System, in das keine Stoffe hinzukommen und aus dem keine entweichen, laufen weder Hinreaktionen noch Rückreaktionen vollständig ab. Das System erreicht nach einiger Zeit einen Zustand, in dem Edukte und Produkte in zeitlich konstanten Anteilen vorliegen. Diesen Zustand bezeichnet man als **chemisches Gleichgewicht**.

Aufgaben

A1 2-Methylbutansäureethylester und Ethansäure-2-methylbutylester kommen im Aroma eines reifenden Apfels vor. Geben Sie die Strukturformeln dieser Ester an. Zeigen Sie Gemeinsamkeiten und Unterschiede dieser beiden Ester auf.

A2 Einige der auf S. 18 angegebenen Aromastoffe sind Ester. Geben Sie die Säure und den Alkohol an, die bei der Hydrolyse der Ester entstehen.

B5 *Im Duft von Früchten sind auch Ester enthalten.*
A: *Die reinen naturidentischen Ester riechen „künstlich". Wie erklären Sie dies?*

B6 *Versuch: In ein großes Rggl. werden 3 mL Methansäureethylester und 10 mL Wasser gegeben und mit 10 Tropfen Bromthymolblau-Lösung versetzt. Dann werden 10 Tropfen Natronlauge, c = 0,1 mol/L, zugetropft und geschüttelt.*

A3 *Führen Sie diesen Versuch durch und wiederholen Sie die tropfenweise Zugabe von Natronlauge mehrmals. Beobachtung?*
A4 *Erklären Sie die Beobachtungen (vgl. B6).*
A5 *Erklären Sie, warum man diesen Versuch als Nachweis für Ester einsetzen kann.*
A6 *Führen Sie den gleichen Versuch mit Ethansäureethylester, Alleskleber und Nagellackentferner durch. Verwenden Sie dabei Phenolphthalein als Indikator.*

Fachbegriffe

Kondensation, Hydrolyse, Ester, Ester-Gruppe, unvollständige Reaktion, umkehrbare Reaktion, Hin- und Rückreaktion, geschlossenes System (vgl. S. 69, B1), chemisches Gleichgewicht

Hin und rück im Gleichgewicht

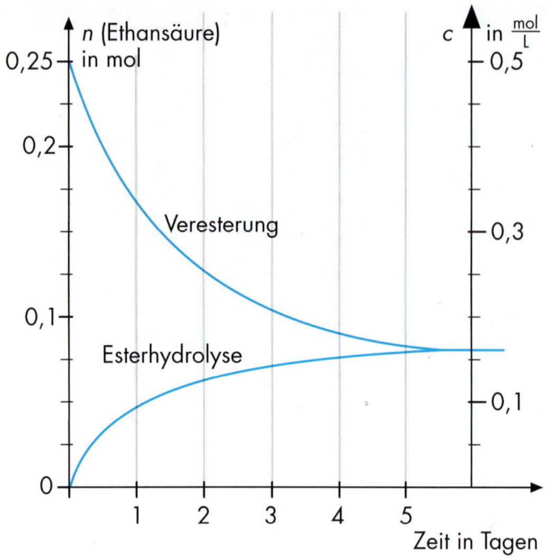

B1 *Änderung der Stoffmenge (Konzentration) von Ethansäure bei der Veresterung und bei der Esterhydrolyse (V2)*

Versuche

V1 Setzen Sie in je einem 100-mL-Erlenmeyerkolben eine Veresterung, eine Esterhydrolyse und eine Blindprobe an. Mischen Sie dazu die angegeben Edukte in einem Messzylinder und füllen Sie mit Aceton als Lösungsvermittler auf ein Gesamtvolumen von 50 mL auf:

a) Veresterung: 0,25 mol (15,0 g) Ethansäure*, 0,25 mol (11,5 g) Ethanol* und 0,48 g (0,005 mol) konz. Schwefelsäure*

b) Esterhydrolyse: 0,25 mol (22,0 g) Ethansäureethylester*, 0,25 mol (4,5 g) Wasser und 0,48 g konz. Schwefelsäure*

c) Blindprobe: 0,48 g konz. Schwefelsäure* mit Wasser auf 50 mL Lösung aufgefüllt.

Die verschlossenen Ansätze a) und b) werden etwa 3 bis 4 Tage magnetisch gerührt.

Entnehmen Sie aus den Versuchsansätzen mit Pipetten 1-mL-Proben, verdünnen Sie diese mit etwa 50 mL Wasser, setzen Sie einige Tropfen Phenolphthalein zu und titrieren Sie mit Natronlauge, $c = 0{,}1$ mol/L.

V2 Zur Verfolgung des Reaktionsverlaufs bei der Veresterung und der Esterhydrolyse können aus den Versuchsansätzen V1 a) und V1 b) in bestimmten Zeitabständen (z. B. 1h, 2h, 24 h, 48 h) 1-mL-Proben entnommen und mit Natronlauge titriert werden.

V3 Setzen Sie wie bei V1 a) eine Veresterung aus 0,25 mol Ethansäure*, 0,5 mol Ethanol*, 0,48 g konz. Schwefelsäure* und Aceton* bis zu einem Gesamtvolumen von 50 mL an. Titrieren Sie nach 3 bis 4 Tagen 1-mL-Proben wie bei V1.

Auswertung

a) Notieren Sie die Titrationsergebnisse aller Gruppen für jede der drei Proben „Veresterung", „Esterhydrolyse" und „Blindprobe" in einer Tabelle und berechnen Sie die Mittelwerte der Volumina der verbrauchten Natronlauge.

b) Berechnen Sie anhand der Ergebnisse von a), wie viel mL Natronlauge bei den Proben „Veresterung" und „Esterhydrolyse" jeweils auf die Neutralisation der Ethansäure entfallen. Vergleichen Sie die Volumina.

c) Zwischen der Stoffmenge n, der Konzentration c und dem Volumen V besteht die Beziehung $n = c \cdot V$. Das Stoffmengenverhältnis für die Neutralisation von Ethansäure mit Natronlauge ist $n(\mathrm{CH_3COOH}) : n(\mathrm{NaOH}) = 1:1$.

Berechnen Sie mithilfe dieser Angaben die Stoffmenge n von Ethansäure in den beiden Ansätzen. Beachten Sie dabei, dass Sie nur eine 1-mL-Probe titriert haben!

d) Berechnen Sie die Stoffmengen an Ethanol, Ester und Wasser für beide Ansätze aus der Anfangsstoffmenge n_0 und der experimentell ermittelten Stoffmenge von Ethansäure.

e) Stellen Sie die bei V2 erhaltenen Werte für die Stoffmenge n von Ethansäure grafisch dar (B1).

f) Werten Sie V3 analog V1 a) aus. Vergleichen Sie die bei V1 a) und V3 umgesetzten Stoffmengen an Ethansäure.

g) Berechnen Sie den Massenwirkungsquotienten für V1 und V3.

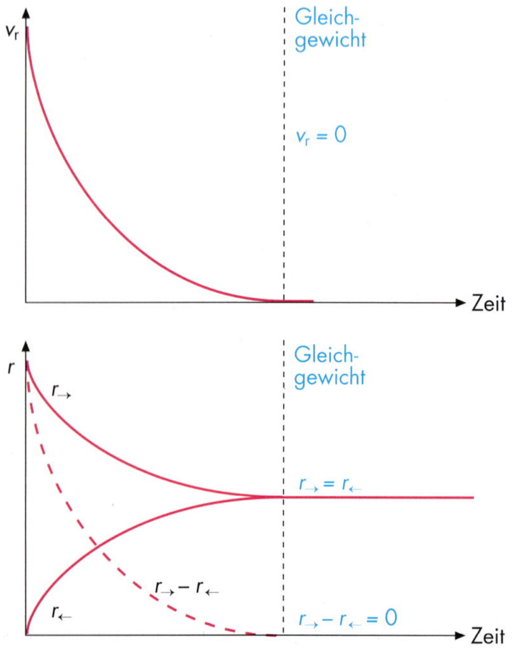

B2 *Zusammenhang zwischen der Reaktionsgeschwindigkeit v_r auf der Stoffebene und den Reaktionsraten $r_\rightarrow$ und $r_\leftarrow$ auf der Teilchenebene*

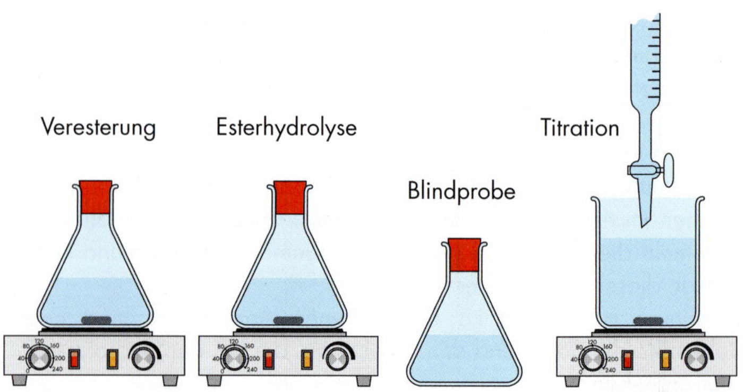

B3 *Versuchsaufbau zu V1 und V2*

Chemisches Gleichgewicht und Massenwirkungsgesetz

Bei einer quantitativen Untersuchung des Gleichgewichtzustands bei V1 stellen wir fest, dass im Gleichgewicht die Konzentration bzw. die Stoffmenge an Ethansäure im Reaktionsgemisch des Veresterungsansatzes die gleiche ist wie im Esterhydrolyseansatz. Daraus folgt, dass auch die Konzentration bzw. die Stoffmenge der anderen Reaktionspartner in beiden Ansätzen jeweils gleich ist.
Mit Überlegungen zu den Vorgängen im Gleichgewicht wird dies verständlich. Dazu betrachten wir die Modell-Reaktion

$$A + B \rightleftarrows C + D$$

Im Gleichgewicht ändern sich die Konzentrationen der Edukte und Produkte nicht, also ist die Reaktionsgeschwindigkeit $v_r = 0$. Auf der Teilchenebene bedeutet dies aber nicht, dass die Reaktion zum Stillstand kommt. Die Reaktionsrate der Hinreaktion $r_{\rightarrow}$, d. h. die Anzahl der Edukt-Teilchen, die pro Zeitintervall zu Produkt-Teilchen reagieren, ist genauso groß wie die Reaktionsrate der Rückreaktion $r_{\leftarrow}$.
Unter der Annahme, dass die Reaktionsrate der Hinreaktion proportional zur Stoßzahl zwischen den A-Teilchen und den B-Teilchen ist und damit proportional zu deren Konzentrationen, gilt:

$$r_{\rightarrow} = k_{\rightarrow} \cdot c(A) \cdot c(B)$$

Der Proportionalitätsfaktor $k_{\rightarrow}$ ist eine Konstante und hat für eine bestimmte Reaktion bei einer bestimmten Temperatur einen charakteristischen Wert. Für die Rückreaktion können wir entsprechend formulieren:

$$r_{\leftarrow} = k_{\leftarrow} \cdot c(C) \cdot c(D)$$

Im Gleichgewicht gilt:

$$r_{\rightarrow} = r_{\leftarrow} \quad \text{und} \quad k_{\rightarrow} \cdot c(A) \cdot c(B) = k_{\leftarrow} \cdot c(C) \cdot c(D)$$

Durch Umformen erhält man:

$$\frac{k_{\rightarrow}}{k_{\leftarrow}} = \frac{c(C) \cdot c(D)}{c(A) \cdot c(B)}$$

oder, wenn man $\frac{k_{\rightarrow}}{k_{\leftarrow}} = K$ setzt: $K = \frac{c(C) \cdot c(D)}{c(A) \cdot c(B)}$

Diesen als **Massenwirkungsgesetz** bezeichneten Zusammenhang zwischen den Konzentrationen der Edukte und Produkte im Gleichgewicht haben C. M. Guldberg und P. Waage durch zahlreiche, langwierige Untersuchungen an verschiedenen Gleichgewichtsreaktionen gefunden.
Die rechte Seite im Massenwirkungsgesetz ist der **Massenwirkungsquotient *Q***, die linke Seite die **Gleichgewichtskonstante *K***, die für jede Reaktion bei gegebener Temperatur einen bestimmten charakteristischen Wert hat. Für das Estergleichgewicht lautet das Massenwirkungsgesetz:

$$K = \frac{c(\mathbf{CH_3COOC_2H_5}) \cdot c(\mathbf{H_2O})}{c(\mathbf{CH_3COOH}) \cdot c(\mathbf{C_2H_5OH})}$$

Die Gleichgewichtskonstante hat bei 20 °C den Wert $K = 4$. Der Massenwirkungsquotient ist im Gleichgewichtszustand einer Reaktion stets gleich, unabhängig von den Ausgangskonzentrationen der Reaktionspartner. Er hat den Wert der Gleichgewichtskonstanten. So erhalten wir bei V3, bei dem Ethansäure mit der doppelten Stoffmenge an Ethanol umgesetzt wird, den gleichen Wert für die Gleichgewichtskonstante des Estergleichgewichts wie bei V1. Bei V3 wird bis zum Erreichen des Gleichgewichts mehr Ethansäure zu Ester umgesetzt als bei V1. Die Ausbeute an Ester in Bezug auf die eingesetzte Säure steigt.

B4 *Cato Maximilian Guldberg (1836 bis 1902), norwegischer Mathematiker, und Peter Waage (1833 bis 1900), norwegischer Chemiker. Sie führten über 300 quantitative Untersuchungen von Gleichgewichten durch und stellten das Massenwirkungsgesetz auf.*

$$a\,A + b\,B + \ldots \rightleftarrows m\,M + n\,N + \ldots$$

$$K = \frac{c^m(M) \cdot c^n(N) \ldots}{c^a(A) \cdot c^b(B) \ldots}$$

B5 *Massenwirkungsgesetz in allgemeiner Form*

$Q < K$
kein Gleichgewicht, Hinreaktion überwiegt
$Q > K$
kein Gleichgewicht, Rückreaktion überwiegt
$Q = K$
Gleichgewichtszustand

B6 *Ein Vergleich des Momentanwerts des Massenwirkungsquotienten Q mit der Gleichgewichtskonstanten K zeigt, ob die Hinreaktion oder die Rückreaktion überwiegt, oder ob der Zustand des chemischen Gleichgewichts erreicht ist.*

Aufgaben

A1 Begründen Sie, warum bei V1, S. 34, Buttersäure mit der 10-fachen Stoffmenge Ethanol umgesetzt wird.

A2 Verestert man Ethansäure mit Ethanol in einer Destillationsapparatur und destilliert den entstehenden niedrig siedenden Ethansäureethylester ab, so stellt sich kein Gleichgewicht ein. Begründen Sie dies und erläutern Sie, wie sich dieses Vorgehen auf die Ausbeute an Ester bezogen auf die eingesetzte Stoffmenge Ethansäure auswirkt.

Fachbegriffe

Massenwirkungsgesetz, Massenwirkungsquotient *Q*, Gleichgewichtskonstante *K*

Tricks mit Estern

Synthese von naturidentischem (-)-Menthol

(–)-Menthol ist der Hauptbestandteil des Pfefferminzöls. Es wird in der Lebensmittel- und Kosmetikindustrie als Aromastoff für Süßwaren, Kaugummi, Liköre, Zahn- und Mundpflegemittel und für Zigaretten verwendet, weiterhin als duftender, erfrischender und desinfizierender Bestandteil in Kosmetika und pharmazeutischen Produkten.

Neben der Gewinnung aus Pfefferminzöl wird (–)-Menthol auch synthetisch aus Thymol hergestellt. Dazu wird Thymol katalytisch mit Wasserstoff hydriert, d.h. Wasserstoff-Atome werden an die Doppelbindungen addiert:

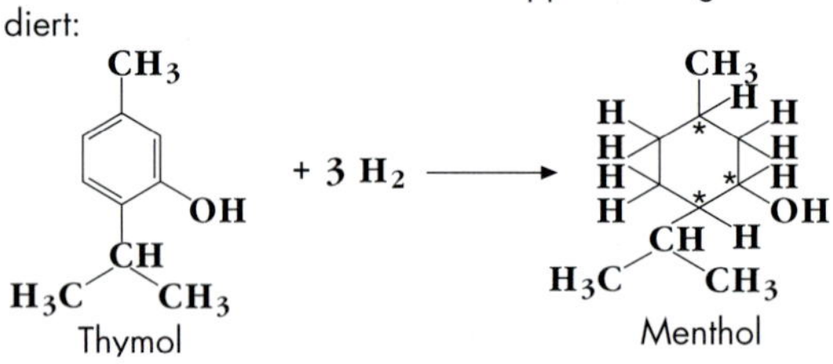

Bei der Hydrierung entstehen acht Menthol-Isomere, denn in den Molekülen liegen drei chirale Kohlenstoff-Atome (mit* markiert) vor. Die acht Isomere bilden vier Enantiomerenpaare (vgl. S. 31): (+) und (–)-Menthol, (+) und (–)-Isomenthol, (+) und (–)-Neomenthol, (+) und (–)-Neoisomenthol. Jedes Enantiomerenpaar fällt dabei als Racemat an, d.h. als 1:1-Gemisch der (+) und (–)-Form.

Nur (–)-Menthol besitzt die gewünschte kühlende und erfrischende Wirkung.Um dieses aus dem Gemisch zu isolieren, geht man folgenden Weg: (±)-Menthol kann von den anderen Isomeren durch Destillation abgetrennt werden. Da (+) und (–)-Menthol in allen physikalischen Eigenschaften außer der Drehrichtung des polarisierten Lichts übereinstimmen, kann man sie nicht auf herkömmliche Weise wie z.B. durch Destillation trennen. Daher wendet man zur Abtrennung der reinen (–)-Form einen Trick an: Man verestert das Racemat aus (–) und (+)-Menthol mit Benzoesäure. Wird eine Lösung des (±)-Benzoesäurementhylesters mit reinem (–)-Benzoesäurementhylester angeimpft, so kristallisiert nur die reine (–)-Form des Esters aus, die (+)-Form bleibt in Lösung. (–)-Benzoesäurementhylester wird abfiltriert und durch Hydrolyse in (–)-Menthol überführt (B3).

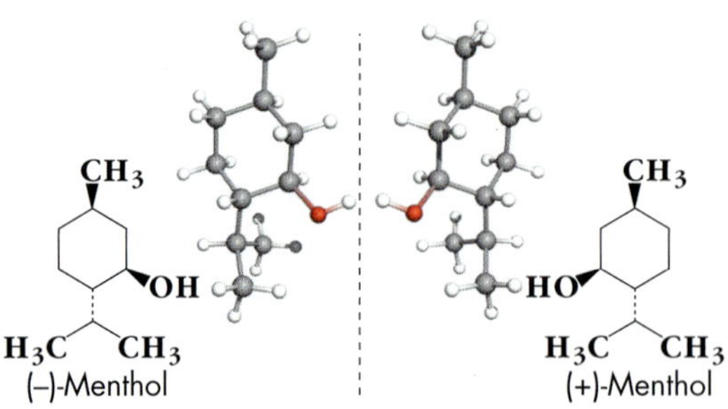

B1 *Strukturformeln und Molekülmodelle von (–)-Menthol und (+)-Menthol.* **A:** *Bauen Sie Molekülmodelle von (+) und (–)- Menthol auf. Machen Sie sich anhand der Molekülmodelle klar, dass es insgesamt acht Isomere gibt.*

Acetylsalicylsäure

Schon der griechische Arzt HIPPOKRATES (460 bis 377 v. Chr.) kannte die schmerzlindernde Wirkung der Rindenextrakte einiger Weidenarten, die auf die Salicylsäure zurückzuführen ist. Salicylsäure war ein wirksames Schmerzmittel, aber sie schmeckte grässlich und war schlecht verträglich. Im Jahr 1897 versuchte FELIX HOFFMANN, dessen Vater an Rheuma litt, aber das verordnete Salicylsäure-Salz nicht vertrug, die Salicylsäure zu veredeln und besser verträglich zu machen. Er veresterte Salicylsäure mit Essigsäure und hatte mit der so hergestellten Acetylsalicylsäure Erfolg. Die Acetylsalicylsäure ASS wird erst im alkalischen Milieu des Dünndarms in ihre Bestandteile gespalten. Dadurch werden die unangenehmen Nebenwirkungen beseitigt, aber die schmerzlindernde Wirkung bleibt erhalten. Heute ist ASS das weltweit am meisten verwendete Medikament. Jährlich werden etwa 36 000 Tonnen hergestellt.

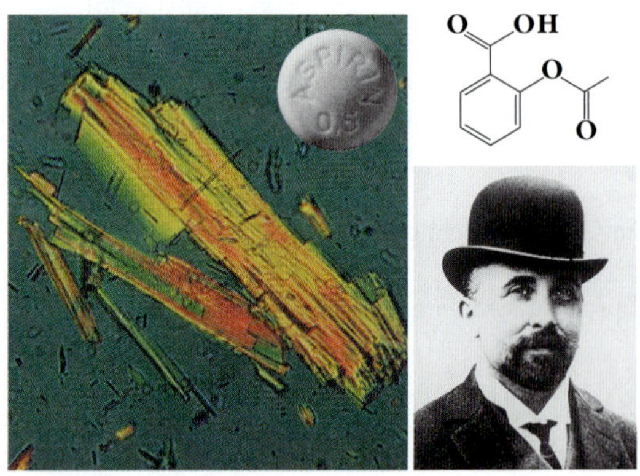

B2 *Acetylsalicylsäure-Kristalle, Strukturformel und F. HOFFMANN.* **A:** *Aus Salicylsäure und Methanol entsteht Salicylsäuremethylester, der ein intensives Aroma besitzt und im natürlichen Wintergrünöl vorkommt (vgl. S. 34). Geben Sie die Struktur von Salicylsäuremethylester an und vergleichen Sie diese mit der der Acetylsalicylsäure.*

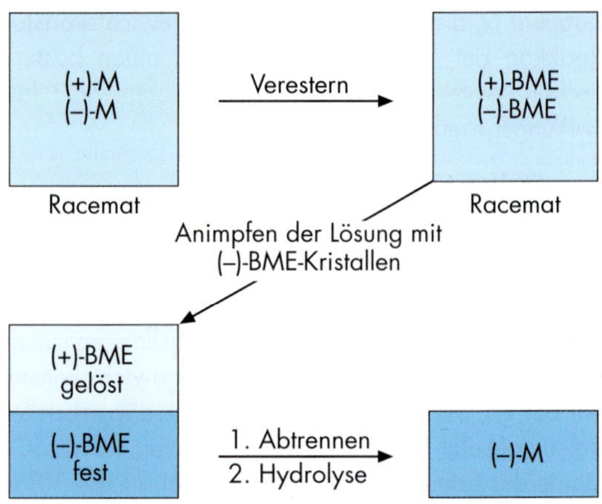

B3 *Schema zur Gewinnung von reinem (–)-Menthol (M: Menthol, BME: Benzoesäurementhylester)*

Modelle zum dynamischen Gleichgewicht

Wasserheber-Modell

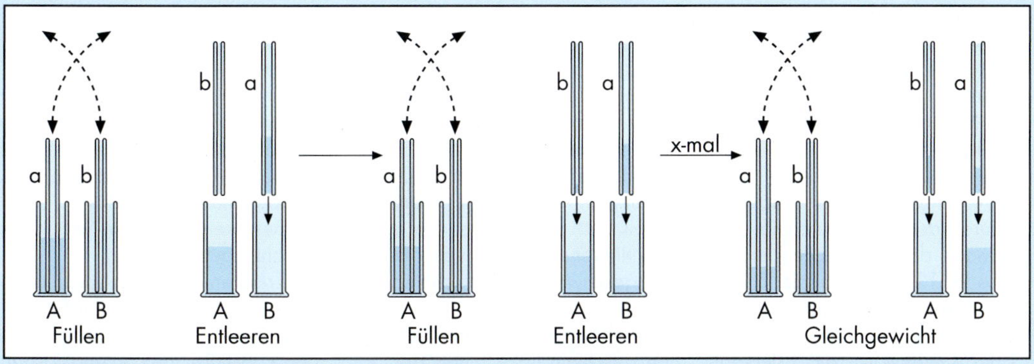

Flüssigkeit gelangt von A nach B, wenn die Rohre a und b gleichzeitig oben mit dem Finger verschlossen und dann über Kreuz entleert werden. Die „reversible Reaktion" setzt mit der „**Hinreaktion**" ein.

Nun gelangt auch Flüssigkeit von B zurück nach A. Es findet auch eine „**Rückreaktion**" statt. Die „Hinreaktion" wirkt sich aber noch stärker aus als die „Rückreaktion".

Nach einiger Zeit sind die in den Rohren im gleichen Takt beförderten Flüssigkeitsportionen gleich groß geworden. Die „Hinreaktion" und „Rückreaktion" heben sich gegenseitig auf: Modell des **Gleichgewichtszustandes**.

B1 *Veranschaulichung der Einstellung eines dynamischen Gleichgewichtes durch ein Modell.*

A1 Führen Sie einen entsprechenden Versuch mit zwei 100-mL-Messzylindern und zwei Glasrohren mit verschiedenem Durchmesser durch. Beobachtung?

A2 Welche Beobachtungen vermuten Sie, wenn man den gleichen Versuch mit zwei Glasrohren mit gleichem Durchmesser durchführt?

Modellversuch und Modellrechnung zum dynamischen Gleichgewicht

Versuch

V1 In dem Gefäß A befinden sich 100 Kugeln, das Gefäß B ist leer (B2). Es werden abwechselnd Kugeln aus A in B und aus B in A überführt. Dabei nimmt man bei jeder „hin"-Überführung 20 % der in A gerade vorhandenen Kugeln (jeweils auf ganze Zahlen runden!) und bei jeder „zurück"-Überführung 10 % der gerade in B vorhandenen Kugeln. Die Kugelzahlen nach den beiden ersten Überführungen (jede bestehend aus einer „hin" – und einer „zurück"-Überführung) sind in B2 tabelliert.

Auswertung

a) Führen Sie diesen Modellversuch bis z = 13 fort und tabellieren Sie die Ergebnisse in Ihrem Heft (vgl. B2).

b) Zeichnen Sie ein Diagramm mit z in der Abszisse und N_A (z) und N_B (z) in der Ordinate. Kommentieren Sie die Verläufe der Grafen.

c) Was würde sich an den Grafen ändern, wenn man statt von N_A (0) = 100 Kugeln von N_A (0) = 10 000 Kugeln ausgehen würde?

d) Übertragen Sie den Modellversuch auf eine chemische Reaktion, indem Sie den Größen N_A (0), N_B (0), N_A (z) die „20 %" und die „10 %" entsprechende Größen bei der chemischen Reaktion zuordnen.

e) Schreiben Sie ein Computerprogramm, das dieses Modellexperiment simuliert. Eingabe: N_A (0), N_B (0), Rate der „hin"-Überführung, Rate der „zurück"-Überführung; Ausgabe: Grafik mit der Veränderung von N_A (z) und N_B (z). Weisen Sie Ihre Mitschüler in die Benutzung Ihres Programms ein und lassen Sie sie anhand von „Computerexperimenten" die Zusammenhänge zwischen den Eingabeparametern und den sich einstellenden Gleichgewichten ermitteln.

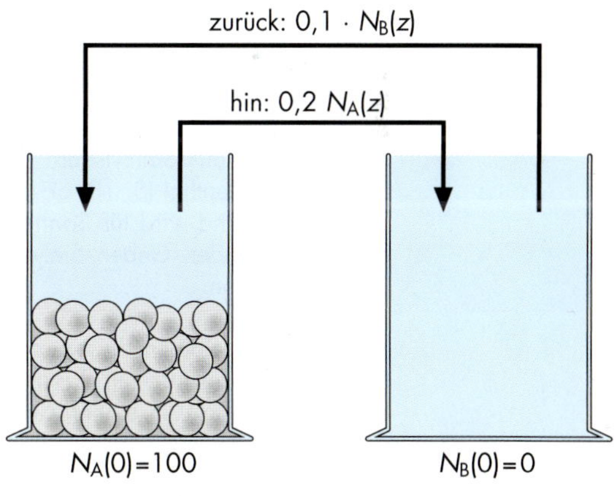

Nr. der Überführung	N_A (z)	N_B (z)
0	100	0
1 (hin)	80	20
1 (zurück)	82	18
2 (hin)	66	34
2 (zurück)	69	31
.	.	.
.	.	.
.	.	.

B2 *Modellversuch und Modellrechnungen zum dynamischen Gleichgewicht*

TRAINING

A1 Ameisensäure zeigt im Gegensatz zu Essigsäure die für Aldehyde typische positive FEHLING-Probe. Erklären Sie dies anhand der Struktur des Ameisensäure-Moleküls. Formulieren Sie die Reaktionsgleichung mit Teilgleichungen und Angabe der Oxidationszahlen. Anmerkung: Ameisensäure wird zu Kohlensäure bzw. in alkalischer Lösung zu Carbonat-Ionen oxidiert.

A2 Vergleichen Sie die Siedetemperaturen der Alkansäuren (S. 28) mit denen der entsprechenden Alkanole (S. 12) und Alkanale (S. 22) und erklären Sie die Unterschiede.

A3 Im Gegensatz zur Esterspaltung in saurer oder neutraler Lösung verläuft die Esterhydrolyse in alkalischer Lösung nahezu vollständig, da die sich bildende Säure neutralisiert wird. Erläutern Sie anhand des Massenwirkungsquotienten, wie sich die Neutralisation der Säure auf die Einstellung des Gleichgewichtszustands auswirkt, und begründen Sie, warum die Hydrolyse im Alkalischen fast vollständig verläuft.

A4 Erklären Sie, warum Acetylsalicylsäure erst im alkalischen Milieu des Dünndarms und nicht im Magen in die Bestandteile gespalten wird.

A5 Der Ester aus Salicylsäure (S. 32, B2) und Menthol (S. 18) absorbiert UV-Licht und wird für Sonnencremes verwendet. Geben Sie die Strukturformel an.

A6 In einem Kolben a) werden 0,3 mol Methansäure mit 0,3 mol Methanol verestert. In einem zweiten Kolben b) werden 0,3 mol Methansäuremethylester mit 0,3 mol Wasser hydrolysiert. In beiden Kolben beträgt das Reaktionsvolumen 1,0 L. Die zeitlichen Konzentrationsänderungen der Methansäure werden gemessen und grafisch aufgetragen (B1).
a) Formulieren Sie die Reaktionsgleichungen für die in den Kolben ablaufenden Reaktionen.
b) Kommentieren Sie den Grafen ausführlich (Stichworte: Anstieg, Abfall und Steilheit der Kurven in verschiedenen Zeitintervallen, Reaktionsgeschwindigkeit, chemisches Gleichgewicht).
c) Welchen Einfluss auf die Reaktionsgeschwindigkeit hat die Tatsache, dass im Gleichgewicht die Reaktionsrate der Hinreaktion und die Reaktionsrate der Rückreaktion gleich sind? Nach welcher Zeit ist der Gleichgewichtszustand bei den o.g. Reaktionen erreicht?
d) Bestimmen Sie aus dem Diagramm die Gleichgewichtskonzentrationen von Methanol, Methansäuremethylester und Wasser.
e) Berechnen Sie den Wert der Gleichgewichtskonstanten.

A7
Versuch
V1 In einem 750-mL-Becherglas wird eine Lösung aus 500 mL Wasser, 2 mL Acetessigsäureethylester* und einer Spatelspitze Eisen(III)-chlorid* hergestellt. Beobachtung?
Dieser Lösung werden unter kräftiger magnetischer Rührung 50 mL gesättigtes Bromwasser* in einer Portion zugefügt. Beobachtung?
Nach ca. 40 s fügt man erneut 50 mL Bromwasser zu. Beobachtung?
Dieser Vorgang kann mehrmals wiederholt werden.
Acetessigsäureethylester kommt in zwei isomeren Formen, der *Keto-* und der *Enol-Form* vor (B2). Zwischen diesen Formen besteht ein Gleichgewicht. Im Gleichgewicht liegen etwa 8 % Enol-Form und 92 % Keto-Form vor. Die Enol-Form ergibt mit Eisen(III)-Ionen eine Rotfärbung. Bei der Zugabe von Bromwasser, wird Brom an die C=C-Doppelbindung addiert.
a) Beschreiben Sie die Versuchsbeobachtungen.
b) Erklären Sie die Beobachtungen unter Beachtung folgender Fragen: Wie ändert sich die Konzentration der Enol-Form des Acetessigsäureethylesters nach der Zugabe von Bromwasser? Wie ändert sich dadurch der Massenwirkungsquotient? Welchen Einfluss hat dies auf die Hin- bzw. Rückreaktion (S. 37, B6)?

A8 Um die Strukturformel einer organischen Säure mit der Summenformel

$$C_4H_6O_6$$

zu ermitteln, werden 0,75 g dieser Säure in einem Erlenmeyerkolben eingewogen und in dest. Wasser gelöst. Nach der Zugabe von einigen Tropfen Phenolphthalein wird mit Natronlauge, c = 1 mol/L, bis zum Farbumschlag nach Rosa titriert. Der Verbrauch an Natronlauge beträgt V = 10,0 mL.
a) Berechnen Sie aus dem Titrationsergebnis das Stoffmengenverhältnis n(Säure): n(NaOH).
b) Stellen Sie anhand des Titrationsergebnisses eine mögliche Strukturformel für die untersuchte Säure auf.

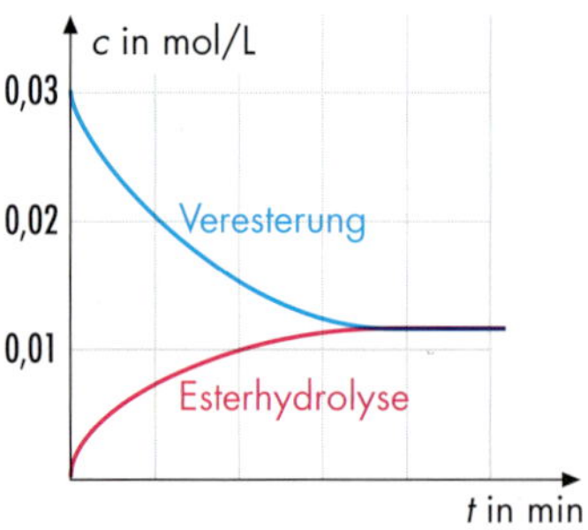

B1 *Konzentrationsänderungen der Methansäure bei der Veresterung und der Esterhydrolyse*

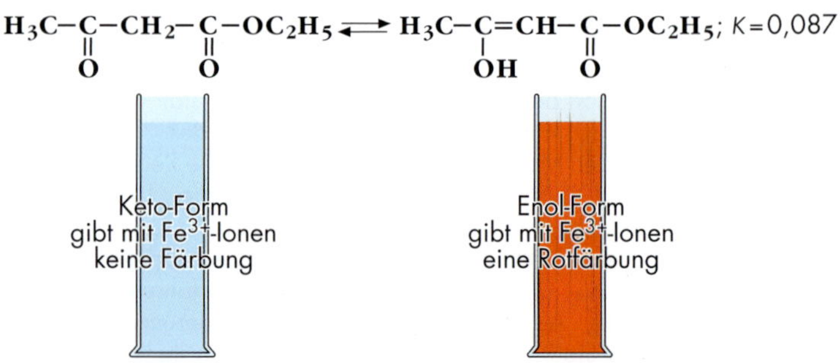

B2 *Gleichgewicht zwischen Keto- und Enol-Form des Acetessigsäureethylesters*

VOM ERDÖL ZU ANWENDUNGSPRODUKTEN

Die übergeordnete Frage, um die sich alles in diesem Buchabschnitt dreht, lautet: „Wie ist der Weg vom Rohstoff Erdöl bis zu den Anwendungsprodukten unseres Alltags"? Bei der Suche nach einer umfassenden Antwort müssen wir diese Frage unter mehreren Gesichtspunkten betrachten. Daraus ergeben sich mehrere Fragen, beispielsweise:

1. **Wo kommt Erdöl vor und wie gelangt es zu uns?**
2. **Wie wird Erdöl in Bestandteile aufgetrennt?**
3. **Welche chemischen Verbindungen sind im Erdöl enthalten?**
4. **Wie lassen sich diese Verbindungen ordnen?**
5. **Wie können wir Reaktionswege und Produktausbeuten steuern?**

...

B1 *Facetten zum Thema „Vom Erdöl zu Anwendungsprodukten".*
A: *Was sollte möglichst jeder über die Teilaspekte aus den Facetten wissen?*

Wir werden versuchen, die Fragen zu B1 auf den folgenden Seiten zu beantworten. Wir wenden dabei Kenntnisse aus der Chemie und aus anderen Fächern an und erweitern unsere Einsicht in chemische Denk- und Arbeitsweisen.

(6) **Wie beeinträchtigt die technische Nutzung des Erdöls die Umwelt?**

(7) **Was bedeutet „chemische Veredlung" von Erdöl?**

(8) **Vom Erdöl zum Kaugummi. Wie geht das?**

(9) **Was macht Benzin zu „Super-Benzin"?**

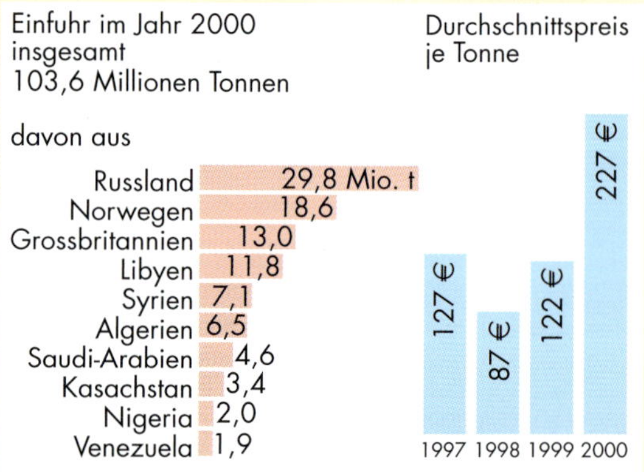

B2 *Deutschlands Öllieferanten und die Entwicklung der Rohölpreise.* **A:** *Obwohl im Jahr 2000 die Rohöleinfuhr im Vergleich zum Vorjahr leicht sank, musste fast doppelt so viel gezahlt werden. Woran liegt das?*

Wenn die Preise an der Tankstelle steigen, beunruhigt das und erhitzt viele Gemüter. Wer diktiert die Preise für Autotreibstoffe? Es ist eine Vielzahl von Faktoren. Der Preis des Rohöls auf dem Weltmarkt, der Kurs des Dollars, die vom Staat erhobene Energiesteuer und die Preispolitik der Ölmultis gehören zu den wichtigsten.
Aber nicht nur die Benzinpreise hängen vom Preis des Erdöls ab. Erdöl und Erdgas sind heutzutage die herausragenden **Primärenergieträger** (B4), aus denen sogenannte **Sekundärenergien** (Elektrizität, Brennstoffe und Fernwärme) erzeugt werden, die wir schließlich in Form von Nutzenergien umsetzen.
Der Preis für das Heizen und Beleuchten von Gebäuden, für das Kühlen von Lebensmitteln, für den Betrieb von Elektrogeräten u.v.a.m. hängt also letztlich auch vom Preis des Erdöls ab.
Doch damit nicht genug: Auch die Kosten vieler anderer Gegenstände unseres Alltags, Hygiene-, Sport- und Freizeitartikel, Medikamente, Kosmetika und sogar Lebensmittel werden in beträchtlichem Maße vom Rohölpreis bestimmt. Der Grund: Erdöl dient als **Rohstoff** für ihre Herstellung (B5). Erdöl und Erdgas sind Rohstoffe für über 90% der Erzeugnisse der chemischen Industrie. Doch dabei werden lediglich ca. 6% des geförderten Erdöls der Veredlung durch chemische Umwandlung zugeführt; der Rest wird zu Brennstoffen verarbeitet und verbrannt.
Erdöl bestimmt damit in hohem Maße unseren individuellen Lebensstandard. Seine Nutzung beeinträchtigt aber auch unsere Umwelt. Wirtschaftliche Strukturen und Beziehungen werden weltweit durch die Förderung, den Transport und die Verarbeitung von Erdöl bestimmt. Erdöl hat sogar einen Einfluss auf die Politik zwischen Staaten und Staatengemeinschaften. Daher wird die Zeit, in der wir leben, zu Recht als *„Zeitalter der Petrochemie“*[1] bezeichnet. Auf den folgenden Seiten erfahren wir, welche Bedeutung die Naturwissenschaft Chemie dabei hat.

B3 *Tankstelle.* **A:** *Was wissen Sie über die verschiedenen Treibstoffsorten, die hier verkauft werden?*

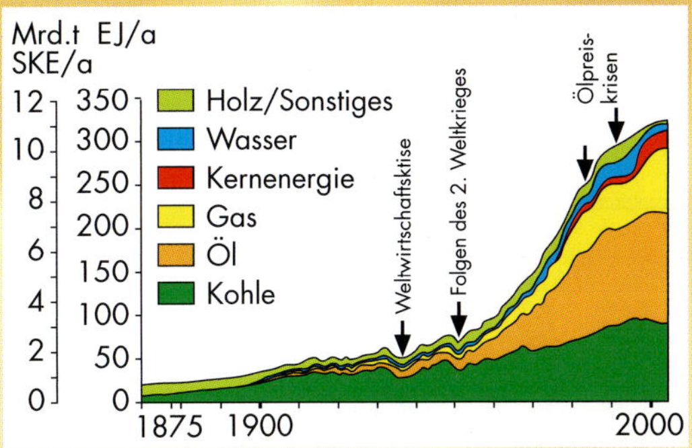

B4 *Entwicklung des Primärenergieverbrauchs weltweit.* **A:** *Wie hat sich der Anteil von Erdöl und Erdgas in den letzten 100 Jahren verändert?*

[1] von *petrotos* (griech.) = versteinert; institutionalisierte Bezeichnung für „Erdölchemie“

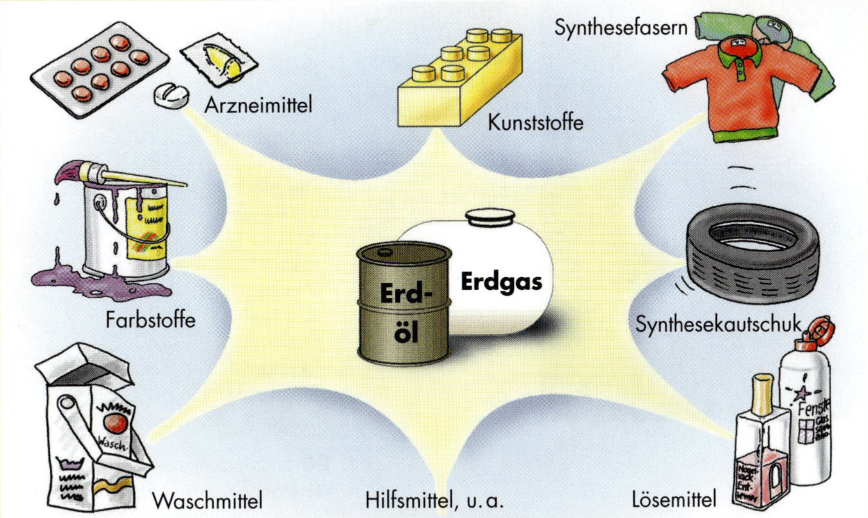

B5 *Einige Alltagsprodukte, die aus Erdöl und/oder Erdgas hergestellt werden.* **A:** *Erläutern Sie, wieso der Preis des Rohöls auf dem Weltmarkt letztlich auch die Preise der in Deutschland erzeugten Lebensmittel beeinflusst.*

Erdöl – ein Gemisch aus brennbaren Stoffen

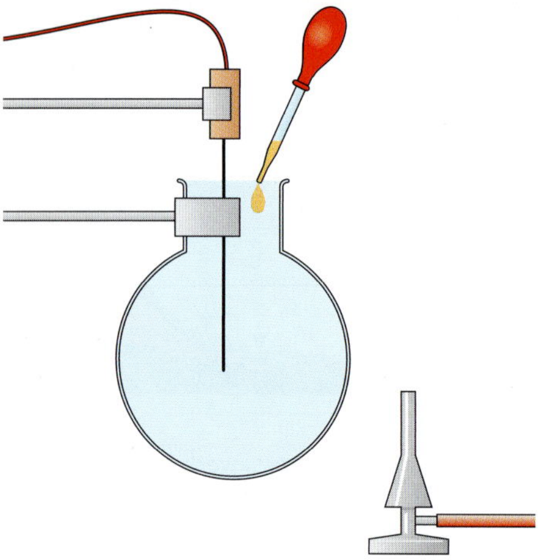

B1 *Bei der* ***Entzündungstemperatur*** *entzündet sich das Luft-Gas-Gemisch selbsttätig (V2).*

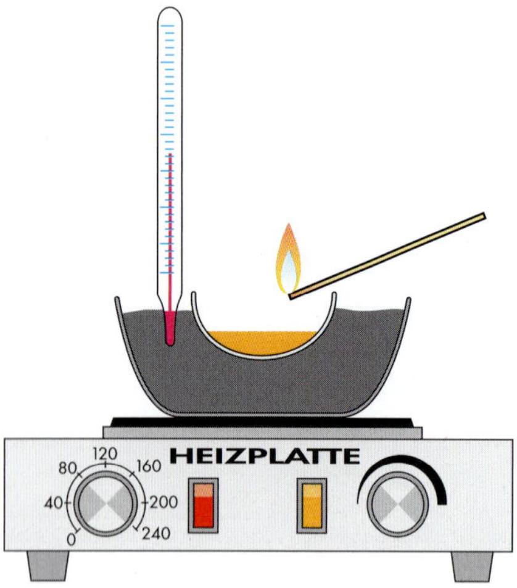

B2 *Bei der* ***Flammtemperatur*** *lässt sich das Luft-Gas-Gemisch über der Flüssigkeit entzünden (V3).*

B3 *Test von Explosionsgemischen (V4).*
A: *Warum gibt es bei Explosionsgemischen ein optimales Mischungsverhältnis?*

Versuche (Schutzbrille! Schutzscheibe!)

V1 *Destillation von Erdöl:* In einer Destillationsapparatur wird eine Erdölprobe bei vermindertem Druck, der mit der Wasserstrahlpumpe erzeugt wird, destilliert. Man fängt das Destillat* in drei Fraktionen mit unterschiedlichen Siedebereichen auf. Man prüft den Geruch und die Farbe der drei Fraktionen* und setzt sie anschließend in V2 und V3 ein.

V2 *Entzündungstemperatur:* Ein Kolben mit Thermofühler wird mit dem Gasbrenner bis ca. 200 °C erhitzt (B1). Dann löscht man den Brenner und pipettiert einige Tropfen der zu untersuchenden Flüssigkeit* in den heißen Kolben. Entzündet sich das Gemisch spontan, so war die Entzündungstemperatur überschritten, wenn nicht, muss der Versuch neu gestartet werden. (*Hinweis:* Der Kolben muss vor jedem Versuch mit Luft gefüllt sein.) Die Entzündungstemperatur wird bei den drei Fraktionen* aus V1 sowie bei je einer Probe aus a) Benzin*, b) Heptan* und c) Dieselöl* bestimmt und notiert.

V3 *Flammtemperatur:* In eine Porzellanschale, die sich in einem Sandbad befindet, gibt man ca. 2 mL der zu untersuchenden Flüssigkeit und versucht, mit einem brennenden Holzspan die Dämpfe über der Flüssigkeit zu entzünden. Gelingt es bei Raumtemperatur nicht, so erhöht man die Temperatur im Sandbad allmählich und notiert die Temperatur, bei der sich die Dämpfe entzünden. Es werden die gleichen Proben wie in V2 untersucht.

V4 *Explosionsgemische:* In ein Plexiglasrohr mit Deckel und piezoelektrischem Zünder gibt man 5 Tropfen (bzw. 10 Tropfen, bzw. 15 Tropfen) Petrolether* (Siedebereich: 40 °C bis 60 °C), lässt verdunsten und zündet. Man ermittelt in mehreren Versuchen das optimale Mischungsverhältnis, bei dem eine Explosion stattfindet. (*Hinweis:* Das Rohr muss vor jedem Versuch mit Luft gefüllt sein.)

V5 *Brennbarkeit von Diesel:* Es wird versucht, ca. 3 mL Dieselkraftstoff* in einer Porzellanschale anzuzünden. Gelingt es nicht, so steckt man einen Docht oder ein Watteknäuel in die Flüssigkeit und zündet erneut. Beobachtung?

Auswertung

a) Warum ist eine Destillation bei vermindertem Druck für das Destillat schonender als die Destillation bei Normdruck (V1)?

b) Vergleichen Sie ihre Ergebnisse aus V2 und V3 mit den Angaben aus B4. Was folgern Sie daraus?

c) Wie erklären Sie das Brennverhalten von Diesel? Was bewirkt der Docht oder das Watteknäuel?

Stoff	Entzündungstemperatur	Flammtemperatur
Diethylether*	170 °C	**unterhalb 21 °C:** – brennbare Gase, z. B. Erdgas*, Stadtgas*, Feuerzeuggas; – hoch entzündliche Flüssigkeiten, z. B. Diethylether*, Alkohol*, Benzin **zwischen 21 °C und 55 °C:** – leicht entzündliche Flüssigkeiten, z. B. Dieselöl*, Heizöl* **oberhalb 55 °C:** – entzündliche Stoffe, z. B. Wachs, Paraffin, Bratöl, Fett
Benzin*	180 °C bis 220 °C	
Dieselöl*	200 °C bis 250 °C	
trockenes Holz	250 °C bis 350 °C	
Heizöl*	ca. 350 °C	
Wachs	ca. 400 °C	
Alkohol*	425 °C	
Papier	440 °C	
Stadtgas*	560 °C	
Steinkohle	600 ° bis 900 °C	
Erdgas*	ca. 600 °C	

B4 *Entzündungstemperaturen und Flammtemperaturen einiger Brennstoffe.*
A: *Welche dieser Stoffe sind im Erdöl enthalten?* **A:** *Welche sind wasserlöslich und welche nicht?*

Raffination von Erdöl

Das aus der Erde geförderte Erdöl (B5) ist eine schwarze, dickflüssige, unangenehm riechende Flüssigkeit. Es wird von den Förderstätten über Pipelines oder mit Öltankern zu den **Raffinerien** transportiert, wo zunächst die **fraktionierte Destillation** des Rohöls erfolgt. Hierbei wird, anders als bei der Destillation in V1, das vorher erhitzte Rohöl in den unteren Teil eines Fraktionierturms eingeleitet (B6, B7), in dem die Temperatur von unten nach oben abnimmt. Die gasförmigen Bestandteile steigen nach oben, wobei sie etagenweise durch sog. *Glockenböden* hindurch müssen, in denen sich flüssige Gemische aus bereits kondensiertem Dampf befinden (vgl. Ausschnitt in B7). Bei jedem Durchtritt durch einen Glockenboden kondensieren die Stoffe, deren Kondensationstemperatur erreicht ist. Das Kondensat fließt durch Überlaufrohre nach unten, während der Dampf weiter nach oben steigt. Im Turm entstehen so **Erdölfraktionen**, die in verschiedenen Höhen des Turms abgeführt werden. Die in B7 angegebenen Fraktionen werden anschließend je nach Verwendungszweck noch einmal bei *vermindertem Druck* fraktioniert. Dadurch lässt sich beispielsweise Benzin in Fraktionen mit sehr viel engeren Siedebereichen auftrennen als in B7 angegeben. Aber selbst die so erhaltenen Spezialbenzine sind immer noch Gemische aus mehreren Stoffen. Um einzelne Verbindungen wie z. B. das in V2 und V3 eingesetzte Heptan (ϑ_b = 98 °C) zu gewinnen, muss die entsprechende Fraktion in einem Turm mit guter Trennleistung, d.h. mit vielen Glockenböden, destilliert werden.

Alle im Erdöl enthaltenen Stoffe sind brennbar. Ihre Brenneigenschaften, unter denen die **Entzündungstemperatur** (B1), die **Flammtemperatur** (B2) und die *Zusammensetzung* von **Explosionsgemischen** (B3) von besonderer praktischer Bedeutung sind, unterscheiden sich zum Teil erheblich voneinander (B4 und V2 bis V4). Wegen seiner relativ hohen Flammtemperatur kann Diesel bei Raumtemperatur nicht entzündet werden, es sei denn, man gewährleistet eine Feinverteilung des Brennstoffs auf einer großen Oberfläche (V5).

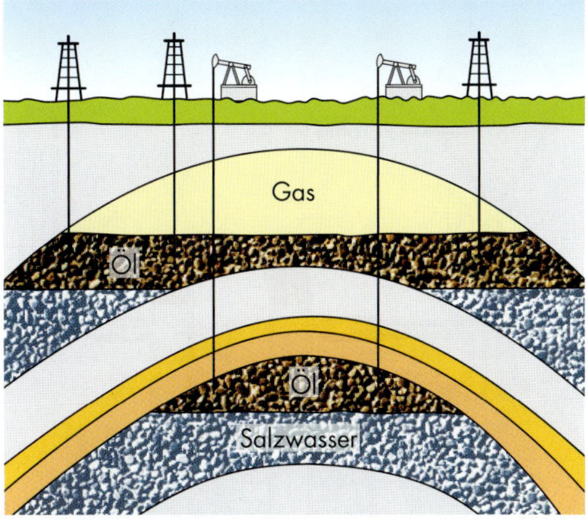

B5 *Erdöllager bilden keine unterirdischen Seen. Das Öl ist in porösem Gestein verteilt.* **A:** *Wann sprudelt das Öl von alleine aus der Erde?*

B6 *Destillationstürme einer Erdölraffinerie.* **A:** *Nennen Sie Orte, an denen Sie solche Türme gesehen haben.*

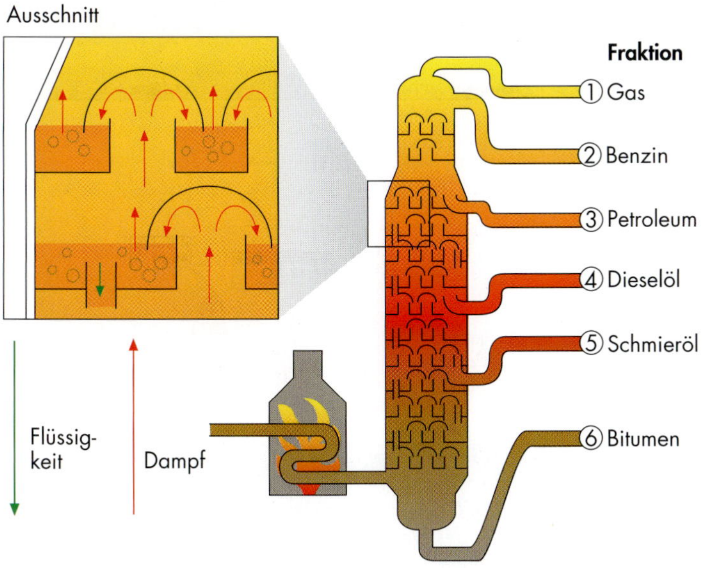

B7 *Fraktionierte Destillation von Erdöl.* **A:** *In welcher Fraktion ist Heptan (vgl. Text) enthalten?*

Siedebereich	Verwendung
unter 30 °C	Heizgas
30 bis 200 °C	Kraftstoff für Ottomotoren, Lösemittel
150 bis 240 °C	Kerosin, Lösemittel, Beleuchtung
200 bis 370 °C	Kraftstoff für Dieselmotoren, Heizung
ab 350 °C (Vakuumdestillation)	Schmiermittel, Kraftstoffe nach Weiterverarbeitung
Rückstand der Vakuumdestillation	Straßenbau, Herstellung von Dachpappen und Kabelisolierungen

Fachbegriffe

Raffination, fraktionierte Destillation, Erdölfraktionen, Entzündungstemperatur, Flammtemperatur, Explosionsgemische

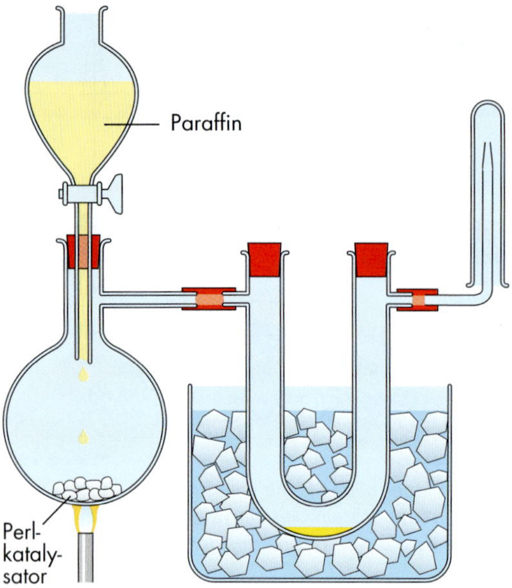

B1 *Skizze zu V1.* **A:** *Warum müssen die Schlauchverbindungen möglichst kurz gehalten werden?*

Chemische Veredlung von Erdöl: 1. Schritt

Versuche

V1 **(Schutzbrille! Schutzscheibe!)** Die Versuchsvorrichtung wird nach B1 aufgebaut. Auf den vorerhitzten *Perlkatalysator* werden 10 mL bis 15 mL flüssiges Paraffin getropft und weiter erhitzt.
Das im U-Rohr nicht kondensierte Gas* wird auf Brennbarkeit geprüft. Beobachtung? Danach wird erneut ein Rggl. mit nicht kondensierten Dämpfen gefüllt. Dazu werden 2 mL Bromwasser gegeben. Das verschlossene Rggl. wird geschüttelt. Beobachtung? Bei negativer Knallgasprobe wird das entweichende Gas entzündet.
Man unterbricht das Erhitzen, wenn sich im U-Rohr ca. 4 mL Kondensat* angesammelt haben. Man prüft ca. 0,5 mL der Flüssigkeit auf Entflammbarkeit (vgl. B2, S. 44) und vergleicht mit der des Paraffins. Der Rest des Kondensats wird in V2 und V3 eingesetzt.

V2 *Bromwasserprobe:* Lassen Sie sich in ein Rggl. ca. 4 mL Bromwasser* geben (**Abzug!**). Fügen Sie ca. 0,5 mL der zu untersuchenden Probe hinzu, verschließen Sie das Rggl. und schütteln Sie durch. Beobachtung? Untersuchen Sie folgende Proben: a) Heptan*; b) Hexen*; c) flüssiges Paraffin und d) das Kondensat* aus V1.

V3 BAYERSCHE *Probe:* Versetzen Sie im Rggl. 2 mL BAYER-Reagenz (eine schwach alkalische Kaliumpermanganat-Lösung*, $w = 2\,\%$) mit ca. 0,5 mL der zu untersuchenden Probe und schütteln Sie kräftig. Beobachtung? Untersuchen Sie folgende Proben: a) Heptan*; b) Hexen*; c) flüssiges Paraffin und d) das Kondensat* aus V1.

Auswertung

a) Begründen Sie, warum sowohl im Gas als auch im Kondensat aus V1 andere Stoffe enthalten sind als im eingesetzten flüssigen Paraffin.
b) Schließen Sie aus den Ergebnissen der *Bromwasserprobe* (V2) und der BAYERSCHEN *Probe* (V3) auf die Art der Stoffe, die im Paraffin bzw. im flüssigen Reaktionsprodukt aus V1 enthalten sind. Begründen Sie.
c) Im Paraffin ist u.a. Decan $C_{10}H_{22}$ enthalten. Daraus werden in V1 u.a. Ethen C_2H_4, Propen C_3H_6 und Pentan C_5H_{12} gebildet. Formulieren Sie die Reaktionsgleichung mit Valenzstrichformeln.

B2 *Gaschromatograph für Schulversuche mit computerunterstützter Aufnahme und Darstellung der Messdaten. Internetadresse: www.kappenberg.com.*
A: *Wodurch unterscheidet sich dieses Gerät von dem aus B1, S.6?*

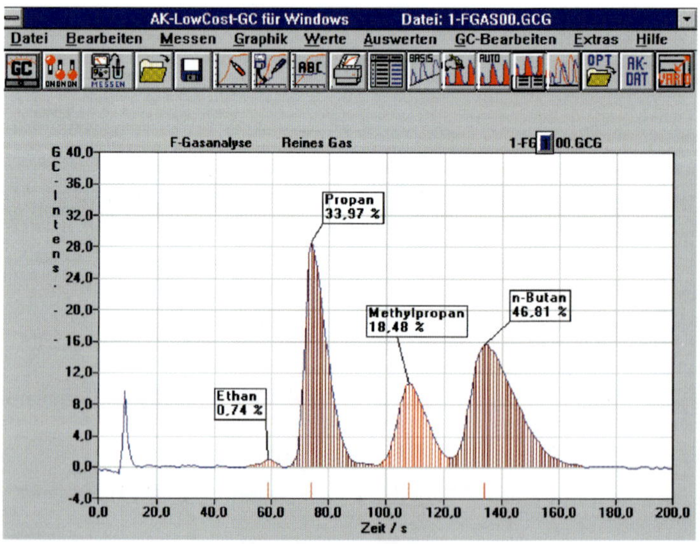

B3 *Gaschromatogramm GC von Feuerzeuggas.*
A: *Nehmen Sie die GC des Gases aus V1 und von Feuerzeuggas mit Ihrem Gerät auf und werten Sie sie aus. (Hinweis: Es ist nützlich für die Auswertung, wenn Sie mit Feuerzeuggas auch eine Bromwasserprobe durchführen.)*

Cracken von Erdölfraktionen

Der Bedarf an Benzin und Kerosin ist weitaus höher als ihre entsprechenden Anteile im Rohöl-Raffinat (B4). Um aus höher siedenden Erdölfraktionen zusätzliche Mengen an Treibstoffen für Fahrzeuge zu erhalten, verfährt man in der Industrie ähnlich wie in V1: Man erhitzt beispielsweise schweres Heizöl in Gegenwart von Katalysatoren auf ca. 450 °C, wobei eine *chemische Umwandlung* der Inhaltsstoffe erfolgt. Da der vorherrschende Vorgang die Aufspaltung langkettiger Moleküle in kleinere Moleküle ist, nennt man diesen Vorgang **Cracken**[1]. Die gebildeten Stoffe sind wiederum brennbar, haben jedoch sehr viel niedrigere Siedetemperaturen als die Ausgangsstoffe. Ein Teil der Produkte ist bei Raumtemperatur sogar gasförmig (V1). Im Gegensatz zu den Inhaltsstoffen des Erdöls entfärben die Crackprodukte Bromwasser und verfärben die violette Kaliumpermanganat-Lösung (V2 und V3). Dies sind typische Reaktionen für Stoffe, deren Moleküle C=C-Doppelbindungen enthalten. Hexadecan $C_{16}H_{34}$ kann beim Cracken u. a. wie folgt gespalten werden:

$$H_3C(CH_2)_{14}CH_3 \rightarrow \underset{\text{Ethen}}{H_2C{=}CH_2} + \underset{\text{Heptan}}{C_7H_{16}} + \underset{\text{Hexan}}{C_6H_{14}} + C$$

$$H_3C(CH_2)_{14}CH_3 \rightarrow \underset{\text{Propen}}{H_2C{=}CHCH_3} + \underset{\text{Pentan}}{C_5H_{12}} + \underset{\text{Heptan}}{C_7H_{16}} + C$$

$$H_3C(CH_2)_{14}CH_3 \rightarrow \underset{\text{Ethen}}{H_2C{=}CH_2} + \underset{\text{Buten}}{H_2C{=}CHCH_2CH_3} + \underset{\text{Decan}}{C_{10}H_{22}}$$

Hierbei wird deutlich, warum das Cracken als chemische Veredlung des Erdöls bezeichnet werden kann: Es bilden sich dabei vermehrt Verbindungen, die für Benzine tauglich sind. Außerdem erhält man neue Verbindungen, die im Erdöl nicht enthalten sind, z. B. Ethen, Propen und Butene (vgl. S. 54). Sie zählen zu den wichtigsten **Grundchemikalien** in der chemischen Industrie, weil man daraus über verschiedene **Zwischenprodukte** schließlich die **Anwendungsprodukte** für die Verbraucher synthetisiert (vgl. S. 70).
Um den Bedarf an Benzinen mit hoher **Octanzahl**[2] zu decken, werden sowohl die Benzine aus der Erdölraffination (S. 45) als auch die Benzine, die beim Cracken anfallen, in der Regel noch **reformiert**. Beim sog. *Platforming* (von Platinum-Reforming) wird Benzindampf über Katalysatoren aus Platin und anderen Edelmetallen geleitet. Dabei lagern sich kettenförmige Moleküle in verzweigte und ringförmige Moleküle um, die die Klopffestigkeit des Benzins erhöhen.

Aufgaben

A1 Erdöl ist ein Rohstoff, Heptan und Ethen sind Grundchemikalien in der chemischen Industrie. Erläutern Sie den Unterschied zwischen einem Rohstoff und einer Grundchemikalie.

A2 Vergleichen Sie die Raffination von Erdöl mit dem Cracken von Erdölfraktionen. Nennen Sie Gemeinsamkeiten und Unterschiede.

[1] von *to crack* (engl.) = (zer)sprengen, aufknacken

[2] Ein Benzin mit der **Octanzahl** 95 ist ebenso klopffest wie ein Gemisch aus 95 % des Isooctans 2,2,4-Trimethylpentan und 5 % Heptan. Reines Isooctan hat die Octanzahl 100, Heptan hat die Octanzahl 0.

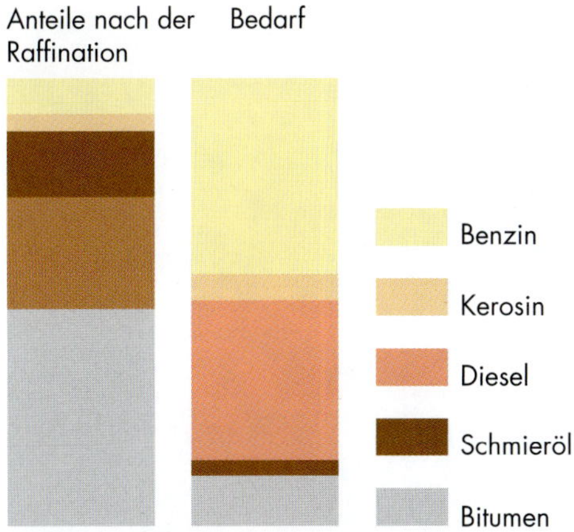

B4 *Anteile der Fraktionen aus der Erdölraffination (S. 45) und Bedarf an Treibstoffen.* **A:** *Vergleichen Sie die Anteile an Benzin und Diesel.*

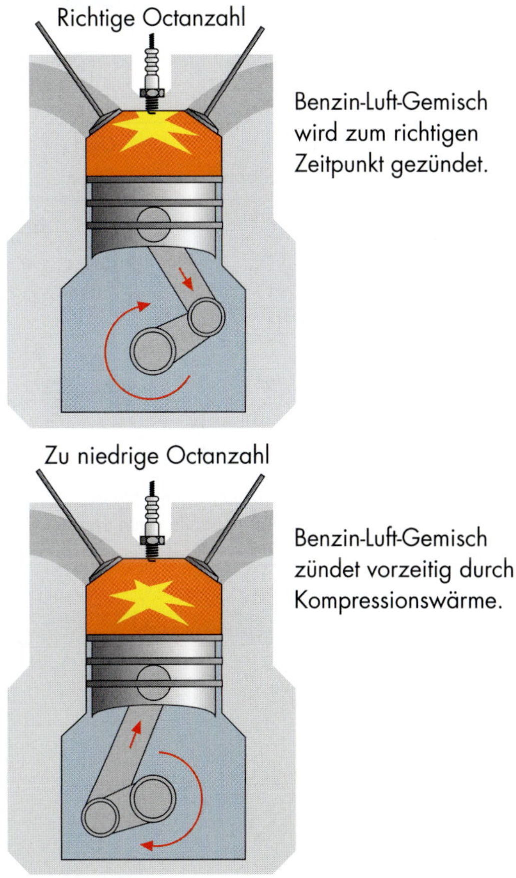

B5 *Oben: Normale Explosion des Benzin-Luft-Gemisches im Zylinder. Unten: „Klopfen" des Motors.*
A: *Warum ist der Wirkungsgrad beim klopfenden Motor geringer?*

Fachbegriffe

Cracken, Grundchemikalien, Zwischenprodukte, Anwendungsprodukte, Octanzahl, Reformieren

Gesättigt oder ungesättigt – der feine Unterschied

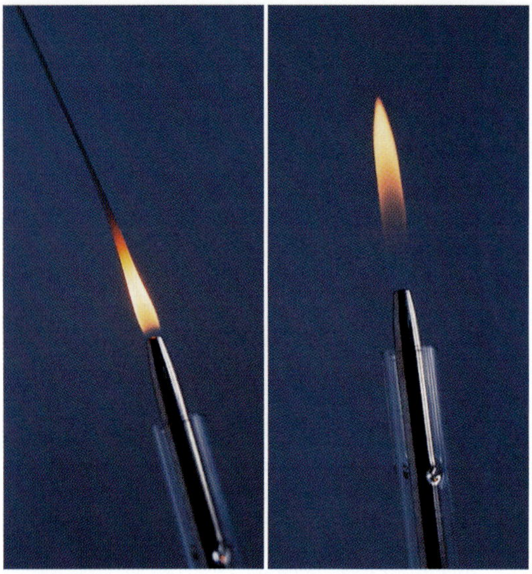

B1 *Links: Isobutenflamme; rechts: Propanflamme.*
A: *Woran könnte der sichtbare Unterschied liegen?*

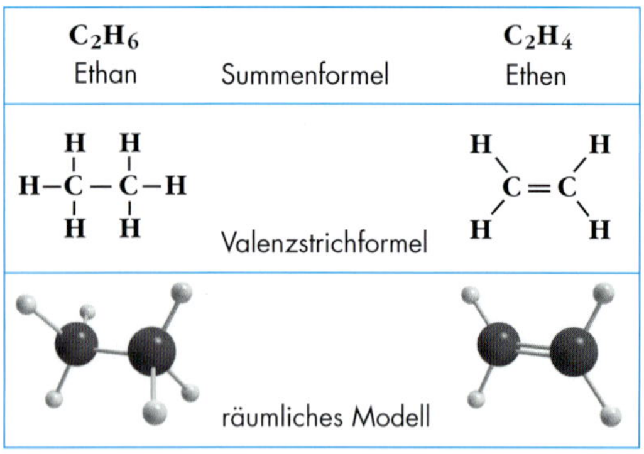

B2 *Formeln und Modelle für Ethan und Ethen.*
A: *Bauen Sie die räumlichen Modelle nach und erläutern Sie die Unterschiede.*

Kohlenwasserstoff	Isomerenzahl
CH_4, C_2H_6, C_3H_8	1
C_4H_{10}	2
C_5H_{12}	3
C_6H_{14}	5
C_7H_{16}	9
C_8H_{18}	18
C_9H_{20}	35
$C_{10}H_{22}$	75
⋮	
$C_{20}H_{42}$	366 319
⋮	
$C_{40}H_{82}$	62 491 178 805 831

B3 *Zahl der möglichen Isomere einiger Alkane.*
A: *Vergleichen Sie die letzte Zahl mit den Angaben in B1 auf S. 50. Was fällt auf?*

Versuche

V1 Entzünden Sie jeweils ca. 0,5 mL Pentan*, Hexen*, Heptan* und Cyclohexen* in flachen Porzellanschalen und beobachten Sie die Flamme.

V2 Prüfen Sie im Rggl. die Mischbarkeit von Heptan* mit a) Pentan*, b) Isooctan*, c) Hexen*, d) Benzin*, e) Cyclohexen*, f) Paraffinöl*, g) Ethanol* und h) Wasser. (*Hinweis:* Teilen Sie die durchzuführenden Proben auf Gruppen auf und fassen Sie die Ergebnisse in einer Tabelle zusammen.)

V3 Prüfen Sie bei den in V2 hergestellten Gemischen* die elektrische Leitfähigkeit (gegebenenfalls in beiden Schichten).

V4 Im **Abzug** werden vom Lehrer einige Tropfen Brom* in ca. 30 mL Heptan* gelöst. Die Lösung wird auf 6 Rggl. verteilt. Die Rggl. werden mit Korken verschlossen. Schütteln Sie jeweils ein Rggl. im Licht (z. B. im Sonnenlicht oder auf dem Tageslichtprojektor), während Sie das andere Rggl. im Dunklen schütteln. Beobachtung? Führen Sie dann mit der Pinzette jeweils ein angefeuchtetes Indikatorpapier über die Flüssigkeit im Rggl. ein. Beobachtung?

V5 Im **Abzug** verteilt der Lehrer je 1 mL Hexen* bzw. 1 mL Heptan* und je 3 mL Bromwasser* auf mehrere Rggl., verschließt sie und verteilt sie an die Gruppen. Gießen Sie das Bromwasser auf das Hexen bzw. Heptan, verschließen Sie das Rggl. und schütteln Sie gut durch. Beobachtung? Testen Sie wie in V4 die Rggl. mit Indikatorpapier. Beobachtung?

Auswertung

a) Protokollieren Sie sämtliche Versuchsergebnisse in tabellarischer Form.
b) Teilen Sie die untersuchten Stoffe in zwei Klassen ein.
c) Worin unterscheiden sich die Stoffe aus den beiden Klassen von b) deutlicher, in ihren physikalischen Stoffeigenschaften oder in ihrem chemischen Reaktionsverhalten? Erläutern und begründen Sie.

Name	Summenformel	ϑ_m in °C	ϑ_b in °C	beobachtbare Eigenschaften
Methan	CH_4	−183	−162	farb- und geruchlose **Gase**
Ethan	C_2H_6	−172	− 89	
Propan	C_3H_8	−190	− 42	
Butan	C_4H_{10}	−135	− 0,5	
Pentan	C_5H_{12}	−130	36	leicht bewegliche, farblose **Flüssigkeiten** von benzinartigem Geruch
Hexan	C_6H_{14}	− 94	69	
Heptan	C_7H_{16}	− 90	98	
Octan	C_8H_{18}	− 57	126	farblose, dickflüssige, geruchlose **Flüssigkeiten** (Paraffinöl)
Nonan	C_9H_{20}	− 54	151	
Decan	$C_{10}H_{22}$	− 30	174	
Hexadecan	$C_{16}H_{34}$	18	287	
Heptadecan	$C_{17}H_{36}$	22	292	weiße, feste, wachsartige **Feststoffe** von geringer Härte (Paraffin)
Eicosan	$C_{20}H_{42}$	36	Zersetzung	
Hexacontan	$C_{60}H_{122}$	− 99	Zersetzung	
Heptacontan	$C_{70}H_{142}$	−105	Zersetzung	

B4 *Gesättigte Kohlenwasserstoffe (Alkane).* **A:** *Wie lassen sich die unterschiedlichen Aggregatzustände bei Raumtemperatur erklären?*

Molekülgerüste in Kohlenwasserstoff-Molekülen

Erdöl besteht überwiegend aus **Kohlenwasserstoffen**, d. h. aus Verbindungen, in deren Molekülen nur Kohlenstoff- und Wasserstoff-Atome gebunden sind. Die Gerüste dieser Moleküle sind ausschließlich aus Kohlenstoff-Atomen zusammengesetzt, die allerdings unterschiedlich miteinander verknüpft sein können. Alle Kohlenwasserstoffe haben eine Reihe gemeinsamer Eigenschaften: Sie sind nicht wasserlöslich (sie sind *hydrophob*[1]), lösen sich aber untereinander und leiten den elektrischen Strom nicht (V2 und V3). Dass sich aber Kohlenwasserstoffe besonders im chemischen Reaktionsverhalten stark unterscheiden und zwei Klassen zugeordnet werden können, wird in V1, V4 und V5 deutlich: Die einen brennen mit gelber Flamme, reagieren mit Brom nur bei Licht und bilden dabei die Säure Bromwasserstoff **HBr**; die anderen brennen mit rußender Flamme, reagieren mit Brom auch bei Dunkelheit und bilden keinen Bromwasserstoff (B6).
Die Erklärung für diese Unterschiede liegt in der Architektur der **Molekülgerüste** in Kohlenwasserstoff-Molekülen. Die meisten Kohlenwasserstoffe aus Erdöl haben in ihren Molekülgerüsten nur Einfachbindungen zwischen Kohlenstoff-Atomen. Sie bilden die Klasse der **gesättigten Kohlenwasserstoffe**[2] oder **Alkane**. Die erst durch das Cracken von Erdölfraktionen zugänglichen Verbindungen mit einer Doppelbindung im Molekül werden als **Alkene** bezeichnet und gehören zu den **ungesättigten Kohlenwasserstoffen**.
Die Molekülgerüste in Alkan- und Alken-Molekülen können lineare, unverzweigte Ketten sein. Die Benennung der entsprechenden Verbindungen erfolgt mit Ausnahme der ersten vier nach griechischen Zahlwörtern und der Endung *-an* für Alkane (B4) bzw. *-en* für Alkene. Molekülgerüste mit vier und mehr Kohlenstoff-Atomen können unterschiedlich verzweigt sein. Die entsprechenden Verbindungen sind **Kettenisomere** oder **Gerüstisomere** (B3). Für die Benennung der enormen Vielfalt an Isomeren der Alkane und Alkene gelten die folgenden Regeln (vgl. B7 und B2, S. 54):

a)

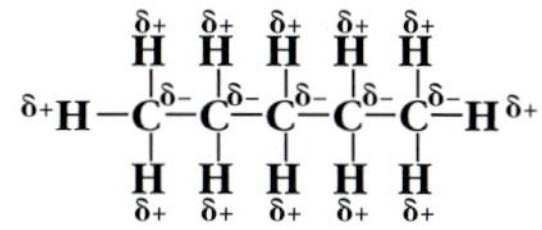

*EN(**C**)=2,5; EN(**H**)=2,1; ΔEN=0,4*

b)

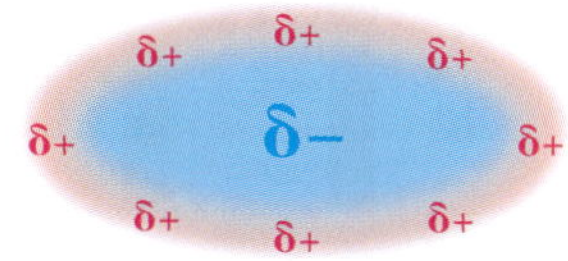

B5 *Valenzstrichformel des Pentan-Moleküls mit Partialladungen (a) und Modell zur Verteilung der Partialladungen (b).* **A:** *Welche Eigenschaften lassen sich damit gut erklären? Erläutern Sie.* **A:** *Was versteht man unter Elektronegativität EN? (Hinweis: Vgl. S. 10.)*

Substitution von Brom an Ethan:

$$H_3C-CH_3(g) + Br_2(l) \xrightarrow{\text{Licht}} H_3C-CH_2(l) + HBr(g)$$
(am CH_2 gebunden: Br)

Addition von Brom an Ethen:

$$H_2C=CH_2(g) + Br_2(aq) \longrightarrow H_2C-CH_2(l)$$
(an beiden C gebunden: Br Br)

B6 *Reaktion von Brom mit Ethan und mit Ethen.*
A: *Formulieren Sie die Reaktionsgleichungen zu V4 und V5.*

Halbstrukturformel

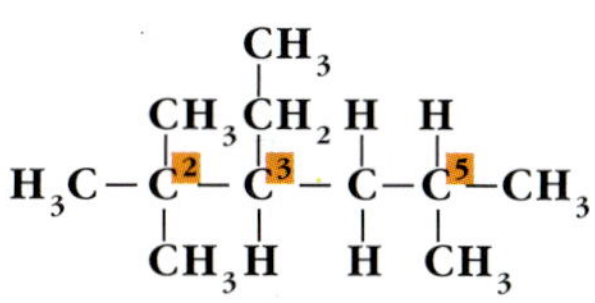

3-	Ethyl-	2,2,5-	tri	methyl	hexan	IUPAC-Name
2	4	2	3	4	1	Regel-Nr.

1 Stammname
2 Verknüpfungsziffer
3 Mehrfachzahlwort
4 Substituenten

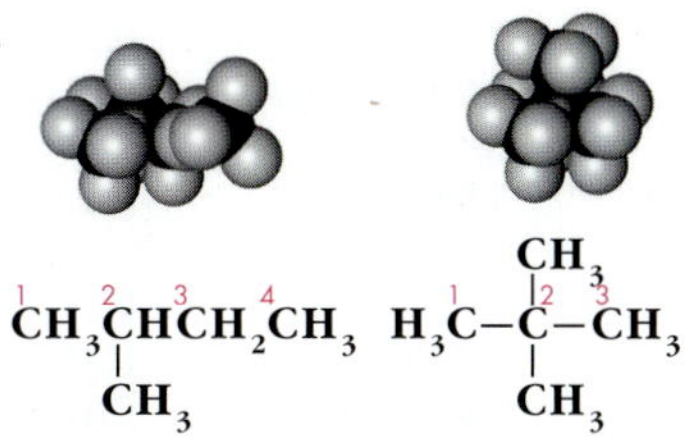

2-Methylbutan, ϑ_b= 28°C

2,2-Dimethylpropan, ϑ_b= 10°C

B7 *Nomenklatur von Alkanen.* **A:** *Formulieren und benennen Sie alle Isomere* C_6H_{14}. **A:** *Erzeugen Sie die Modelle der isomeren Pentane* C_5H_{12} *und der isomeren Butene* C_4H_8 *(B2, S. 54) als Simulationen am Computer. Internet-Adresse: www.chemiedidaktik.uni-wuppertal.de*

Fachbegriffe

Kohlenwasserstoffe (gesättigte und ungesättigte), Molekülgerüste, Alkane, Alkene, Kettenisomere oder Gerüstisomere

---

[1] von *hydor* (griech.) = Wasser und *phobos* (griech.) = scheu
[2] In *gesättigten* Kohlenwasserstoff-Molekülen ist an die Molekülgerüste aus Kohlenstoff-Atomen die *höchstmögliche* Anzahl von Wasserstoff-Atomen gebunden.

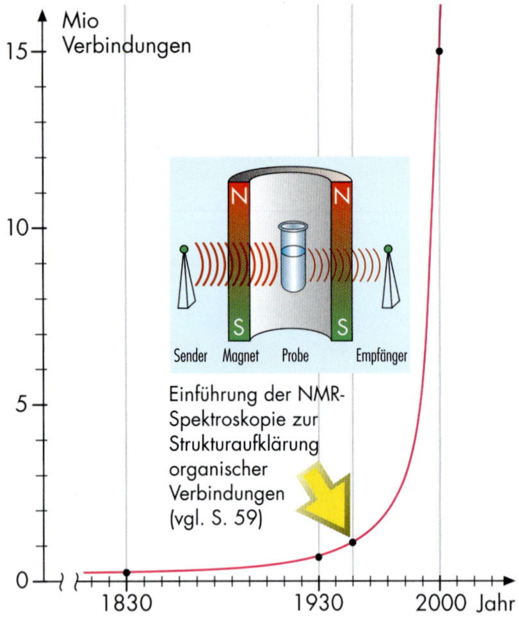

B1 *Im Jahr 2000 waren ca. 15 Mio. organische und weniger als 0,5 Mio. anorganische Verbindungen bekannt.* **A:** *Was bewirkte die Einführung der NMR-Spektroskopie?*

Ordnung erleichtert die Übersicht: Alkohole – Alkanole

Versuche

V1 Prüfen Sie in Porzellanschälchen jeweils einige Tropfen (bzw. eine Spatelspitze) der folgenden Alkanole auf Brennbarkeit: Methanol*, Ethanol*, 1-Propanol*, 2-Propanol*, 1-Butanol*, 1-Pentanol* und 1-Hexadecanol* (Cetylalkohol).

V2 Untersuchen Sie in Rggl. die Löslichkeit kleiner Portionen (1 mL) der Alkohole aus V1 in a) 1 mL Heptan und b) 1 mL Wasser.

V3 Erwärmen Sie in Rggl. jeweils 15 mL der folgenden Verbindungen im Wasserbad auf 30 °C: Ethanol*, 1-Butanol*, 1-Pentanol* und 2-Methyl-2-propanol* (*tert.*-Butanol), Pentan*, Heptan* und 2,2,4-Trimethylpentan* (Isooctan). Füllen Sie dann der Reihe nach eine 10-mL-Pipette mit den jeweiligen Alkanen oder Alkanolen und messen Sie die Auslaufzeit.

Auswertung

a) Was ist bezüglich der Brennbarkeit von Alkanolen V1, Alkanen und Alkenen (V1, S. 48) festzustellen? Formulieren Sie je eine Reaktionsgleichung für die Verbrennung für Butanol, Butan und Buten.

b) Erklären Sie die in V2 festgestellten Löslichkeitsunterschiede von Alkanen und Alkanolen. (*Hinweis:* Überlegen Sie anhand von B7, S. 11, und B5, S. 49, welche Art von zwischenmolekularen Kräften jeweils auftreten können. Stichwörter: *Van-der-Waals-Kräfte, Dipol-Dipol-Wechselwirkungen und Wasserstoffbrückenbindungen.*)

c) Erläutern Sie anhand der Ergebnisse aus V3, wovon die Viskosität (vereinfacht: die Zähflüssigkeit) innerhalb einer Stoffklasse (Alkane bzw. Alkanole) abhängt. Versuchen Sie, den Sachverhalt zu erklären.

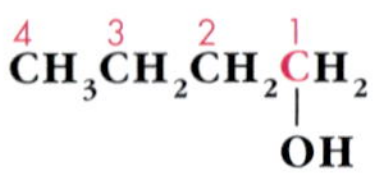

1-Butanol
(primärer Alkohol)

C ist ein **primäres** Kohlenstoff-Atom, d.h. es ist nur an **ein** weiteres Kohlenstoff-Atom gebunden.

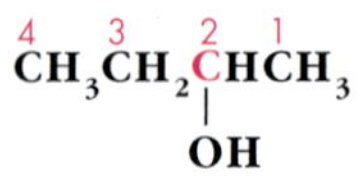

2-Butanol
(sekundärer Alkohol)

C ist ein **sekundäres** Kohlenstoff-Atom, d.h. es ist an **zwei** weitere Kohlenstoff-Atome gebunden.

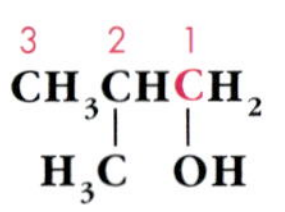

2-Methyl-1-propanol
(primärer Alkohol)

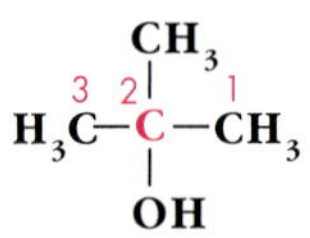

2-Methyl-2-propanol
(tertiärer Alkohol)

C ist ein **tertiäres** Kohlenstoff-Atom, d.h. es ist an **drei** weitere Kohlenstoff-Atome gebunden.

B2 *Die vier isomeren Butanole.* **A:** *Erläutern Sie anhand der markierten Atome* **C**, *was ein* ***primärer***, ***sekundärer*** *und* ***tertiärer*** *Alkohol ist.*

Zahl der Kohlenstoff-Atome	Genfer Nomenklatur (Trivialname) (Kurzname)	Formel	ϑ_m in °C	ϑ_b in °C	Löslichkeit in Wasser (Alkohol in g/100 cm³ Wasser)
C_1	Methanol (Holzgeist)	CH_3OH	–97	65	∞
C_2	Ethanol (Weingeist)	CH_3CH_2OH	–114	78,4	∞
C_3	1-Propanol	$CH_3CH_2CH_2OH$	–126	97	∞
	2-Propanol (Isopropanol)	$CH_3CH(OH)CH_3$	– 90	82	∞
C_4	1-Butanol	$CH_3CH_2CH_2CH_2OH$	– 90	117	7,9
	2-Butanol	$CH_3CH_2CH(OH)CH_3$	–114	100	12,5
	2-Methyl-1-propanol	$(CH_3)_2CHCH_2OH$	–108	108	10,0
	2-Methyl-2-propanol (tert.-Butanol)	$(CH_3)_3COH$	+ 25	83	∞
C_5	1-Pentanol (Amylalkohol)	$CH_3(CH_2)_3CH_2OH$	– 79	138	2,3
	3-Methyl-1-butanol	$(CH_3)_2CHCH_2CH_2OH$	–117	131	2,0
	2,2-Dimethyl-1-propanol	$(CH_3)_3CCH_2OH$	+ 50	113	12,5
C_{12}	1-Dodecanol (Laurylalkohol)	$CH_3(CH_2)_{10}CH_2OH$	+ 24	259	0
C_{16}	1-Hexadecanol (Cetylalkohol)	$CH_3(CH_2)_{14}CH_2OH$	+ 49	Zersetzung	0

B3 *Homologe Reihe der Alkanole.* **A:** *Wie erklärt man die großen Unterschiede bei den Siedetemperaturen der Alkane (B4, S. 48) im Vergleich zu den entsprechenden Alkanolen? Erläutern Sie auch mithilfe von Formeln.*

Homologe Reihen

Man kennt heute bedeutend mehr organische Verbindungen als anorganische (B1). Aus dem unerschöpflichen Reservoir der Natur werden immer neue Verbindungen isoliert und ihre Strukturen können mit modernen Methoden (vgl. B1 und S. 59) schnell aufgeklärt werden. Hinzu kommen viele neue Stoffe, die in Labors synthetisiert werden. *Wie bekommt man in diese enorme Vielfalt der organischen Verbindungen Ordnung und Übersicht?*

Während die Einteilung anorganischer Verbindungen nach der Art der gebundenen Elemente in Oxide, Sulfide, Chloride etc. recht griffig ist, erweist sich dieses Prinzip für organische Verbindungen als untauglich, denn alleine die Zahl der möglichen Alkane ist schier unüberschaubar (B3, S. 48). Dabei sind die Alkane nur eine Klasse unter den **Kohlenwasserstoffen**, die allesamt als Kohlenstoffhydride bezeichnet werden könnten.

Es ist zweckmäßig, als Ordnungsprinzip für organische Verbindungen strukturelle Merkmale der Moleküle heranzuziehen, d. h. Merkmale, die sich auf die Verknüpfung der Atome untereinander und ihre räumliche Anordnung zueinander beziehen.

Besonders tragfähige Einteilungen können anhand folgender zwei Kriterien vorgenommen werden:

a) Bau des **Molekülgerüstes** (vgl. S. 49) aus Kohlenstoff-Atomen und

b) Art und Stellung der **funktionellen Gruppen** (vgl. S. 19) an diesem Grundgerüst.

Der einfachste Typ von Kohlenwasserstoffen besteht aus Molekülen mit Gerüsten, die sich lediglich in der Länge ihrer unverzweigten Kohlenstoffkette unterscheiden.

Eine Klasse oder Reihe, in der sich zwei aufeinanderfolgende Glieder jeweils nur um eine CH_2-Gruppe (**Methylen**-Gruppe) unterscheiden, nennt man **homologe Reihe**. Gleichartige Molekülgerüste wie die Glieder der **homologen Reihe der Alkane**, aber verschiedene funktionelle Gruppen haben die Moleküle der **homologen Reihen der Alkene**, **Alkanole**, **Alkanale**, **Alkanone** und **Alkansäuren** (B4). Die Einteilung in homologe Reihen ist nicht nur formal einfach, sie ist auch zweckmäßig, denn die Vertreter einer Reihe haben gleiche, wenn auch abgestufte Eigenschaften. Molekülgerüste mit gleicher Anzahl von Kohlenstoff-Atomen können unterschiedlich verzweigt sein. Daraus ergibt sich das Phänomen der *Gerüstisomerie oder Kettenisomerie* (B5). Eine funktionelle Gruppe an einem bestimmten Molekülgerüst kann an unterschiedlichen Positionen gebunden sein. Entsprechend gibt es jeweils mehrere *Positionsisomere oder Stellungsisomere* (B5). Schließlich kann ein- und dasselbe Molekülgerüst unterschiedliche funktionelle Gruppen tragen. Die entsprechenden Verbindungen sind *funktionelle Isomere* (B5).

Aufgaben

A1 Formulieren Sie für die Alkane und Alkene aus B4 die entsprechenden Summenformeln. Was fällt auf?

A2 Nennen Sie jeweils einige typische Eigenschaften für die ersten 5 Glieder der in B4 angegebenen homologen Reihen (*Hinweis:* Informieren Sie sich darüber auch in anderen Kapiteln dieses Buches).

A3 Schreiben Sie die Halbstrukturformeln und die Struktursymbole der isomeren Pentanole $C_5H_{11}OH$ auf und benennen Sie die Verbindungen.

A4 Bei welcher Art von Isomerie (B5) unterscheiden sich die Eigenschaften der Isomere am deutlichsten? Erläutern und begründen Sie.

Alkane CH_4 Methan $H_3C\text{-}CH_3$ Ethan $H_3CCH_2CH_3$ Propan $H_3C(CH_2)_2CH_3$ Butan $H_3C(CH_2)_3CH_3$ Pentan usw.	**Alkene** $H_2C{=}CH_2$ Ethen $H_2C{=}CHCH_3$ Propen $H_2C{=}CHCH_2CH_3$ Buten $H_2C{=}CH(CH_2)_2CH_3$ Penten usw.
Alkohole/Alkanole H_3COH Methanol H_3CCH_2OH Ethanol $H_3CCH_2CH_2OH$ Propanol $H_3C(CH_2)_2CH_2OH$ Butanol usw.	**Alkanale** $HCHO$ Methanal (Formaldehyd) H_3CCHO Ethanal (Acetaldehyd) H_3CCH_2CHO Propanal $H_3C(CH_2)_2CHO$ Butanal usw.
Alkanone H_3CCOCH_3 Propanon (Aceton) $H_3CCOCH_2CH_3$ Butanon $H_3CCO(CH_2)_2CH_3$ Pentanon usw.	**Alkansäuren** $HCOOH$ Methansäure (Ameisens.) H_3CCOOH Ethansäure (Essigsäure) H_3CCH_2COOH Propansäure (Propions.) $H_3C(CH_2)_2COOH$ Butansäure (Buttersäure) usw.

B4 *Homologe Reihen.* **A:** *Formulieren und benennen Sie Vertreter der homologen Reihen mit 5 Kohlenstoff-Atomen in ihren Molekülen.*

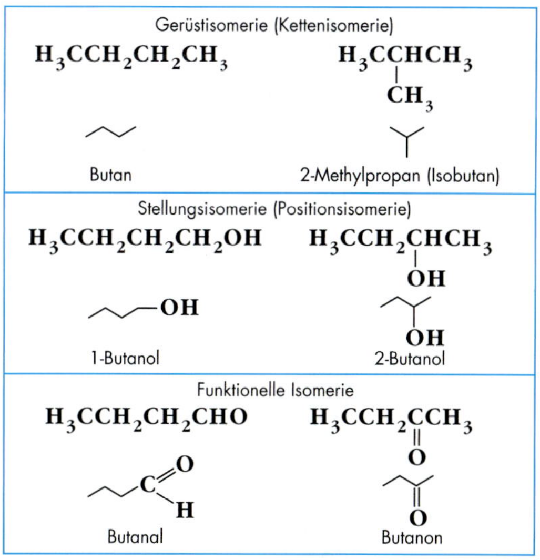

B5 *Drei Arten von Isomerie (Halbstrukturformeln und Struktursymbole)*

Fachbegriffe

Homologe Reihen, Alkane, Alkene, Alkanole, Alkanale, Alkanone, Alkansäuren

Ein Zoo aus Formeln und Modellen für Moleküle

Welche Formel wann?

In der organischen Chemie werden ganz unterschiedliche Arten von Formeln verwendet. Je nachdem, welche Molekülmerkmale man beschreiben möchte, wählt man den einen oder anderen Formeltyp.

Als Beispiel wählen wir **Propansäure** (Trivialname: **Propionsäure**), das dritte Glied aus der homologen Reihe der Alkansäuren:

Die **Summenformel** (oder **Molekülformel**) lautet: $C_3H_6O_2$. Darin wird zwar die Art und Anzahl der Atome in einem Propansäure-Molekül angeben, nicht aber die Art und Weise, wie sie miteinander verknüpft sind. Darüber geben folgende Formeln besser Bescheid:

H_3C-CH_2-COOH

oder

H_3CCH_2COOH

Halbstrukturformeln

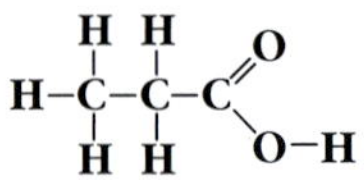

Valenzstrichformel (Strukturformel)

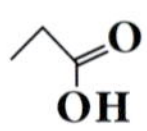

Struktursymbol

In der **Valenzstrichformel** (oder **Strukturformel**) werden die bindenden Elektronenpaare im Molekül durch je einen Strich dargestellt. Daher beschreibt sie die Konstitution des Moleküls. In vielen Fällen reichen auch die beiden einfacheren Formeln aus, weil sie sowohl die funktionelle Gruppe als auch das Molekülgerüst erkennen lassen. Im **Struktursymbol** stellt jedes nicht beschriftete Ende der Zick-Zack-Linie eine Methyl-Gruppe $-CH_3$ dar; jeder Knick bedeutet ein Kohlenstoff-Atom, an das noch so viele Wasserstoff-Atome gebunden sind, wie bis zur Vierbindigkeit des Kohlenstoff-Atoms fehlen (vgl. auch B2, S. 12, und B1, S. 18).

Drei Dimensionen in der Ebene – wie geht das?

Moleküle sind dreidimensionale Gebilde, d. h. sie füllen einen Raum aus. Keine der Formeln aus der linken Spalte berücksichtigt das, auch nicht die Valenzstrichformel, in der die Konstitution des Moleküls abgebildet ist. Sie sagen nichts darüber aus, wie die Atome des Moleküls im Raum angeordnet sind. Striche alleine eignen sich schlecht, wenn man mit einer auf Papier geschriebenen Formel auch den räumlichen Bau eines Moleküls veranschaulichen will. Man setzt daher weitere Zeichenelemente ein, beispielsweise Keile und gestrichelte Linien. Sie führen zu Atomen, die über der Zeichenebene bzw. unter ihr stehen:

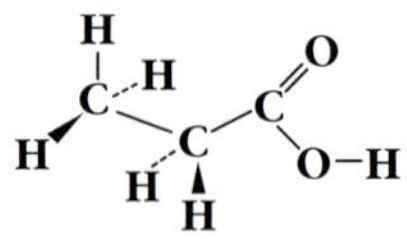

Räumliche Strukturformel

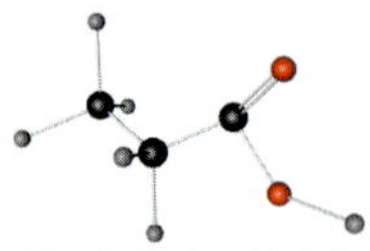

Kugelstäbchen-Modell

Am besten kann man sich jedoch den räumlichen Bau eines Moleküls vor Augen führen, wenn man ein **Modell des Moleküls** baut, beispielsweise aus Styroporkugeln und Holzstäbchen. Dabei ist folgendes zu beachten: 1. Bei jedem Kohlenstoff-Atom, das ausschließlich an Einfachbindungen beteiligt ist, sind die Nachbaratome tetraedrisch um das Kohlenstoff-Atom herum angeordnet (Bindungswinkel jeweils 109°). 2. Ist ein Kohlenstoff-Atom an einer Doppelbindung und zwei Einfachbindungen beteiligt, so liegen seine Nachbar-Atome in der gleichen Ebene wie das Kohlenstoff-Atom, die Bindungswinkel sind gleich und betragen je 120°.

Chemische Formeln aus dem Computer ...

... können mithilfe von sog. **Formeleditor-Programmen** erzeugt werden. Der Editor bietet Formel-Bruchstücke und Werkzeuge (Tools) an. Daraus wird mithilfe der Maus die gewünschte Formel erstellt (B1).

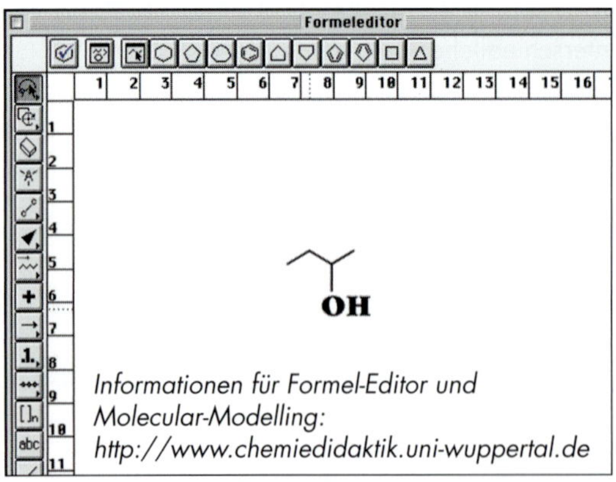

B1 *Bildschirmoberfläche eines Formeleditors.* **A:** *Erstellen Sie die Formeln aus B5, S. 51, am Computer. Welcher Formeleditor ist dafür am besten geeignet?*

Molekülmodelle am Bildschirm ...

... können in „3D-Darstellung" erzeugt, verschoben, gedreht, gestreckt und gestaucht werden. Dazu gibt es unter dem Sammelbegriff **molecular modelling** Computerprogramme und Links im Internet.

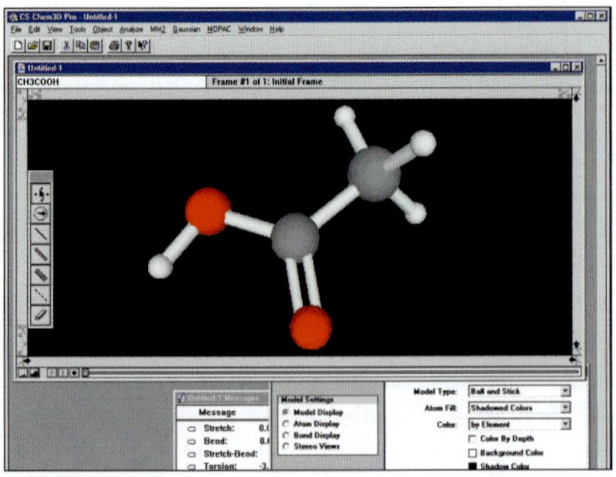

B2 *Molekülmodell von Ethansäure.* **A:** *Erstellen Sie eine Liste mit Internet-Adressen für molecular modelling.*
A: *Erzeugen Sie das Modell des Propansäure-Moleküls.*

Aus dem „Innenleben" der Moleküle

Schwingungen in Molekülen

Moleküle sind keine starren Gebilde. Zwar ändern die in einem Molekül gebundenen Atome ihre Bindungspartner nicht, aber sie schwingen in unterschiedlichster Weise. Bei den **Valenzschwingungen** werden die Bindungslängen verkürzt bzw. verlängert, bei den **Deformationsschwingungen** ändern sich die Bindungswinkel periodisch.

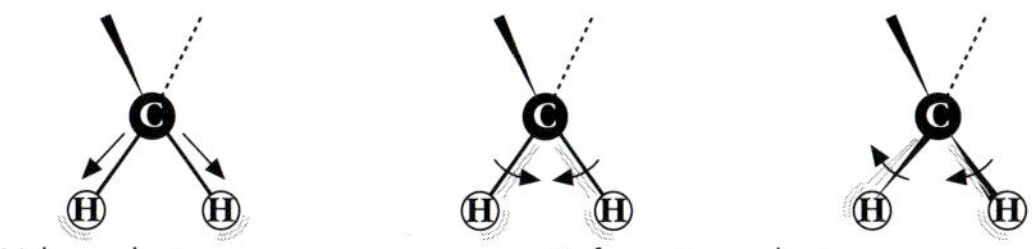

Valenzschwingungen Deformationsschwingungen

Diese Schwingungen werden durch infrarotes Licht angeregt. Besonders die Valenzschwingungen verschiedener Bindungen, beispielsweise **C-C**, **C=C**, **O-H**, **C=O** u.a. absorbieren IR-Strahlung einer jeweils ganz bestimmten, charakteristischen Wellenlänge. Daher ist es möglich, aus dem **IR-Spektrum** einer Verbindung Rückschlüsse auf die Struktur seiner Moleküle, insbesondere über **funktionelle Gruppen** zu ziehen.
Hinweis: Näheres zur IR-Spektroskopie können Sie im Internet oder in einem Institut aus Ihrer Nähe einholen.

„Gute" und „schlechte" Fettsäuren

In pflanzlichen Ölen sind die „guten", leicht verdaulichen ungesättigten Fettsäuren enthalten, beispielsweise die Ölsäure. Es handelt sich dabei um die *cis*-9-Octadecensäure $CH_3(CH_2)_7HC{=}CH(CH_2)_7COOH$. In altem Frittieröl wandelt sich diese „gute" Fettsäure allmählich in eine „schlechte" um, die nur schwer bzw. gar nicht verdaut wird und zu Erkrankungen führt.

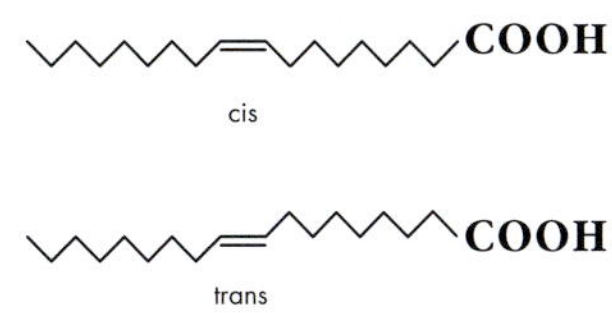

Diese „schlechte" Fettsäure ist ein Isomer der Ölsäure, dessen Moleküle die gleiche Valenzstrichformel und damit die gleiche Konstitution haben wie die der Ölsäure. Der kleine Unterschied bei der räumlichen Anordnung der Molekülteile an der Doppelbindung reicht aber aus, um die *trans*-9-Octadecensäure für das Enzym, das den Abbau der Ölsäure katalysiert, unzugänglich zu machen. **A:** Erstellen Sie Computerbilder oder andere Modelle der Moleküle von *cis*- und *trans*-9-Octadecensäure. Erläutern Sie die Form der Moleküle.

Rotationen in Molekülen

Molekülteile, die durch eine Einfachbindung miteinander verknüpft sind, können frei um ihre Verbindungsachse herum rotieren. Wäre das nicht so, dann müssten die beiden folgenden Formeln die Moleküle zweier verschiedener Verbindungen darstellen. In Wirklichkeit gibt es aber nur eine Verbindung mit der Halbstrukturformel $ClCH_2CH_2Cl$, das 1,2-Dichlorethan:

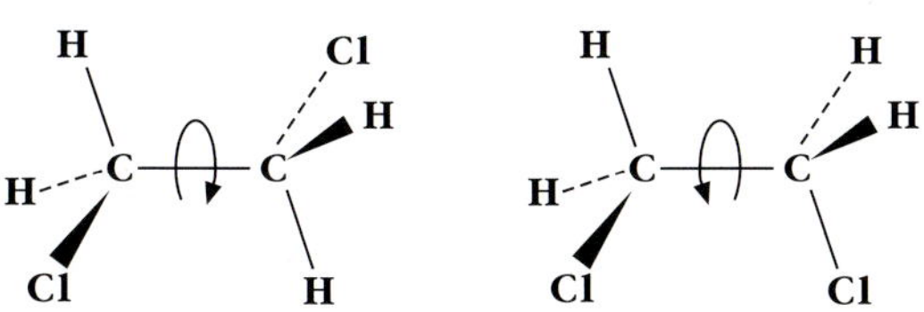

Atome, die durch Rotationen der Molekülteile um die Achsen von Einfachbindungen zustande kommen, bezeichnet man als **Konformationen**. Sie wechseln bei Raumtemperatur sehr schnell ineinander um. (In manchen Fällen, z.B. wenn die beiden Molekülhälften so groß sind, dass sie sich beim Rotieren gegenseitig behindern, oder wenn sie in Ringstrukturen eingebaut sind, kommt es zur Bevorzugung einer Konformation und zur Unterscheidung von **Konformationsisomeren**.)

Cis-trans – ein Fall von Stereoisomerie

Im Gegensatz zur **C-C**-Einfachbindung ist die freie Drehbarkeit der Molekülteile um die Achse bei einer **C=C**-Doppelbindung nicht gegeben. So erklärt man das Phänomen der ***cis-trans*** Isomerie[1] oder **Z-E** Isomerie[2]. Die Isomere unterscheiden sich durch die räumliche Anordnung der Molekülteile an der Doppelbindung.

cis-2-Buten

trans-2-Buten

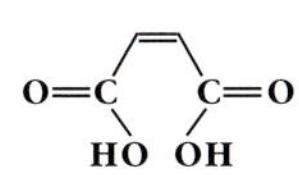

cis-Butendisäure (Maleinsäure)

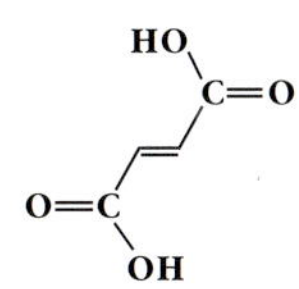

trans-Butendisäure (Fumarsäure)

Bei einfachen Kohlenwasserstoffen, beispielsweise beim *cis*- und *trans*-2-Buten gibt es nur ganz geringfügige Eigenschaftsunterschiede (B2, S. 54). Dagegen unterscheiden sich *cis-trans* Isomere mit funktionellen Gruppen nicht nur biochemisch, sondern auch physikalisch und chemisch ganz wesentlich voneinander.
A: Erhitzen Sie im Rggl. a) Maleinsäure und b) Fumarsäure. Beobachtung? Erklären Sie die Beobachtungen mithilfe der angegebenen Formeln.
A: Warum gibt es beim Isobuten (2-Methylpropen) keine *cis-trans* Isomerie?

[1] von *cis* (lat.) = diesseits; *trans* (lat) = jenseits
[2] von Z = zusammen; E = entgegengesetzt

Ermittlung der Summenformel von Isobuten

Isobuten CxHy : Ermittlung von x

V1 Bauen Sie die Versuchsapparatur aus B1 auf und spülen Sie über den Dreiwegehahn die Apparatur mehrmals mit Stickstoff durch. Spülen Sie einen der beiden Kolbenprober mit Isobuten*, das Sie gemäß B1, S. 54, selbst herstellen. Füllen Sie dann 20 mL Isobuten* in den Kolbenprober ein und schließen Sie ihn wieder ans Verbrennungsrohr an. Erhitzen Sie nun das Kupfer(II)oxid* sehr stark bis zum Glühen. Leiten Sie dann das Isobuten mehrmals über das Kupfer(II)-oxid* bis keine Volumenveränderung mehr auftritt. Lesen Sie nach dem Abkühlen das Volumen ab. Beobachten Sie das Kupferoxid und die kühleren Teile der Apparatur genau. Leiten Sie das Gas aus der abgekühlten Apparatur in Kalkwasser ein. Deuten Sie alle Beobachtungen.

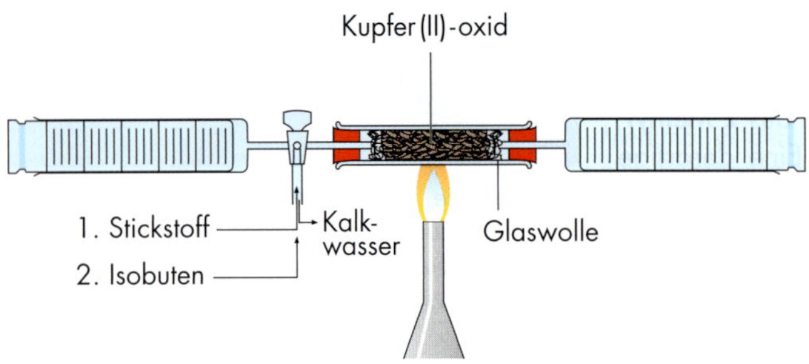

B1 *Versuchsaufbau für V1*

Quantitative Auswertung – Beispiel

(1) Der Kohlenwasserstoff Isobuten C_xH_y wird mit Kupfer(II)-oxid CuO zu Kohlenstoffdioxid CO_2 und Wasser H_2O oxidiert. Die **Reaktionsgleichung** lautet:

$$C_xH_y(g) + zCuO(s) \rightarrow xCO_2(g) + \frac{y}{2}H_2O(l) + zCu(s)$$

(2) Als **experimentelles Messergebnis** stellt man fest, dass aus 20 mL Isobuten 80 mL Kohlenstoffdioxid gebildet werden. Nach der Hypothese von AVOGADRO (vgl. S. 57) enthält das gasförmige Produkt demnach 4-mal so viele Moleküle wie das gasförmige Edukt. Unter Berücksichtigung der Reaktionsgleichung gilt also: $\mathbf{x = 4}$.

Auswertung – weitere Fragen

a) Warum darf das Endvolumen bei V1 erst dann abgelesen werden, wenn die gesamte Apparatur wieder auf die Ausgangstemperatur abgekühlt ist?

b) Begründen Sie, warum das Kupferoxid bei V1 im Überschuss eingesetzt werden muss.

c) Auf welche Kohlenwasserstoffe ist dieses Verfahren beschränkt? Erläutern und begründen Sie.

d) Der Rechenaufwand bei der quantitativen Auswertung von V1 ist minimal. Wäre das auch dann der Fall, wenn das untersuchte Gas nicht ein Kohlenwasserstoff, sondern eine Verbindung $C_xH_yO_z$ wäre? Begründen Sie.

Isobuten CxHy : Ermittlung von y

V2 Bauen Sie die Versuchsapparatur aus B2 auf und spülen Sie über den Dreiwegehahn die Apparatur mehrmals mit Stickstoff durch. Spülen Sie einen der beiden Kolbenprober mit Isobuten*, das Sie gemäß B1, S. 54, selbst herstellen. Füllen Sie dann 20 mL Isobuten* in den Kolbenprober ein und schließen Sie ihn wieder ans Verbrennungsrohr an. Erhitzen Sie nun die entfettete Eisenwolle sehr stark bis zum Glühen. Leiten Sie dann das Isobuten mehrmals über die Eisenwolle bis keine Volumenveränderung mehr auftritt. Lesen Sie nach dem Abkühlen das Volumen ab. Beobachten Sie genau, wie sich die Eisenwolle verändert hat. Leiten Sie das Gas aus der Apparatur in ein Rggl. und führen Sie die Knallgasprobe durch. Beobachtung?

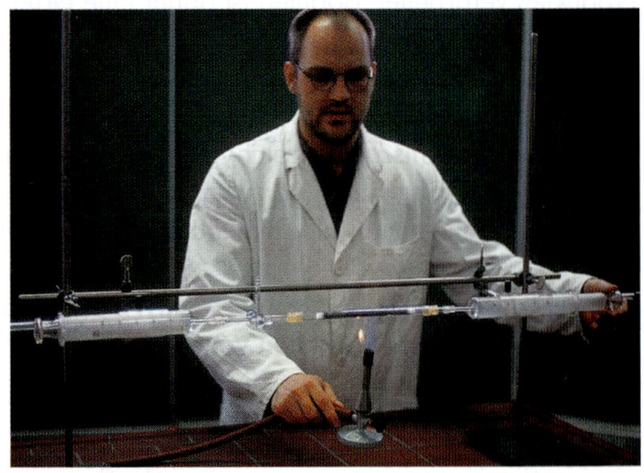

B2 *Versuchsaufbau für V2*

Quantitative Auswertung – Beispiel

(1) Der Kohlenwasserstoff Isobuten C_xH_y wird am Eisen-Katalysator durch starke Wärmezufuhr in Elemente zerlegt. Die **Reaktionsgleichung** lautet:

$$C_xH_y(g) \rightarrow xC(s) + \frac{y}{2}H_2(g)$$

(2) Als **experimentelles Messergebnis** stellt man fest, dass aus 20 mL Isobuten 80 mL Wasserstoff gebildet werden. Nach der Hypothese von AVOGADRO (vgl. S. 57) enthält das gasförmige Produkt demnach 4-mal so viele Moleküle wie das gasförmige Edukt. Unter Berücksichtigung der Reaktionsgleichung gilt also: $\mathbf{y = 8}$.

Auswertung – weitere Fragen

a) Die geschwärzte Eisenwolle wird in einem Zylinder mit Sauerstoff verbrannt. Wie kann man nun nachweisen, dass die schwarze Ablagerung Kohlenstoff war?

b) Wie müsste das Messergebnis bei V2 lauten, wenn man Butan oder Isobutan C_4H_{10} untersuchen würde?

c) Kann man nach dieser Methode auch flüssige Kohlenwasserstoffe untersuchen? Erläutern Sie.

d) Die in V1 und V2 ermittelte **Summenformel** (oder **Molekülformel**) lautet: C_4H_8. Schreiben Sie alle möglichen Valenzstrichformeln von Molekülen auf, die diese Summenformel (Molekülformel) haben.

Bei Gasen geht's einfach

AVOGADRO, die Gase und die Moleküle

AMEDEO AVOGADRO (1776 bis 1856), zunächst Jurist, dann Professor für Physik in Turin

Im Jahr 1811 formulierte A. AVOGADRO folgende Hypothese: **Gleiche Volumina verschiedener Gase enthalten bei gleichem Druck und gleicher Temperatur gleich viele Teilchen**. Dazu führte ihn die Beobachtung anderer, dass Gase stets in gleichen Volumenverhältnissen miteinander reagieren. Wenn AVOGADROS Hypothese zutrifft, dann müssen gasförmige Elemente (Sauerstoff, Wasserstoff u.a.) aus Teilchen bestehen, die mindestens zwei Atome enthalten. Diese Teilchen nannte AVOGADRO **Moleküle**. Obwohl richtig, konnte sich AVOGADROS Hypothese erst nach seinem Tod durchsetzen, denn sie widersprach der Hypothese von J. DALTON, nach der alle Elemente aus einzelnen, kleinsten, unteilbaren Teilchen, den Atomen, bestehen.

Bei organischen Flüssigkeiten und Feststoffen ...

... sind zwei Schlüsselexperimente notwendig, um die Summenformel zu ermitteln. Aus dem Ergebnis der Elementaranalyse nach V. LIEBIG berechnet man die **Atomzahlverhältnisformel** einer Substanz, z.B. $C_1H_2O_1$, die u.a. für Methanal CH_2O, Methansäure $C_2H_4O_2$ und Glucose $C_6H_{12}O_6$ zutrifft. Erst nach Bestimmung der molaren Masse kann dann die **Summenformel** der untersuchten Substanz festgelegt werden, z.B. $C_2H_4O_2$.

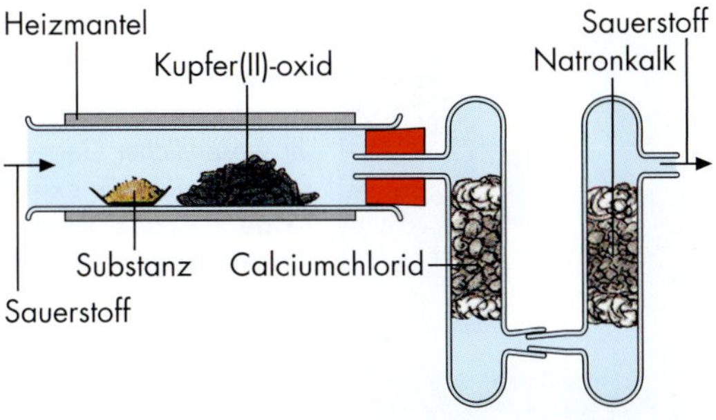

B1 *Elementaranalyse nach J. V. LIEBIG. Die genau abgewogene Substanz wird von Kupfer(II)-oxid vollständig oxidiert. Das gebildete Wasser wird von Calciumchlorid absorbiert, das Kohlenstoffdioxid von Natronkalk* $NaOH+Ca(OH)_2$. *Die Massen der Produkte werden durch Wägung der Absorptionsgefäße ermittelt.*

Reaktionen, Gasvolumina und Teilchenzahl

Auf der Grundlage der Hypothese von AVOGADRO gelten für Gase, die an Reaktionen beteiligt sind, ganz einfache Relationen: Das Verhältnis ihrer Stoffmengen n, ist gleich dem Verhältnis der Volumina V und auch gleich dem Verhältnis der betreffenden Teilchenzahlen N. Als Beispiel betrachten wir die thermische Zerlegung von Ethan C_2H_6 gemäß der Versuchsvorschrift aus V2:

$$C_2H_6(g) \rightarrow 2C(s) + 3H_2(g)$$

$$n(C_2H_6) : n(H_2) = V(C_2H_6) : V(H_2) = N(C_2H_6) : N(H_2) = 1:3$$

Das vereinfacht die Auswertung quantitativer Untersuchungen mit Gasen ganz erheblich (vgl. Auswertungen zu V1 und V2 auf S. 56).

Im Normzustand, d.h. bei Normdruck p_n = 1013 hPa und Normtemperatur T_n = 273 K (ϑ = 0 °C) beträgt das **molare Normvolumen** eines Gases:

$$V_{mn} = 22{,}414 \text{ L mol}^{-1}$$

Die Umrechnung eines Volumens V, das bei der Temperatur T und beim Druck p gemessen wurde, auf Normbedingungen erfolgt über die **Zustandsgleichung der Gase**:

$$\frac{p \cdot V}{T} = \frac{p_n \cdot V_n}{T_n}$$

Die molare Masse von Isobuten

V3 Man evakuiert eine Gaswägekugel mit der Wasserstrahlpumpe und wiegt sie ab. Dann wird sie mit Isobuten gefüllt und erneut gewogen. Schließlich bestimmt man das Volumen der Gaswägekugel genau, indem man sie mit Wasser füllt und dieses dann in einen Messzylinder auslaufen lässt. Aus den Messergebnissen wird die molare Masse von Isobuten berechnet.

Quantitative Auswertung – Beispiel

Messergebnisse:

m(Isobuten) = 1,14 g

V(Isobuten) = V(Gaswägekugel) = 0,5 L

T = 294 K p = 1010 hPa

Umrechnung des Volumens auf Normbedingungen:

$$V_n(\text{Isobuten}) = \frac{p \cdot V \cdot T_n}{T \cdot p_n} = \frac{1010 \text{ hPa} \cdot 0{,}5 \text{ L} \cdot 273 \text{ K}}{294 \text{ K} \cdot 1013 \text{ hPa}}$$

$$= 0{,}46 \text{ L}$$

Für die Stoffmenge n des Isobutens gilt:

$$n(\text{Isobuten}) = \frac{V_n(\text{Isobuten})}{V_{mn}} = \frac{0{,}46 \text{ L}}{22{,}414 \text{ L} \cdot \text{mol}^{-1}}$$

$$= 0{,}0205 \text{ mol}$$

Daraus folgt: $M(\text{Isobuten}) = \dfrac{m(\text{Isobuten})}{n(\text{Isobuten})}$

$$= \frac{1{,}14 \text{ g}}{0{,}0205 \text{ mol}} = 56 \text{ g} \cdot \text{mol}^{-1}.$$

Ermittlung der Valenzstrichformel von Isobuten

Die 6 Isomere C_4H_8

Es lassen sich 6 Valenzstrichformeln aufschreiben, die der Molekülformel (Summenformel) C_4H_8 entsprechen. Außer den vier Buten-Isomeren kommen noch zwei weitere Isomere, das Cyclobutan und das Methylcyclopropan dazu (B1). Woher wissen wir nun, dass für Isobuten ausgerechnet die Formel $H_2C{=}C(CH_3)_2$ und nicht eine der anderen fünf Formeln aus B1 zutrifft? Wir finden die Antwort, wenn wir experimentelle Ergebnisse heranziehen, die uns Aufschluss darüber geben, „aus was Isobuten entsteht" und „was aus Isobuten wird" (vgl. auch B4).

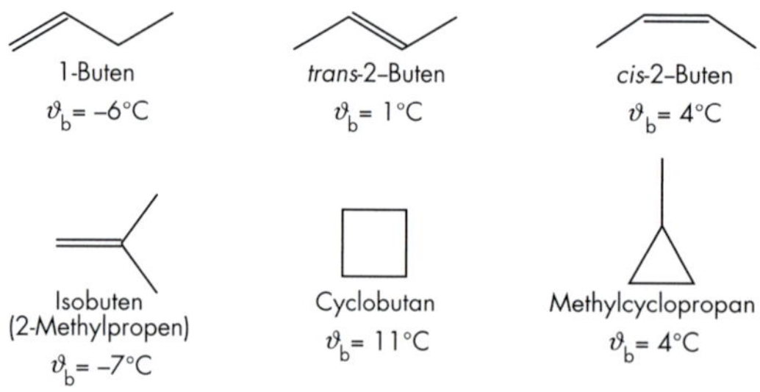

B1 *Struktursymbole der 6 Isomeren C_4H_8 (vgl. auch B2 auf S. 54).* **A:** *Schreiben Sie die vollständigen Valenzstrichformeln der 6 Isomeren auf und bauen Sie geeignete Molekülmodelle.*

Woraus entsteht Isobuten?

Alkene können durch säurekatalysierte Eliminierung von Wasser aus Alkanolen, also durch *Dehydratisierung* hergestellt werden. Aus dem *Alkohol*-Molekül werden dabei die Hydroxy-Gruppe und ein Wasserstoff-Atom vom *benachbarten* Kohlenstoff-Atom abgespalten. Die Dehydratisierung von *tert.*-Butanol (2-Methyl-2-propanol) liefert sowohl im Versuch (V1, S. 54) als auch „auf dem Papier" (B2) Isobuten als einziges Alken. Die Valenzstrichformel des Isobuten-Moleküls ist damit bewiesen. Die Methode, den Strukturbeweis eines Moleküls dadurch zu führen, dass man dieses Molekül aus bekannten Molekülen über bekannte Reaktionen herstellt, ist sehr aussagekräftig und zuverlässig.

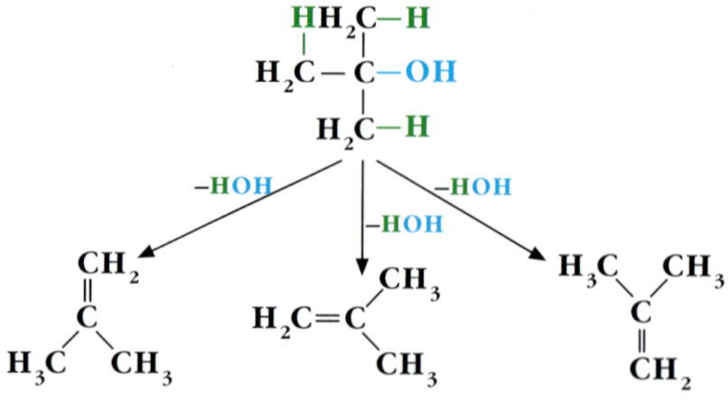

B2 *Die Wasser-Eliminierung aus 2-Methyl-2-propanol (tert.-Butanol) liefert nur ein Produkt.* **A:** *Formulieren Sie analog zu diesem Schema die Produkte der Dehydratisierung von 2-Butanol. Welche Produkte können gebildet werden?*

Was wird aus Isobuten?

V1 Ein Glasröhrchen wird mit 6 Kügelchen Palladium-Katalysator (0,5 % Pd auf Al_2O_3) beschickt, ca. 1 min erhitzt und in die Apparatur aus B3 eingebaut. Über den Dreiwegehahn wird erst der rechte Kolbenprober mit Wasserstoff* gespült und dann mit 40 mL Wasserstoff gefüllt. In der gleichen Weise füllt man 40 mL Isobuten* in den linken Kolbenprober. Man schiebt zuerst den Wasserstoff über den kalten Katalysator, danach schiebt man das Gasgemisch einige Male hin und her. Die Temperatur am Katalysator wird (ggf. mit der Hand) geprüft. Die Volumenveränderung wird festgestellt. Sobald das Volumen konstant bleibt, drückt man das Gas in ein Rggl., in dem sich 4 mL Bromwasser* befinden, und schüttelt gut durch. Beobachtung? Zur Kontrolle wird die Bromwasserprobe auch mit Isobuten durchgeführt. Beobachtung?

Auswertung

a) Nennen und deuten Sie alle Versuchsbeobachtungen aus V1.
b) Formulieren Sie die Reaktionsgleichungen.
c) Welche der Isomeren aus B1 scheiden aufgrund dieser Versuchsergebnisse aus? Begründen Sie.

B3 *Hydrierung von Isobuten.* **A:** *Warum ist hier im Gegensatz zu den Vorrichtungen in B1 und B2 auf S. 56 kein Gasbrenner erforderlich?*

„Chemie ist die Lehre von den stofflichen Metamorphosen der Materie. Ihr wesentlicher Gegenstand ist nicht die existierende Substanz, sondern ihre Vergangenheit und ihre Zukunft …"

Lehrbuch der organischen Chemie, Erlangen 1859

B4 *August Friedrich Kekulé von Stradonitz (1829 bis 1896) gilt als der Entdecker der „Vierwertigkeit" des Kohlenstoff-Atoms.* **A:** *Was ist seiner Ansicht nach der wichtigste Forschungsgegenstand der Chemie?*

Ermittlung der Valenzstrichformel von Isobuten

Moleküle als Radioantennen

Seit der Einführung der **NMR-Spektroskopie** (engl.: *nuclear magnetic resonance* = kernmagnetische Resonanz) zur Strukturaufklärung organischer Moleküle in den 50er Jahren des 20. Jahrhunderts hat die Anzahl der bekannten organischen Verbindungen enorm zugenommen (vgl. B1, S. 50). Das **Prinzip** dieser Methode, bei der die untersuchte Substanz nicht zerstört wird, beruht auf der Eigenschaft einiger Atomkerne, z.B. der Isotope (vgl. S. 110) ^{1}H, ^{13}C, ^{19}F und ^{31}P, sich wie kleine Stabmagnete zu verhalten (B5). Sie orientieren sich in einem äußeren Magnetfeld parallel oder antiparallel zu den Feldlinien (B5, b). Die parallele Ausrichtung ist energieärmer. Der Energieunterschied ist sehr klein, er entspricht der Energie elektromagnetischer Strahlung aus dem Frequenzbereich der Radiowellen (50 MHz bis 750 MHz). Wird eine Probe, die sich in einem Magnetfeld befindet, mit Radiowellen bestrahlt, absorbiert sie diese, wenn ihre Energie genau dem Energieunterschied der beiden Ausrichtungen entspricht. Die Atomkerne werden angeregt und emittieren ihrerseits ein Radiosignal, das vom Empfänger registriert und ausgewertet wird.

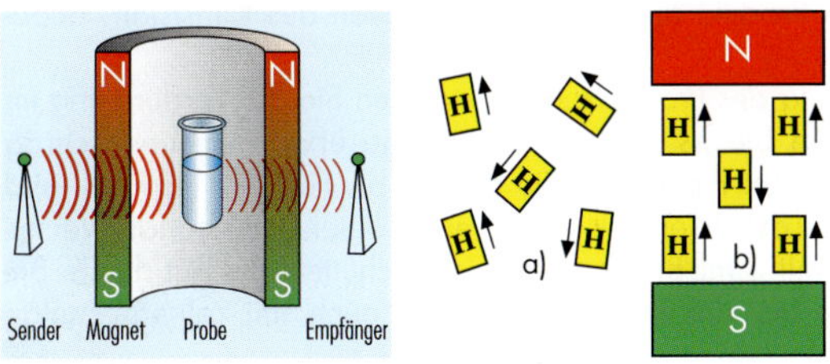

B5 *Prinzip der NMR-Spektroskopie (vgl. Text)*

Die „chemische Verschiebung"

Die Protonen in einem organischen Molekül absorbieren nicht alle die gleichen Radiofrequenzen, weil das äußere Magnetfeld durch das jeweils lokale Feld der Elektronenhülle verschieden stark abgeschwächt wird. Man bezeichnet die auf der Abschirmung der Protonen durch ihre Elektronenhülle beruhende Verschiebung des NMR-Signals als *chemische Verschiebung* δ. Die chemischen Verschiebungen im NMR-Spektrum sind charakteristisch für bestimmte benachbarte Atomgruppierungen. Als Referenzsignal in der ^{1}H-NMR-Spektroskopie wählt man Tetramethylsilan TMS $(CH_3)_4Si$. Alle 12 Protonen im TMS-Molekül sind gleich stark abgeschirmt und zugleich stärker als die Protonen in den meisten organischen Molekülen.

Die chemische Verschiebung δ eines Protonensignals wird relativ zum Signal des TMS gemessen und in ppm[1] angegeben. Sie ist so definiert, dass die Skala mit der Angabe der Verschiebungen im NMR-Spektrum unabhängig von der Stärke des äußeren Magnetfeldes ist. Die Signale können einfach bestimmten Atomgruppen zugeordnet werden (B6).

Stoff	Molekülgruppe	δ in ppm
Alkane	H–C–	0,6 bis 1,8
Alkene	H–C=	3,5 bis 7,5
Alkanale	H–C=O	9,4 bis 9,9
Alkanole	–O–H	1,0 bis 4,8
Alkansäuren	–COO–H	9,2 bis13,2

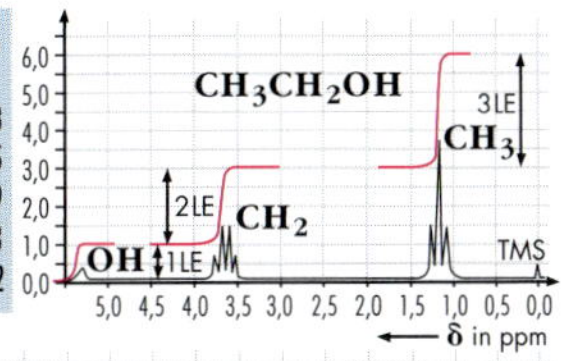

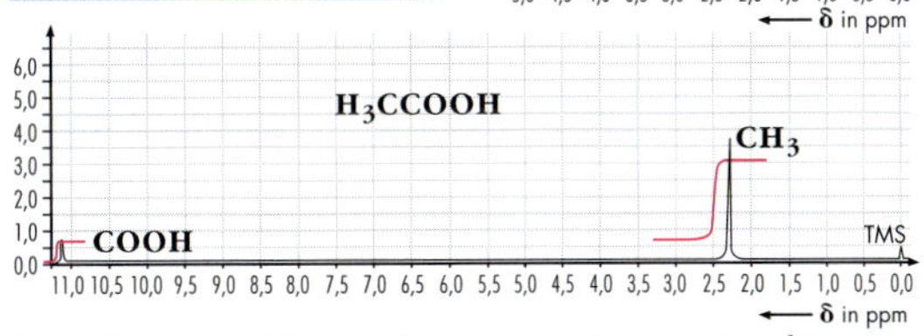

B6 *Chemische Verschiebung charakteristischer ^{1}H-NMR-Signale und ^{1}H-NMR-Spektren von Ethanol und Ethansäure. Aus den Stufenhöhen der blauen Integralkurve kann man direkt das Zahlenverhältnis der äquivalenten Protonen ablesen.*

Buten-Isomere und ihre NMR-Spektren

Mit empfindlichen NMR-Geräten erhält man Signale, die in 2, 3, 4, usw. feine Signale aufgespalten sein können (vgl. Ethanol-Spektrum in B6). Diese Aufspaltung kommt dadurch zustande, dass das lokale Magnetfeld am Atomkern nicht nur durch seine eigene Elektronenhülle beeinflusst wird, sondern auch vom Magnetfeld direkt benachbarter, nicht äquivalenter Protonen. Man spricht von *Spin-Spin Kopplung*.

Mit folgender Faustregel lässt sich berechnen, welche Feinstruktur ein NMR-Signal hat, d.h. in wie viele eng zusammenliegende Signale es aufgespalten ist: Man zählt die zu dem betrachteten Proton direkt benachbarten, nicht äquivalenten Protonen. Addiert man zu der erhaltenen Zahl noch 1 dazu, so hat man die Multiplizität des NMR-Signals (Singlett, Dublett, Triplett, Quartett usw.). Im Isobuten-Molekül gibt es zwei Arten von äquivalenten Protonen, die jeweils kein direkt benachbartes, nicht äquivalentes Proton haben. Entsprechend besteht das NMR-Spektrum des Isobutens aus 2 Singletts bei δ = 1,6 ppm und bei δ = 4,6 ppm (B7).

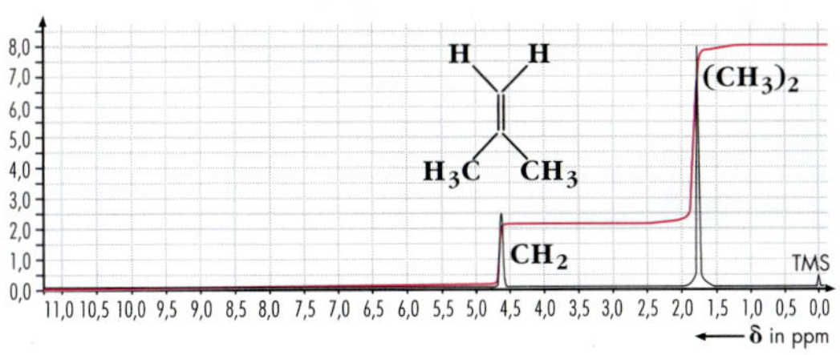

B7 *^{1}H-NMR-Spektrum von Isobuten.* **A:** *Erläutern Sie, warum alle anderen C_4H_8-Isomere andere ^{1}H-NMR-Spektren haben.*

[1] ppm = parts per million. Eine chemische Verschiebung von 1 ppm bedeutet, dass die Eigenfrequenz des beobachteten Signals genau um 1 Millionstel der Eigenfrequenz des Referenzsignals von diesem abweicht (z.B. um 100 Hz bei einer Referenzfrequenz von 100 Millionen Hz).

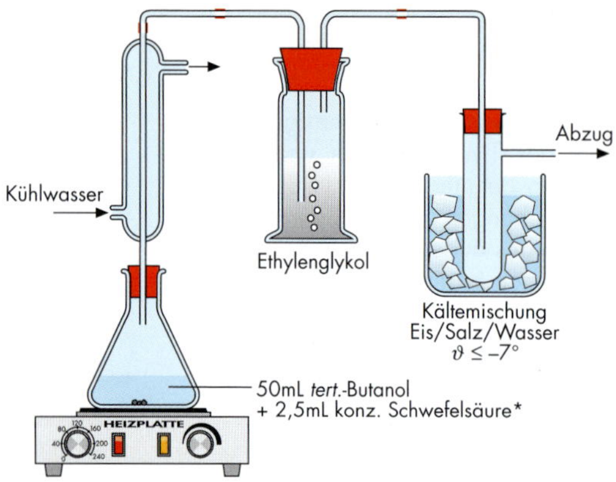

B1 *Skizze zu V1.* **A:** *Vergleichen Sie diese Versuchsanordnung mit der aus B1, S. 54, und begründen Sie die Unterschiede.* **A:** *In dieser Kühlfalle wird das durchströmende Isobuten nicht vollständig verflüssigt. Schlagen Sie Verbesserungen vor.*

B2 *Polymerisation von Isobuten (vgl. V2).* **A:** *Womit ist das hier erhaltene Produkt verunreinigt? Begründen Sie.* **A:** *Welche Stoffe verdunsten vom Uhrglas?*

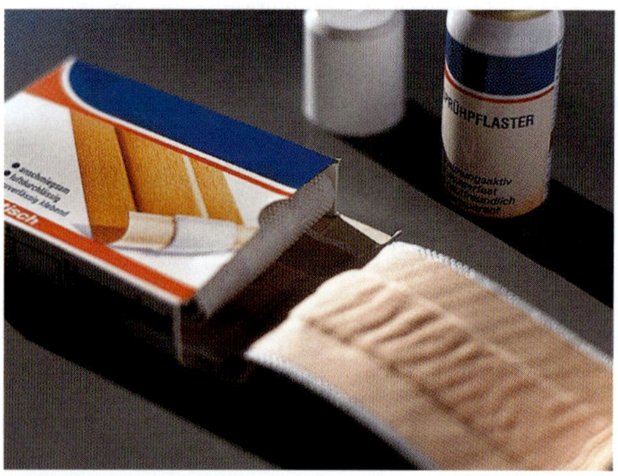

B3 *Die Klebefläche von Verbandspflaster ist mit Polyisobuten beschichtet.* **A:** *Untersuchen Sie den Klebstoff eines Pflasters gemäß V6.*

Vom Isobuten zum Kleber und zum Kaugummi

Versuche

V1 *Herstellung, Reinigung und Verflüssigung von Isobuten:* Bauen Sie die Vorrichtung aus B1 auf. In der Waschflasche befindet sich Ethylenglykol (1,2-Ethandiol). Die Temperatur in der Eis-Salz-Kältemischung muss unterhalb von −7 °C liegen. Im Erlenmeyerkolben wird wie in V1 von S. 54 Isobuten* erzeugt und über den Kühler abgeleitet. Reste *tert.*-Butanol*, die trotz des Kühlers zusammen mit dem Isobuten entweichen, werden im Ethylenglykol gelöst und zurückgehalten, sodass weitgehend reines Isobuten in die Kühlfalle gelangt. Hier kondensiert es zu flüssigem Isobuten. Nicht kondensiertes Isobuten* wird unter den Abzug oder ins Freie geleitet.
Stellen Sie auf diese Weise ca. 5 mL flüssiges Isobuten her. Pipettieren Sie ca. 0,5 ml davon auf ein Uhrglas. Beobachtung?

LV2 *Vorbereitung des Katalysators:* In einem kleinen Erlenmeyerkolben wird eine Spatelspitze (ca. 0,5 g) wasserfreies Aluminiumchlorid* in ca. 15 mL Dichlormethan* gelöst. Der Kolben wird verschlossen. Aluminiumchlorid wirkt in V3 als Katalysator.

V3 *Polymerisation:* Ersetzen Sie an der Kühlfalle aus V1, in der sich nun das flüssige Isobuten* befindet, das Einleitungsrohr durch ein Thermometer. Das Rggl. bleibt die ganze Zeit in der Kältemischung. Pipettieren Sie ins flüssige Isobuten ca. 0,5 mL Katalysator-Lösung* aus LV2. Rühren Sie mit dem Schacht des Thermometers vorsichtig um und notieren Sie die Temperatur 5 min lang in Abständen von 30 s. Beobachtung?

V4 *Charakterisierung des Produkts:* Gießen Sie den Inhalt* des Rggl. aus V3 (bis auf einen Rest aus ca. 1 mL, den Sie in V5 benötigen) auf ein großes Uhrglas. Beobachtung? Prüfen Sie, wenn keine Verdunstung mehr wahrzunehmen ist, die Masse auf dem Uhrglas mit einem Glasstab. Verkleben Sie mit diesem Produkt a) Papier und b) Folien aus Kunststoff. Beobachtung?

V5 *Charakterisierung des Produkts:* Beschleunigen Sie die Verdunstung im Rggl. aus V4, indem Sie es mit der Handfläche erwärmen und schräg bzw. waagerecht halten. Pipettieren Sie dann 1 mL Pentan* ins Rggl. und beobachten Sie die Löslichkeit des nicht verdunsteten Rückstands. Versetzen Sie die Lösung mit 3 mL Bromwasser* und schütteln Sie gut durch. Beobachtung? Führen Sie die Bromwasserprobe auch mit reinem Pentan durch. Beobachtung?

V6 *Untersuchung von Pflaster-Klebstoff:* Lösen Sie im Rggl. von ca. 8 cm^2 Wundpflaster den Klebstoff mit ca. 10 mL Pentan* ab. Versetzen Sie die Lösung mit Bromwasser*. Beobachtung?

Auswertung

a) Warum ist die einfache Versuchsvorrichtung aus B1, S. 54, für das in V3 benötigte Isobuten untauglich? Erläutern Sie ausführlich.

b) Verläuft die Reaktion bei der Zugabe der Katalysator-Lösung in V3 exotherm oder endotherm? Begründen Sie mit experimentellen Fakten.

c) Das Produkt aus V3 ist klebrig, löslich in Pentan und entfärbt Bromwasser (V4 und V5) und weist damit Unterschiede und Gemeinsamkeiten zum Edukt Isobuten auf. Nennen Sie diese und schließen Sie dann auf strukturelle Merkmale der Moleküle aus dem Produkt (*Hinweis:* vgl. auch Reaktionsgleichung auf S. 61).

d) Wie könnte man den Katalysator, der noch im Produkt aus V3 enthalten ist, entfernen?

Polymerisation von Isobuten

Die Klebefläche am Wundpflaster, das Kaugummi und viele andere Produkte unseres Alltags enthalten die gleichen oder ganz ähnliche Stoffe wie unser klebriges Reaktionsprodukt aus V3. Es handelt sich dabei um **Polymere**[1] des Isobutens. Sie werden gebildet, indem Isobuten-Moleküle im wahrsten Sinne des Wortes mit sich selbst reagieren. Die Polymerisation des Isobutens zu **Polyisobuten** verläuft exotherm und wird durch Aluminiumchlorid katalysiert:

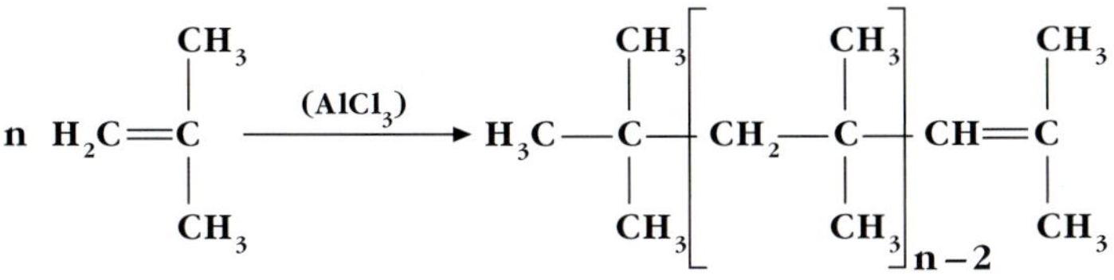

Isobuten (Monomer) — Polyisobuten (Polymer)

Bei der Polymerisation spaltet die Doppelbindung im Isobuten-Molekül jeweils auf und es werden Bindungen zu anderen Isobuten-Einheiten geknüpft. Das Polymer-Molekül wächst wie eine Kette, bei der nacheinander ein Glied an das andere angebaut wird. Es enthält lediglich eine Doppelbindung an der endständigen Isobuten-Einheit.
Die Zahl **n** der im Polymer-Molekül enthaltenen **Monomer**[2]-Einheiten gibt den **Polymerisationsgrad** an. Ganz gleich, ob im Laborexperiment oder in einem Industriereaktor, man erhält nie ein Produkt, in dem alle Moleküle den gleichen Polymerisationsgrad haben. Vielmehr ist das Produkt immer ein Gemisch aus Molekülen mit mehr oder weniger unterschiedlichen Polymerisationsgraden. Der mittlere Polymerisationsgrad einer Probe kann experimentell (z. B. durch Viskositätsmessungen) bestimmt werden. Er beeinflusst die Eigenschaften des entsprechenden Produkts ganz erheblich (vgl. Info, S. 62). Dem klebrigen Reaktionsprodukt aus V3 entspricht ein relativ niedriger mittlerer Polymerisationsgrad $n < 100$. In der Industrie kann man durch geeignete Steuerung des Reaktionsablaufs gezielt Polyisobuten und andere Polymere mit gewünschten Eigenschaften herstellen (vgl. S. 62). Die so hergestellten **Kunststoffe** gehören zu den wichtigsten Werkstoffen unserer Zeit (B4 und S. 64–65).

Aufgaben

A1 Ethen und Propen polymerisieren nach dem gleichen Reaktionsschema wie Isobuten (allerdings unter anderen Reaktionsbedingungen). Formulieren Sie die entsprechenden Reaktionsgleichungen.

A2 Die Oligomere[3] des Ethens, Propens und Isobutens sind wasserunlöslich, aber gut löslich in Benzin. Erklären Sie den Sachverhalt. Wie schätzen Sie die Löslichkeit der entsprechenden Polymere mit $n > 10\,000$ ein? Begründen Sie Ihre Vermutung und überprüfen Sie sie experimentell.

A3 Bei der Verbrennung von Müll aus Polyalkenen wird die Umwelt nicht mehr belastet als bei der Verbrennung von Benzin und Heizöl. Erläutern und begründen Sie diese Aussage.

A4 Prüfen Sie Verpackungen und andere Gegenstände auf die Kennzeichnungen „PE" (Polyethen) und „PP" (Polypropen).

[1] von *polys* (griech.) = viel und *meros* (griech.) = Teil
[2] von *monos* (griech.) = allein, einzig und *meros* (griech.) = Teil
[3] von *oligos* (griech.) = einige, wenige und *meros* (griech.) = Teil

B4 *Dachfolien aus Polyisobuten sind witterungsbeständig.*

B5 *Kaugummi besteht größtenteils aus Polyisobuten.*
A: *Ordnen Sie die Polyisobutene aus B3 bis B5 nach steigenden Polymerisationsgraden und begründen Sie.*

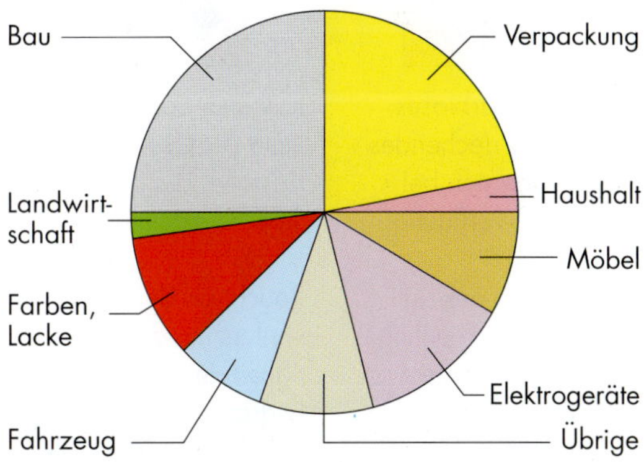

B6 *Verwendung von Kunststoffen*

Fachbegriffe

Polymer, Polymerisation, Polymerisationsgrad n, Monomer, Oligomer, Polyisobuten, Polyethen, Polypropen

B1 *Herstellung von Polyisobuten im Labor (vgl. S. 60).* **A:** *Erläutern Sie die Arbeitsschritte.*

$BF_3(g)$ Bortrifluorid	$AlCl_3(s)$ Aluminiumchlorid

Giftiges, farbloses, stechend riechendes Gas, das sich bei –100 °C verflüssigt.	Farblose oder gelbliche ($FeCl_3$-Spuren!) Kristalle, die bei 183 °C sublimieren.
Raucht an der Luft, weil es mit Feuchtigkeit zu Borsäure H_3BO_3 und Flusssäure HF reagiert[1].	Raucht an der Luft, weil es mit der Feuchtigkeit zu Aluminiumhydroxid $Al(OH)_3$ und Chlorwasserstoff HCl reagiert.

B2 *Eigenschaften von Bortrifluorid und Aluminiumchlorid.* **A:** *Warum ist Bortrifluorid für Schulversuche ungeeignet?* **A:** *Wo stehen die vier Elemente, die die beiden o.g. Verbindungen bilden, im PSE?* **A:** *Welche der beiden Verbindungen besteht bei Raumtemperatur aus Molekülen? Begründen Sie.*

[1] Das Prozesswasser enthält Zusätze, die die Hydrolyse von BF_3 verhindern.

Vom Laborversuch zur Industrieanlage

INFO

Das Kernstück der Industrieanlage für die Herstellung von Polyisobuten ist ein Durchflussreaktor (B3). Das in Hexan gelöste Isobuten und der Katalysator (Bortrifluorid BF_3) werden kontinuierlich eingeleitet. Die Polymer-Lösung, in der auch der Katalysator enthalten ist, wird in einem weiteren Reaktor mit Wasser ausgewaschen, wobei das Bortrifluorid in Form von Hydraten in die wässrige Phase geht[1]. Es wird anschließend daraus abdestilliert und in den Polymerisationsreaktor zurückgeführt. Die organische Phase wird ebenfalls durch Destillation aufgetrennt. Das Hexan und das nicht polymerisierte Isobuten (Restmonomer) werden einem erneuten Durchlauf durch den Polymerisationsreaktor zugeführt. Insgesamt fließt also in die Anlage ständig Isobuten ein und Polyisobuten tritt aus. Das Lösemittel, der Katalysator und das Prozesswasser werden in der Anlage recycelt; lediglich kleine Verluste müssen gegebenenfalls ausgeglichen werden.

- Führt man die Polymerisation bei –20 °C bis –30 °C durch, so erhält man *öliges* niedermolekulares Polymer ($10 < n < 50$).
- Bei tieferer Temperatur und höheren Konzentrationen des Monomers in der Lösung erhält man *klebrige* Produkte ($50 < n < 1\,000$).
- Um *elastisches*, hochmolekulares Polyisobuten ($n > 1\,000$) zu erhalten, arbeitet man in flüssigem Ethen als Lösemittel ($\vartheta = -103{,}7\,°C$).
- Durch Zusatz von 1 % bis 3 % Isopren (2-Methylbutadien) erhält man *Butylkautschuk* mit einer exzellenten Luftundurchlässigkeit.

Vergleich: Laborversuch – Industrieanlage

a) Stellen Sie eine Liste mit Ähnlichkeiten und Unterschieden zwischen der Herstellung von Polyisobuten im Laborversuch (B1 und S. 60) und in der Industrieanlage (B3) auf. Verwenden Sie dabei folgende Begriffe: Edukt, Katalysator, Temperatur, Lösemittel, wesentliche Teile der Apparatur bzw. Anlage, kontinuierliches oder diskontinuierliches Verfahren, Recycling (Stoffkreisläufe) von Chemikalien, Steuerungsmöglichkeiten für die Reaktion(en).

b) Beurteilen Sie die Auswirkung einer *kontinuierlich* arbeitenden Industrieanlage mit Recycling von Materialien (prozessintegrierten Stoffkreisläufen) auf die Wirtschaftlichkeit der Anlage und auf die Umweltbelastung durch die Produktion in dieser Anlage.

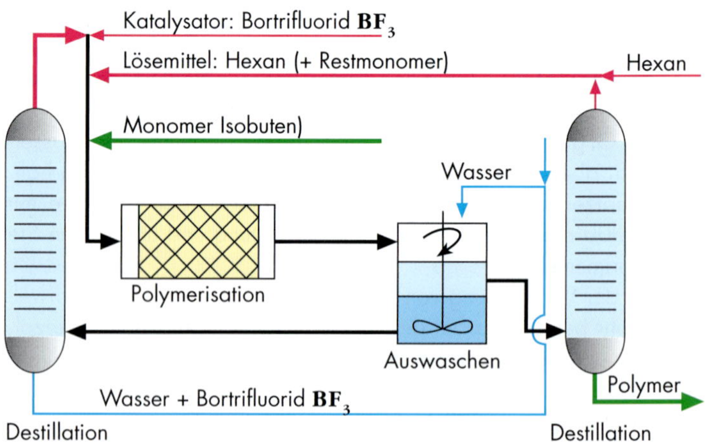

B3 *Skizze einer Industrieanlage zur Herstellung von Polyisobuten (vereinfacht).* **A:** *Welche Gemeinsamkeit zur technischen Anlage für die Herstellung von Isobuten (B4, S. 55) gibt es?*

Katalysatoren – Reaktoren – Stoffkreisläufe

Industrielle Anlagen müssen *sicher*, *wirtschaftlich* und *umweltschonend* arbeiten. Am Beispiel der Polymerisationsanlage für Isobuten wird deutlich, wie diese Forderungen erfüllt werden können.
Die Anlage ist so konzipiert, dass sie *kontinuierlich* betrieben werden kann (B3). Mit Ausnahme des Edukts und des Produkts befinden sich alle beteiligten, zum Teil gefährlichen Chemikalien (B2) innerhalb der Anlage in **Stoffkreisläufen**. Menschen kommen damit nicht in Kontakt und sie gelangen auch nicht in die Umwelt.
Als **Katalysator** verwendet man das sehr aktive, recycelbare Bortrifluorid BF_3. Es ist mit dem in V3, S. 60, eingesetzten Aluminiumchlorid $AlCl_3$ chemisch verwandt. Aluminiumchlorid ist zwar weniger toxisch und auch kostengünstiger als Bortrifluorid, aber es ließe sich in der Anlage aus B3 nicht im Kreislauf führen, weil es sich mit dem Prozesswasser zu Aluminiumhydroxid und Chlorwasserstoff umsetzen würde (B2). Durch Einsatz geeigneter **Lösemittel**, Hexan und Wasser mit Zusätzen, wird einerseits verhindert, dass sich die Rohre der Anlage mit Polymer verstopfen, und andererseits wird der Katalysator aus dem Produktgemisch abgetrennt und zurückgeführt. Zu diesem Zweck wird das Gemisch, das den Polymerisationssektor verlässt, zunächst mit Wasser gewaschen (B3). Es bilden sich zwei Phasen. Aus der wässrigen Phase werden durch Destillation das Bortrifluorid und das Wasser getrennt. Aus der organischen Phase wird Hexan abdestilliert. Der Katalysator BF_3, das Wasser und das Hexan werden in geschlossenen Kreisläufen geführt, lediglich die Verluste werden durch Zudosierung kleiner Mengen ausgeglichen. In die Industrieanlage wird kontinuierlich Monomer zugeführt und Polymer wird aus der Anlage abgeführt (B3).
Die **Reaktoren**, **Wärmetauscher**, **Destillationskolonnen etc.** in einer Industrieanlage unterscheiden sich von den Geräten einer Laborvorrichtung durch Größe, Form, Material, Bauart und Steuerung (B4). Die meisten Chemieanlagen funktionieren vollautomatisch, sie werden über Monitore in den Messwarten überwacht und gesteuert.

Erdöl → Alkane → Alkene → Isobuten → Polyisobuten, das sind also die Stationen vom Rohstoff bis zu einem Anwendungsprodukt der chemischen Industrie.
Wo aber bleibt das Polyisobuten nach seiner Verwendung als Kleber, Kaugummi, Folie etc.? Kommt es einfach auf die Müllhalde? Es dauert Jahrzehnte oder gar Jahrhunderte bis es verrottet. Polyisobuten kann aber ebenso wie Polyethen (PE) und Polypropen (PP) durch **Pyrolyse**[1] chemisch recycelt werden (B5). Dabei entstehen wieder niedrigmolekulare Verbindungen, die erneut in technische Stoffkreisläufe eingeschleust werden können.
Am Beispiel von Polyisobuten, dessen „Lebensweg" wir „von der Wiege bis zur Bahre" nachvollzogen haben, wird deutlich, dass der Kreislauf eines petrochemischen Produkts wiederholbar ist. Dadurch können Rohstoffe und Energieressourcen eingespart werden und die Umwelt wird geschont.

B4 *Blick auf eine industrielle Anlage.*
A: *Worauf deuten die vielen Rohrleitungen hin?*

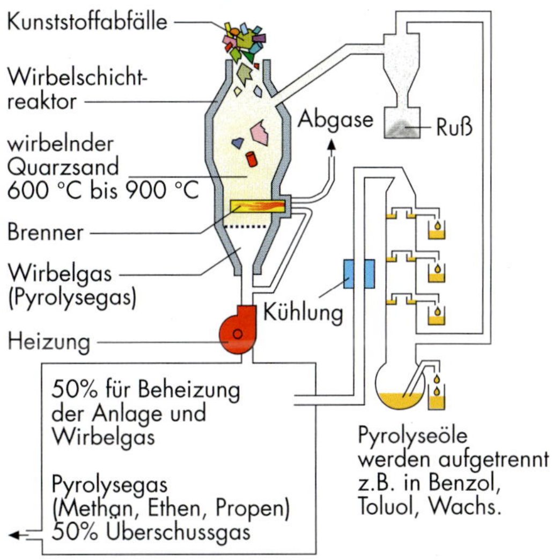

B5 *Pyrolyseanlage.* **A:** *Beschreiben Sie den Aufbau und die Funktionsweise dieser Anlage.* **A:** *Vergleichen Sie die Pyrolyse von Polyolefinen (Polyethen, Polypropen und Polyisobuten) mit dem Cracken von Paraffinen (vgl. S. 46 und 47). Was fällt auf?*

Fachbegriffe
Stoffkreisläufe, Recycling, Reaktoren, Pyrolyse

[1] von *pyros* (griech.) = Feuer und *lysis* (griech.) = spalten, trennen

Kunststoffe – Werkstoffe mit maßgeschneiderten Eigenschaften

Vom Naturkautschuk zum Gummi

Naturkautschuk wird aus dem Latex (Saft) des Gummibaums (B1) gewonnen. Durch Ansäuern des Latex, einer wässrigen Emulsion, fällt Kautschuk aus, der aber noch keine elastischen Eigenschaften hat. Kautschuk besteht aus linearen *cis*-Polyisopren-Molekülen, die beim Ziehen eines Stücks Kautschuk aneinander vorbeigleiten. Durch Erhitzen von Kautschuk mit Schwefel auf ca. 150 °C werden die Makromoleküle über Brücken aus zwei oder mehreren Schwefel-Atomen miteinander verknüpft (B1). Das so erhaltene Material ist *elastisch* und findet als *Gummi* zahlreiche Anwendungen.

B1 *Latex aus dem Kautschukbaum und Vulkanisation von Kautschuk.* **A:** *Erläutern Sie, warum der Kautschuk erst nach dem Vulkanisieren elastisch ist.*

PE, PP und andere Thermoplaste

Aus Polyethen PE und Polypropen PP sind viele Gegenstände unseres Alltags: Folien, Tragetaschen, Haushaltswaren, Verpackungsmaterial, stapelbare Getränkekisten u. v. a.. PE und PP sind ebenso wie Polyisobuten (vgl. S. 61) aus linearen Makromolekülen mit Alkan-Gerüst aufgebaut. Das Material ist starr, wird jedoch beim Erwärmen plastisch, d. h. es kann zu einem gewünschten Gegenstand geformt werden. Beim Abkühlen behält es die neue Form. Werkstoffe mit diesen Eigenschaften, zu denen auch die Polymerisate der Monomere aus B3 gehören, werden *Thermoplaste* genannt.

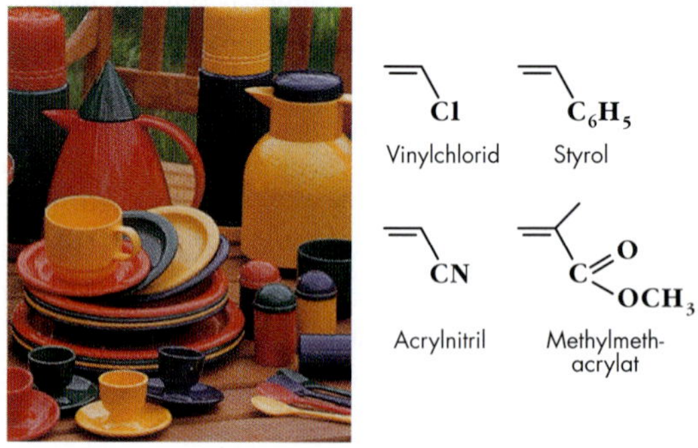

B3 *Alltagsgegenstände aus PE und PP und Monomere von Thermoplasten.* **A:** *Formulieren Sie Ausschnitte aus PVC, PS und PMMA-Molekülen.*

Butylkautschuk – ein Spezialgummi

Die Makromoleküle dieses vollsynthetischen Kautschuks werden durch Copolymerisation von Isobuten mit 1 % bis 3 % Isopren erhalten (B2 und Info S. 62). Der Anteil an Doppelbindungen in den Makromolekülen ist geringer als beim Naturkautschuk. Daher ist Butylkautschuk weniger empfindlich gegen Licht, Sauerstoff, Säuren und Fette. Er eignet sich als luftdichte Innenschicht bei Autoreifen. Auch Fahrrad-, Heiz- und Gartenschläuche sowie Kabelisolierungen werden aus Butylkautschuk hergestellt.

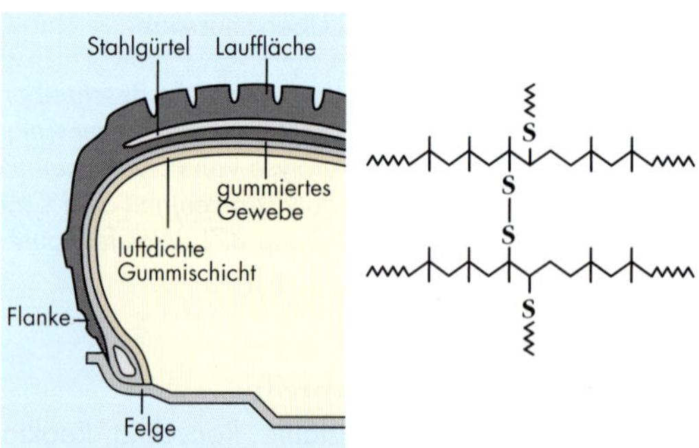

B2 *Autoreifen und Butylkautschuk.* **A:** *Geben Sie die Valenzstrichformel eines Molekülabschnitts nicht vulkanisierten Butylkautschuks an und vergleichen Sie mit dem Naturkautschuk aus B1.*

Bakelit – der historische Duroplast

Im Jahr 1907 erhielt L. H. BAEKELAND aus Phenol und Methanal den ersten vollsynthetischen Kunststoff, der ab 1910 seinen Siegeszug in der Elektrogerätebranche antrat. Es handelt sich dabei um *Bakelit* (B4), einen hervorragenden Isolator, der beim Erwärmen nicht erweicht, nicht verformbar ist und sich erst bei sehr starkem Erhitzen zersetzt. Kunststoffe mit solchen Eigenschaften bezeichnet man als *Duroplaste*. Daraus stellt man Steckdosen, Gehäuse für Elektrogeräte, Kochlöffel, Surfbretter und andere Sportgeräte her.

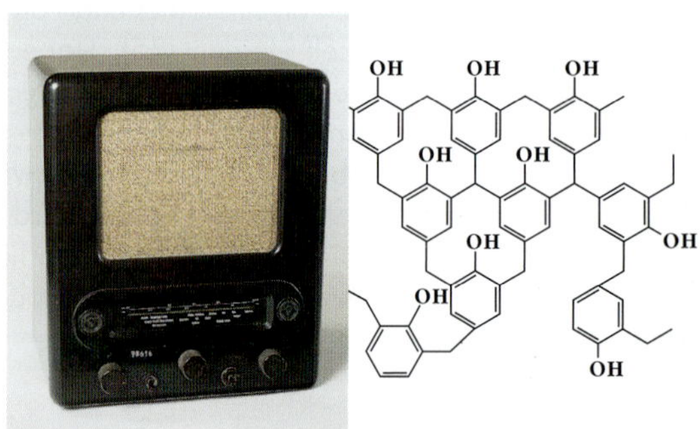

B4 *Radio mit Bakelitgehäuse und Molekülausschnitt aus dem Duroplast Bakelit.* **A:** *Erklären Sie die Unterschiede zwischen Thermoplasten und Duroplasten mithilfe ihrer Strukturen.*

Kunststoffe – Werkstoffe mit maßgeschneiderten Eigenschaften

PET – nicht nur für Getränkeflaschen

PET ist die Abkürzung für *Polyethylenterephthalat*, einen sogenannten *Polyester*. Man erhält lineare Polyester-Moleküle, wenn ein bifunktioneller Alkohol (zwei **-OH** Gruppen im Molekül) mit einer Dicarbonsäure verestert wird. So wird die Veresterung zu einer *Polykondensation*, weil die Abspaltung kleiner Moleküle zwischen den funktionellen Gruppen der Monomere zu Makromolekülen führt. Die Polykondensation von Ethylenglykol mit Terephthalsäure führt zu thermoplastischem PET, das zu Getränkeflaschen und Textilfasern (Trevira, Diolen) verarbeitet wird. Setzt man Glycerin (1,2,3-Propantriol) ein, so erhält man einen dreidimensional vernetzten, duroplastischen Polyester. Dieser wird als glasfaserverstärkter Polyester im Bootsbau verwendet.

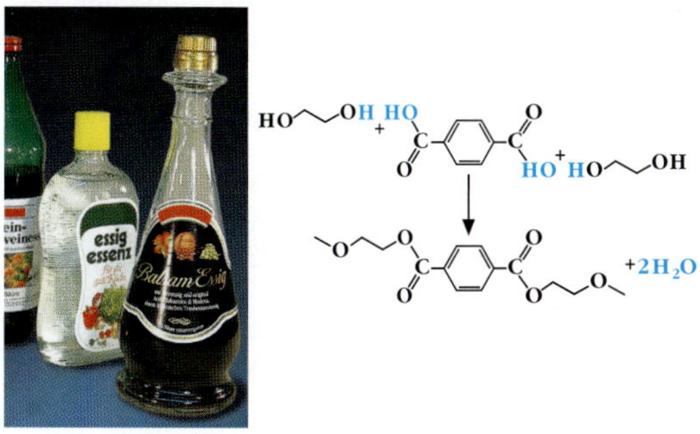

B5 *Getränkeflaschen aus PET und Schema der Polykondensation.* **A:** *PET kann auch durch Polykondensation aus Ethylenglykol und Dimethylterephthalat hergestellt werden. Formulieren Sie die Reaktionsgleichung.*

Polyamide – Makromoleküle für Textilfasern

V1 Man löst 2,17 g 1,6-Diaminohexan* und 1,5 g Natriumhydroxid* in 100 mL Wasser und überschichtet diese Lösung mit einer Lösung aus 4 mL Sebacinsäuredichlorid* in 100 mL Heptan*. An der Grenzfläche zwischen den Lösungen entsteht eine dünne Haut, die man mit der Pinzette zu einem Faden herausziehen und über einen Glasstab aufwickeln kann (B6).

B6 *Der Nylonseiltrick (V1) und Bekleidung aus Polyamiden und Polyestern.* **A:** *Läuft bei V1 eine Polymerisation oder eine Polykondensation ab? Begründen Sie mithilfe von Formeln.*

Dächer und CD aus Polycarbonat

Polycarbonat ist transparent wie Glas, aber nicht so schwer und nicht so leicht zerbrechlich. Es ist der moderne Werkstoff für Dächer von Stadien und Bahnhöfen. Die geschwungenen Formen dieser Dächer sind möglich, weil Polycarbonat thermoplastisch ist, sich also bei Wärme beliebig und genau formen lässt. Das gilt auch, wenn es um winzige Details geht, beispielsweise die Pits auf einer CD. Diese sind nur 0,0001 mm tief, aus ihrer Länge ergibt sich die digitale Information. Sie wird beim Abspielen der CD berührungsfrei über einen Laserstrahl abgetastet.

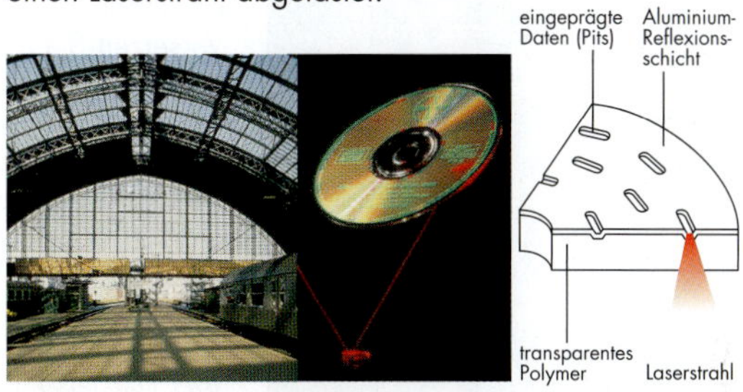

B7 *Dach des Kölner Bahnhofs und CD.*
A: *Formulieren Sie den Molekülausschnitt des Polycarbonats* **...O(CO)ORO(CO)OR...** *als Valenzstrichformel und begründen Sie, warum es kein Polyester (vgl. B5) ist.*

Superabsorber – das Geheimnis der Babywindel

Die Haut des Babys bleibt unter der Windel trocken, auch wenn die Windel wiederholt nass wird. Grund dafür sind sogenannte Superabsorber, Kunststoffe, die mehr als das 20fache ihrer Eigenmasse an Wasser aufnehmen. Die häufigsten Superabsorber in Babywindeln, medizinischen Pflastern und Hygienebinden sind vernetzte Copolymere aus Acrylsäure $H_2C{=}CH{-}COOH$ und deren Natrium-Salz $H_2C{=}CHCOO^-Na^+$. Beim Quellen werden die elektrisch negativ geladenen Carboxylat-Gruppen an den Polymerketten und die eingeschlossenen Na^+-Ionen durch die eindringenden Wasser-Moleküle hydratisiert.

B8 *Quellung eines Superabsorbers.* **A:** *Formulieren Sie einen Molekülausschnitt aus dem gequollenen Superabsorber mit hydratisierten Ionen (vgl. Text und rechten Bildteil).* **A:** *Suchen Sie im Internet arbeitsteilig nach folgenden Kunststoffen und tauschen Sie die Informationen untereinander aus: Polyurethane, Polytetrafluorethen (Teflon), Silicone, Verbundwerkstoffe.*

Vom Isobuten zum Super-Benzin

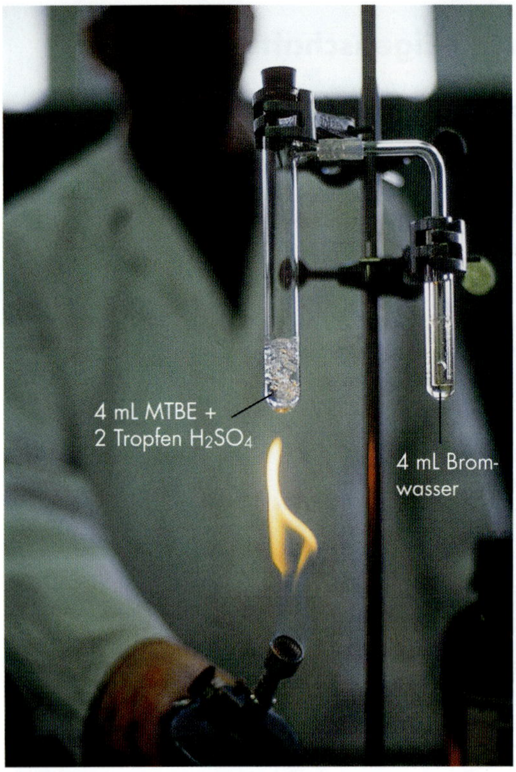

B1 *Skizze zu V5.* **A:** *Warum kann das gebildete Gas auf diese Weise nachgewiesen werden?*

Versuche

V1 *Synthese von MTBE:* Bauen Sie die in B2 skizzierte Apparatur auf. Stellen Sie am Magnetrührer mit Heizplatte eine leichte Rührung und eine Temperatur von 60 °C im Wasserbad ein. Den Katalysator Amberlyst 15* im dünnen Rohr erhitzen Sie ebenfalls auf 60 °C, indem Sie an der Heizspirale des dicken Glasrohres die passende Spannung, die Sie vorher ermittelt haben, am Spannungsregler einstellen. (*Hinweis:* Vereinfachend können Sie zum Erwärmen des Katalysators eine zweite Heizplatte verwenden, die Sie unter dem Rohr mit dem Katalysator positionieren und das dicke Rohr mit Heizband weglassen.) Leiten Sie nun in die Waschflasche mit Methanol* einen gelinden Strom Isobuten*[1] so lange ein, bis Sie in der Kühlfalle ca. 10 mL Produkt erhalten haben. Beobachtung?

V2 *Untersuchungen des Rohprodukts:* a) Vergleichen Sie den Geruch des Rohprodukts aus V1 mit dem Geruch jedes Edukts und mit dem Geruch von Methyl-*tert.*-butylether* MTBE. b) Testen Sie die Löslichkeit von je 0,5 mL des Produkts aus V1 in 1 mL Wasser bzw. 1 mL Heptan*. Beobachtung? c) Versetzen Sie im Rggl. 1 mL des Produkts aus V1 mit einem linsengroßen, entkrusteten Stückchen Natrium*. Beobachtung? d) Versetzen Sie im Rggl. ca. 3 mL Bromwasser* mit 0,5 mL Produkt aus V1 und schütteln Sie gut durch. Beobachtung?

V3 *Reinigung des Rohprodukts:* Schütteln Sie das noch verfügbare Rohprodukt aus V1 im Rggl. mit einer Wasser-Portion gleichen Volumens und trennen Sie die Phasen durch Abpipettieren. Erwärmen Sie die organische Phase auf dem Wasserbad kurz bis zum Sieden und lassen Sie sie wieder abkühlen.

V4 *Untersuchungen des gereinigten Produkts:* Führen Sie mit dem gereinigten Produkt den Geruchstest, die Natriumprobe* und die Bromwasserprobe* wie in V2 durch. Beobachtung? Wiederholen Sie diese Proben mit MTBE* aus der Chemikalienflasche. Beobachtung?

V5 *Isobuten aus MTBE:* Führen Sie die in B1 dargestellte Probe a) mit dem gereinigten Syntheseprodukt* aus V3 und b) mit MTBE* aus der Chemikalienflasche durch. Beobachtung?

Hinweis: V1 bis V5 können analog mit ETBE (Ethyl-*tert.*-butylether) durchgeführt werden. Bei der Synthese von ETBE wird Ethanol eingesetzt. Der Versuch liefert sogar mit Brennspiritus gute Ergebnisse. Genauere Angaben sind in *Chemie 2000+ Online* zu finden

Auswertung

a) Erklären Sie die Löslichkeiten von Methanol und Methyl-*tert.*-butylether MTBE in Wasser und in Heptan (*Hinweis:* vgl. Formel auf S. 67).

b) Methanol reagiert mit Natrium zu Wasserstoff und Natriummethanolat $\mathbf{H_3CO^-Na^+}$. Formulieren Sie die Reaktionsgleichung und erklären Sie, warum MTBE nicht auf diese Weise reagiert.

c) Deuten Sie die Ergebnisse aus V2 und nennen Sie die Stoffe, die im Rohprodukt aus der Synthese V1 enthalten sind.

d) Erläutern Sie, warum das Rohprodukt durch Waschen mit Wasser und kurzes Erwärmen (vgl. V3) gereinigt werden kann.

e) Erklären Sie mithilfe des Massenwirkungsgesetzes, warum MTBE in der Vorrichtung aus B2 (vgl. auch V1) synthetisiert und in der Vorrichtung aus B1 (vgl. auch V5) zersetzt wird (*Hinweis:* vgl. Reaktionsgleichung von S. 67).

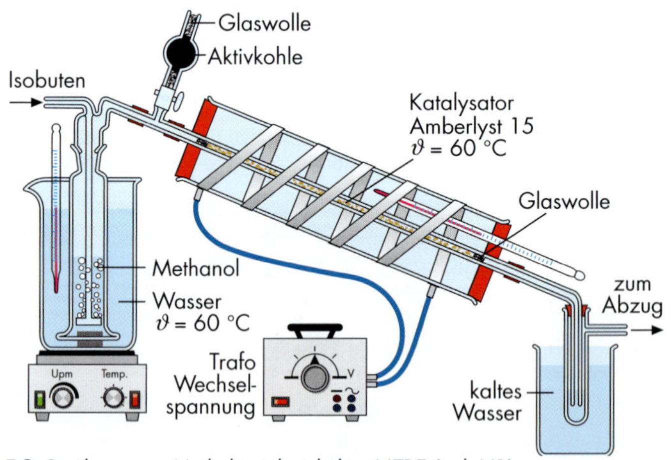

B2 *Synthese von Methyl-tert.-butylether MTBE (vgl. V1)*

[1] Isobuten stellen Sie entweder selbst her (vgl. V1 und B1, S. 60 – Reinigung ist nicht erforderlich) oder entnehmen es einer Druckdose. Im Chemikalienhandel sind 0,5 kg Druckdosen käuflich.

Methyl-*tert.*-butylether MTBE

Isobuten und Methanol verbinden sich in Gegenwart eines geeigneten Katalysators zu einer wasserunlöslichen, charakteristisch riechenden Flüssigkeit, die bei 55 °C siedet (V1). Es handelt sich um Methyl-*tert.*-butylether **MTBE**:

$$H_3C{-}OH + \underset{CH_3}{\overset{CH_3}{\underset{|}{\overset{|}{C}}}}{=}CH_2 \overset{(H^+)}{\rightleftarrows} H_3C{-}O{-}\underset{CH_3}{\overset{CH_3}{\underset{|}{\overset{|}{C}}}}{-}CH_3\ (1);\ \Delta H_R = -37\ kJ$$

Methanol Isobuten Methyl-*tert.*-butylether MTBE

Der Katalysator in V1 ist ein Feststoff aus Makromolekülen mit funktionellen $-SO_3H$ Gruppen, die Protonen abgeben können. Das Rohprodukt aus V1 besteht zu ca. 65 % aus MTBE. In dem sich im Reaktionsrohr einstellenden Gleichgewicht sind auch die Edukte Methanol und Isobuten des Gleichgewichts (1) enthalten (vgl. dazu auch S. 68). Im gereinigten Syntheseprodukt (vgl. V3) ist MTBE zu über 90 % vertreten.

MTBE gehört zur Stoffklasse der **Ether**. Im Molekül eines Ethers sind zwei Kohlenwasserstoff-Reste über ein Sauerstoff-Atom miteinander verknüpft. Ether-Moleküle besitzen keine $-OH$ Gruppen, also keine zu Wasserstoffbrückenbindungen fähigen Wasserstoff-Atome. Daher sind Ether nicht bzw. schlecht wasserlöslich. Ether reagieren nicht mit Natrium (im Unterschied zu Alkoholen).

Allgemein betrachtet man Ether als Kondensationsprodukte der Alkohole, aus denen sie säurekatalysiert hergestellt werden können. Dabei wird jeweils aus zwei Alkohol-Molekülen ein Wasser-Molekül abgespalten. MTBE könnte also aus Methanol und *tert.*-Butanol hergestellt werden, das als industrielles Zwischenprodukt bei der Trennung des Isobutens aus der **C4**-Fraktion vom Cracken (vgl. S. 54, 55) auftritt.

Man geht in der Industrie jedoch den gleichen Weg wie in V1, nämlich den der Addition von Methanol an Isobuten nach Gleichung (1). Es wird auch der gleiche Katalysator Amberlyst 15 verwendet, ein sog. **saures Ionenaustauscherharz**. Die industrielle MTBE-Synthese wird wie in V1 in einem **Durchflussreaktor** bei Temperaturen zwischen 70 °C und 80 °C durchgeführt. Allerdings arbeitet man in der Industrieanlage bei erhöhtem Druck (ca. 8 bar). Das hat den Vorteil, dass alle Reaktionsteilnehmer flüssig sind und Umsätze von 95 % und mehr erreicht werden können.

Aufgaben

A1 Durch welche Analysemethode können die Zusammensetzungen des Rohprodukts aus V1 und des gereinigten Produkts aus V3 quantitativ bestimmt werden? Erläutern Sie die Verfahrensweise.

A2 Formulieren Sie die Bildung folgender Ether aus Alkoholen: a) Dimethylether, b) Diethylether, c) Methylethylether.

A3 Diethylether siedet bei 35 °C, also viel niedriger als Ethanol (vgl. B3, S. 50). Wie kann man das erklären?

A4 Welche Vorteile hat die Herstellung von MTBE gemäß Gleichung (1) gegenüber der MTBE-Herstellung durch Kondensation aus Methanol und *tert.*-Butanol?

B3 *Benzine der Qualität Super und Super-Plus enthalten bis zu 10 % MTBE als Antiklopfmittel.* **A:** *Erläutern Sie, was ein klopffestes Benzin ist und was die Octanzahl 98 bedeutet (Hinweis: vgl. S. 47).*

	Brennwert in MJ/kg (MJ = Megajoule)	Dichte in kg/L
Ottokraftstoff (Benzin)	42,7	0,76
MTBE	35	0,74

B4 *MTBE im Benzin erhöht zwar die Klopffestigkeit, führt aber zu einem etwas höheren „Spritverbrauch". Bei der Verbrennung eines Ethers wird weniger Energie verfügbar als bei der Verbrennung der gleichen Stoffmenge eines Alkans oder Isoalkans gleicher (oder annähernd gleicher) molarer Masse. Der Grund liegt darin, dass im Molekül des Ethers bereits ein Sauerstoff-Atom enthalten ist und darüber hinaus ein Teil der Kohlenstoff-Atome bereits in höheren Oxidationsstufen vorliegt als in den vergleichbar großen Alkan-Molekülen.* **A:** *Bestimmen Sie die* ***Oxidationszahlen OZ*** *(vgl. S. 25) der Kohlenstoff-Atome im MTBE-Molekül und im Molekül des Isoalkans 2,2-Dimethylbutan.*
A: *Berechnen Sie den Sauerstoffbedarf bei der Verbrennung von 1 mol MTBE und 1 mol 2,2-Dimethylbutan.*

Fachbegriffe

Ether, Ionenaustauscherharz (saures), Durchflussreaktor

Steuerung von Reaktionen

Das MWG hilft

Ob Isobuten und Methanol sich zu MTBE verbinden oder ob MTBE in Methanol und Isobuten gespalten wird, ist eine Frage der Reaktionssteuerung (vgl. V1 und V5, S. 66). Woher aber wissen wir, wie man eine Reaktion steuern kann?

Wenn wir die Reaktionsgleichung (1) von S. 67 mit dem Pfeil für die Rückreaktion ergänzen, dann lautet das **Massenwirkungsgesetz MWG** (vgl. S. 37) für dieses Gleichgewicht:

$$K = \frac{c\,(\text{MTBE})}{c\,(\text{Methanol}) \cdot c\,(\text{Isobuten})}$$

Der rechte Teil dieser Gleichung, der Massenwirkungsquotient, nimmt bei einer bestimmten Temperatur den Wert der **Gleichgewichtskonstanten *K*** an. Unter den Synthesebedingungen aus V1 von S. 66, also bei 60 °C, ist *K* für diese Reaktion relativ groß, sodass man ein Produktgemisch mit ca. 65 % MTBE erhält. Umso erstaunlicher erscheint es auf den ersten Blick, dass bei etwa der gleichen Temperatur siedendes MTBE quantitativ in Methanol und Isobuten zerfällt, denn der Wert von *K* müsste etwa der gleiche sein (vgl. B1, S. 66). Die Erklärung liegt darin, dass bei V5 Isobuten aus dem Gemisch im Rggl. entfernt, also seine **Konzentration** verringert wird. Der Nenner im rechten Teil des MWG wird dadurch kleiner. Damit der Massenwirkungsquotient erneut den Wert von *K* erreicht, muss sich auch der Zähler verringern, d.h. eine weitere Portion von MTBE muss gespalten werden. Bei ständiger Entfernung des gerade gebildeten Isobutens verläuft die Gleichgewichtsreaktion (1) von S. 67 von rechts nach links, bis das gesamte eingesetzte MTBE verbraucht ist.

Bei Reaktionen, an denen Gase beteiligt sind, bietet der **Druck** eine weitere Steuermöglichkeit (B1). Das macht man sich auch bei der industriellen Synthese von MTBE zunutze (vgl. S. 67).

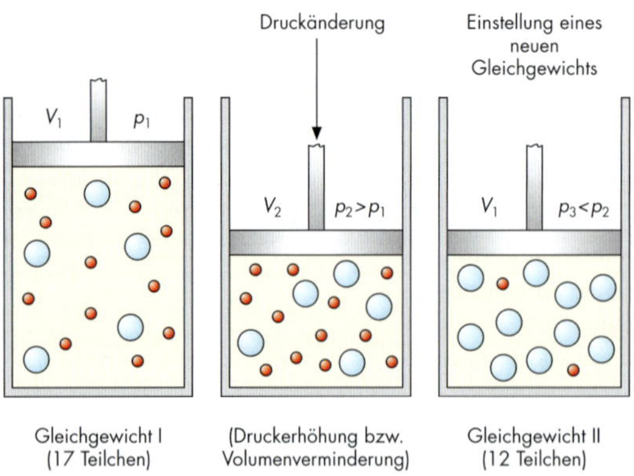

B1 *Einfluss der Druckerhöhung auf das Gleichgewicht* $2NO_2(g) \rightarrow N_2O_4(g)$. *Nach* AVOGADRO *ist nur die Teilchenanzahl für den Gasdruck von Bedeutung, die Teilchengröße ist belanglos.* **A:** *Erläutern Sie, warum das hier skizzierte Prinzip auch für die MTBE-Synthese in V1, S. 66, gültig ist.*

Was lässt sich mit der Temperatur steuern?

Eine Lösung aus 2,4 g Cobalt(II)-chloridhexahydrat in 30 mL Wasser und 30 mL Aceton, der bei 50 °C so viel konzentrierte Salzsäure hinzugetropft wurde, bis sie tiefblau wurde, zeigt ein merkwürdiges Verhalten: Im kalten Zustand ist sie rosarot, erwärmt wird sie blau. Sie verhält sich wie eine Zaubertinte (B2). Bei der Blaufärbung handelt es sich um eine endotherme Reaktion. Dabei reagieren Hexaaquacobalt(II)-Ionen $[Co(H_2O)_6]^{2+}$ und Chlorid-Ionen Cl^- zu Tetrachlorocobalt(II)-Ionen $[CoCl_4]^{2-}$ und Wasser-Molekülen. Die entsprechende Rückreaktion verläuft exotherm. Die Farbänderungen sind reversibel und können sehr viele Male wiederholt werden. Man spricht von einem *thermochromen* System. Hier wird durch die Farbänderung sichtbar, dass Hin- und Rückreaktion durch die Temperatur gesteuert werden können.

Da die meisten Reaktionen entweder exo- oder endotherm verlaufen, wird die **Lage eines chemischen Gleichgewichts**, d.h. die Vorherrschaft der Hin- oder der Rückreaktion im Gleichgewicht, allgemein durch die Temperatur beeinflusst. Gleichgewichte mit endothermer Hinreaktion werden bei Erhöhung der Temperatur nach rechts, d.h. zu den Produkten hin verschoben (B2).

Sowohl die Hin- als auch Rückreaktion einer Gleichgewichtsreaktion wird bei einer Erhöhung der Temperatur um 10 °C in der Regel auf das Doppelte bis das Vierfache beschleunigt (Reaktions-Geschwindigkeits-Temperatur Regel, **RGT-Regel**). Über die Temperatur kann also auch die **Geschwindigkeit** beeinflusst werden, mit der sich ein Gleichgewicht einstellt. Aus diesem Grund arbeitet man in der Praxis oft bei höheren Temperaturen, auch dann, wenn die Temperaturerhöhung das Gleichgewicht in die ungünstige Richtung verschiebt. Ein solcher Fall ist die exotherm verlaufende MTBE-Synthese (vgl. S. 66 und S. 67).

Eine weitere Möglichkeit, die Geschwindigkeit einer Reaktion zu erhöhen ist der Einsatz eines geeigneten Katalysators. Der Katalysator beeinflusst jedoch die Lage eines chemischen Gleichgewichts nicht.

B2 *Gleichgewichtsverschiebung durch Temperaturänderung.* **A:** *Formulieren Sie die Reaktionsgleichung mithilfe der Angaben aus dem Text.* **A:** *Wie würde sich die Erhöhung der Temperatur bei V1, S. 66, auf den MTBE-Gehalt im Produktgemisch auswirken? Begründen Sie.*

Systeme weitab vom Gleichgewicht

Fließgleichgewichte

Ein chemisches Gleichgewicht kann sich nur in einem geschlossenen System einstellen (B1). Streng genommen gibt es geschlossene Systeme in der Praxis nur sehr selten. Die Lösung im Kolben aus B2 ist ein solches System. Auch die Rückflussapparatur bei der Veresterung (B1, S. 34) kann als geschlossenes System betrachtet werden, weil alle Reaktionsteilnehmer im Kolben bleiben. Sogar für das Reaktionsrohr von der MTBE-Synthese (B2, S. 66), das eigentlich ein offenes System darstellt, argumentieren wir mit dem Gleichgewicht und dem MWG, weil die Verweilzeit der Reaktionsteilnehmer im Rohr ausreicht, um die Einstellung des Gleichgewichts zu gewährleisten.

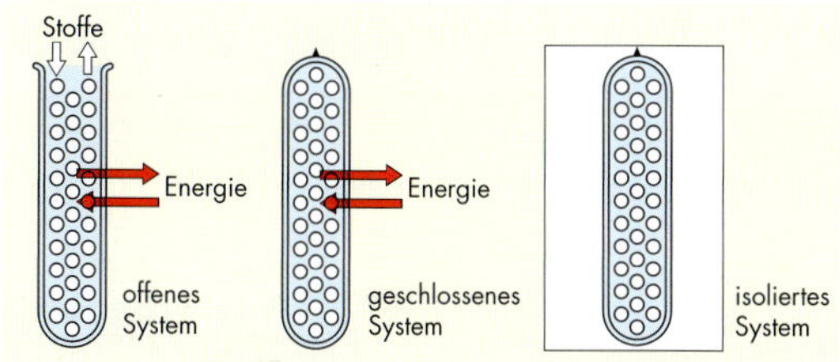

B1 *Systeme, in denen chemische Reaktionen ablaufen können.* **A:** *Nennen Sie je ein Beispiel für ein offenes, geschlossenes und isoliertes System aus dem Bereich Küche-Essen-Trinken.*

Es gibt in der Natur und in der Technik viele offene Systeme, die einem Durchflussreaktor gleichkommen und in denen sogenannte **Fließgleichgewichte** herrschen. Beim Fließgleichgewicht ist die Konzentration eines oder mehrerer Stoffe konstant, ohne dass eine Reaktion, die im System abläuft, den Zustand des chemischen Gleichgewichts erreicht. Das ist z.B. möglich, wenn gerade so viel von einem Stoff das System verlässt, wie sich in der gleichen Zeitspanne im System bildet. Es kann aber auch sein, dass gerade so viel von einem Stoff ins System zufließt, wie in der gleichen Zeitspanne abgebaut wird. Die lebende Zelle ist ein offenes System, in dem es für eine ganze Reihe von Stoffen den Zustand des Fließgleichgewichts geben kann.

Aufgaben

A1 In den Zellen eines Erwachsenen werden täglich 75 kg der „biologischen Energiewährung" Adenosintriphosphat ATP umgesetzt. Ständig im Körper vorhanden sind aber nur ca. 35 g ATP. Wie ist das möglich? Erläutern Sie anhand einer Skizze (ohne Mengen anzugeben), wie die ATP-Bilanz einer Zelle aussehen könnte.

A2 Wenn die Länge des Reaktionsrohres bei der MTBE-Synthese in B1, S. 66, halbiert wird, kommt es im Rohr nicht zur Einstellung eines chemischen Gleichgewichts. Kann es in diesem Fall zu einem Fließgleichgewicht kommen? Erläutern Sie und geben Sie an, wie dann der MTBE-Gehalt im Produktgemisch wäre.

Chemische Oszillationen

Versuch: Aus einem 0,5 mm dicken und ca. 15 cm langen Platindraht (oder Kupferdraht) formt man durch Rollen um einen Bleistift eine Spirale. Man befestigt sie an einem Bügel aus dickerem Eisendraht, bringt sie in der Flamme zum Glühen und hängt sie in einen 500-mL-Weithals-Erlenmeyerkolben, auf dessen Boden sich 1 cm hoch erwärmtes Methanol (oder Ethanol) befindet (B2).

Beobachtung: In regelmäßigen Zeitabständen glüht die Spirale auf, eine Flamme entzündet sich und erlischt einige Sekunden später. Das wiederholt sich viele Male. Auch was man nicht sehen kann, beispielsweise die Konzentration des Methanals, schwankt periodisch (B2).

(1): $H_3COH + \frac{1}{2}O_2(g) \rightarrow HCHO(g) + H_2O(g)$; $\Delta H_R < 0$

(2): $2H_3COH + 3O_2(g) \rightarrow 2CO_2(g) + 4H_2O(g)$; $\Delta H_R < 0$ Flamme

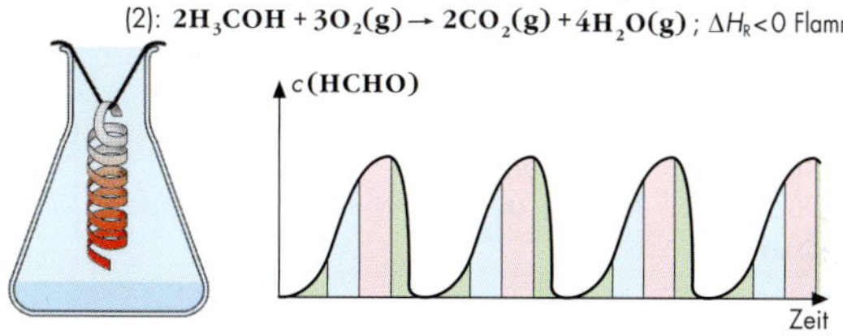

B2 *Methanol-Oxidation am Platindraht im offenen System und Verlauf der Methanal-Konzentration.*
A: *Was hat diese Kurve mit der „Sinus-Kurve" gemeinsam? Erläutern Sie.*

Erklärung: Beim Aufglühen der Spirale wird an der Platin-Oberfläche gemäß (1) Methanol exotherm zu Methanal oxidiert. Nach dem Zünden der Flamme verbrennt Methanoldampf zu Kohlenstoffdioxid und Wasser (2). Die Flamme erlischt, wenn der Sauerstoff im Kolben für die Verbrennung nicht mehr ausreicht. Die katalytische Oxidation am Platin, die nicht so viel Sauerstoff benötigt, setzt wieder ein. Wenn der Draht wieder glüht und Luft in den Kolben gedrungen ist, entzündet sich die Flamme erneut.

Die Konzentration des Methanals verändert sich im oben dargestellten Versuch periodisch innerhalb einer bestimmten Spannbreite. Vorgänge dieser Art bezeichnet man als **chemische Oszillationen**. Zu chemischen Oszillationen kann es in offenen Systemen kommen, in denen Reaktionen ablaufen, die sich gegenseitig beeinflussen. Keine der beteiligten Reaktionen kommt dabei zum chemischen Gleichgewicht.

Aufgaben

A3 Vergleichen Sie den Sauerstoffbedarf bei den beiden in B2 formulierten Oxidationen und erläutern Sie, inwiefern das die Oszillationen im offenen System aus B2 beeinflusst.

A4 Oft spricht man vom *ökologischen Gleichgewicht* in einem Teich, einer Waldwiese oder ähnlichen Systemen. Vergleichen Sie das ökologische Gleichgewicht a) mit dem chemischen Gleichgewicht und b) mit den chemischen Oszillationen. Stellen Sie jeweils Gemeinsamkeiten und Unterschiede fest.

B1 *Netzwerk in einer Grafik von M. ESCHER*

Ein Netzwerk von Stoffen

Aufgaben

A1 Im Netzwerk aus B2 stellt jeder „Knoten" eine Stoffgruppe bzw. einen Stoff dar. Die Verbindungspfeile sind nur an wenigen ausgesuchten Beispielen eingezeichnet, weil das Netzwerk sonst zu unübersichtlich wäre. Nennen Sie einige Gemeinsamkeiten und Unterschiede zwischen den beiden Netzwerken aus B1 und B2.

A2 Erläutern Sie mithilfe von B2, warum die Wege vom Rohstoff Erdöl zu den Kunststoffen Polyethen PE, Polypropen PP und Polyisobuten einfacher und kürzer sind als die Wege vom Erdöl zu den anderen in B2 angegebenen Kunststoffen Polycarbonate, Polyacrylate und Bakelit (*Hinweis:* vgl. S. 60 bis S. 66).

A3 Formulieren Sie die wichtigsten Schritte bei den blau und grün eingezeichneten Reaktionsfolgen in B2, die vom Erdöl a) zum Polyisobuten und b) zum Methyl-*tert.*butylether MTBE führen.

A4 Polycarbonate sind chlorfreie Produkte, bei deren Herstellung chlorhaltige Zwischenstufen eingesetzt werden. Wo bleibt das Chlor?

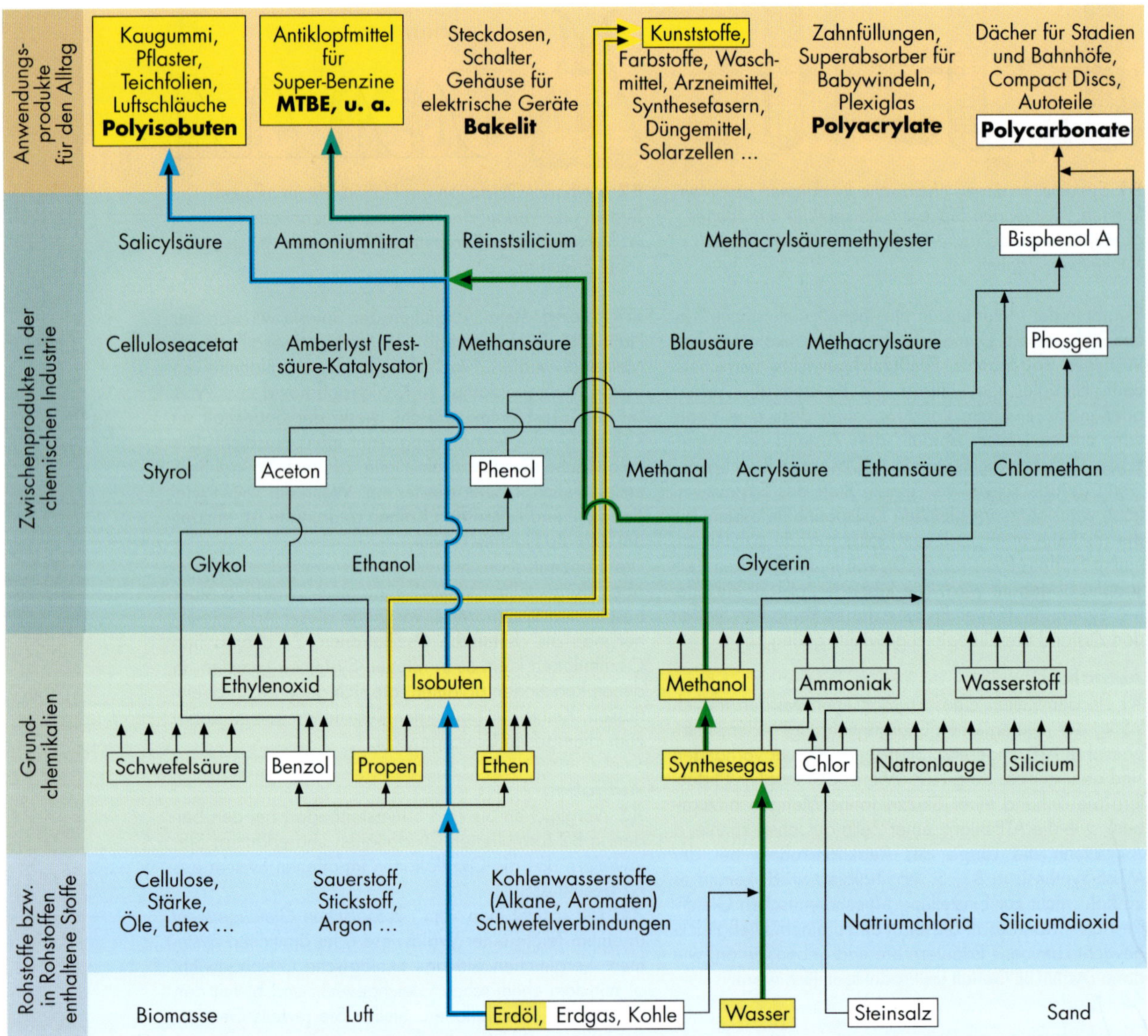

B2 *Rohstoffe, Grundchemikalien, Zwischenprodukte und Anwendungsprodukte in der chemischen Industrie. Die Pfeile vernetzen jeweils die Stoffe, die bei der Herstellung des Zielprodukts beteiligt sind. Das Netzwerk ist unvollständig.*

Das Verbundsystem in der chemischen Industrie

Beim Betrachten von B2 sind die vielfältigen Vernetzungen zunächst verwirrend. Dabei enthält es nur einen kleinen Teil der über 4600 Stoffe, von denen in der chemischen Industrie jeweils über 10 Tonnen jährlich produziert werden. Die Liste der **Rohstoffe** in B2 ist fast vollständig, doch je weiter man sich in B2 von unten nach oben bewegt, desto enger ist die Auswahl, die getroffen werden musste.

Die beiden bunt eingezeichneten, über **Isobuten** führenden Wege können wir mithilfe der vorangehenden Seiten nachvollziehen. Selbst für Isobuten sind die Angaben in B2 jedoch nicht vollständig (vgl. z.B. Butylkautschuk, S. 64). Dafür erfahren wir aber in B2, dass das für die MTBE-Synthese notwendige **Methanol** industriell aus **Synthesegas**, einem Gemisch aus Kohlenstoffmonooxid und Wasserstoff, gewonnen wird und dass Synthesegas auch für die Herstellung von Ammoniak benötigt wird (vgl. auch S. 123f). Gleichzeitig wird angedeutet, dass Methanol ebenso wie Isobuten, Ethen, Ammoniak, Chlor und die anderen **Grundchemikalien** jeweils einen „Knoten" im Netzwerk der Stoffe bildet, von dem aus mehrere Anwendungsprodukte zugänglich sind.

Es ist typisch für die Chemie, dass bei den meisten Synthesen auch sog. Kopplungsprodukte entstehen. Diese werden häufig bei der Herstellung anderer Stoffe benötigt, sei es als Edukte, sei es als Lösemittel oder Zusatzstoffe. Daher ist es in der chemischen Industrie die Regel, dass Grundchemikalien und Zwischenprodukte, die in einem Betrieb hergestellt werden, in andere Betriebe wandern, wo sie weiter verarbeitet werden.

Diese Kooperation verschiedener Betriebe in der chemischen Industrie erfolgt in einem sog. **Verbundsystem**, das nicht zuletzt auch zur Ausbildung großer Konzerne geführt hat. Heute erstrecken sich die Verflechtungen der Betriebe zunehmend weltweit, man spricht daher von einer **Globalisierung** der Chemiewirtschaft.

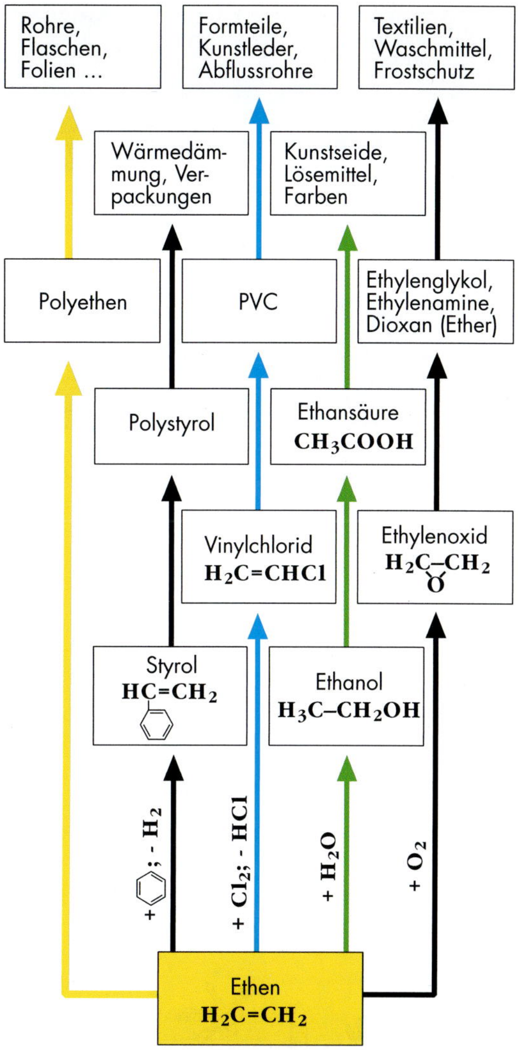

B3 *Ethen und Folgeprodukte (ca. 50% des gesamten Ethens wird zu PE polymerisiert).* **A:** *Formulieren Sie die Reaktionsgleichungen für die Herstellung von Vinylchlorid und von Ethansäure.*

- Welche **Produkte** werden hergestellt?
- Welche **Rohstoffe** (oder Grundchemikalien werden eingesetzt)?
- Nach welchem(n) **Verfahren** wird produziert (Stoffflüsse, Reaktionen, Energiebilanz)?
- Wie wird **Umweltschutz** gewährleistet?
- Wie funktioniert das **Verbundsystem** innerbetrieblich und mit anderen Betrieben?
- Zur **Arbeitsorganisation**: Hierarchie, Teamarbeit, Schichtarbeit, ...
- Zum **Personal**: Berufsgruppen, Verdienst, ggf. innerbetriebliche Ausbildung, ...
- Zur **Wirtschaftlichkeit**: Rentabilität, Auftragslage, Stellenwert in der Branche, ...
- Wie stellt sich der Betrieb in der Öffentlichkeit dar (Medien, Werbung, Internet)?
- Welche **Zukunftsperspektiven** hat der Betrieb?

A5 Erkunden Sie einen chemischen Industriebetrieb und informieren Sie sich (ggf. gruppenweise) zu den angegebenen Fragen. Erstellen Sie gruppenweise Dokumentationen mit Texten, Zahlen, Formeln, Bildern und Grafiken zu den einzelnen Fragen.

Fachbegriffe

Verbundsystem, Globalisierung, Rohstoffe, Produkte, Verfahren, Synthesegas H_2+CO

Unsere Atmosphäre – ein Ozean aus Luft

B1 *Weltall-Foto mit Nordafrika, der Gibraltar-Straße und Südspanien.* **A:** *Woran erkennt man, dass die Luftschicht der Erde sehr dünn ist?*

INFO

„Wir leben am Grunde eines Ozeans aus Luft" stellte im Jahr 1640 der italienische Physiker EVANGELISTA TORRICELLI fest. Dieser Ozean aus Luft ist unsere Atmosphäre. Sie ist zwar wesentlich tiefer als das Weltmeer an seiner tiefsten Stelle, aus dem Weltall betrachtet erscheint sie aber nur als eine hauchdünne bläuliche Schicht (B1).

Unsere Atmosphäre ist lebensfreundlich. Aufgrund ihrer Schichtung (B2) und Zusammensetzung (B3) gewährleistet sie an der Erdoberfläche eine mittlere Temperatur von +15 °C und sichtbares Licht, aus dem die schädliche UV-Strahlung der Sonne weitgehend herausgefiltert wurde. Sie enthält u. a. die Gase Sauerstoff und Kohlenstoffdioxid, die für den Stoffwechsel der irdischen Lebewesen notwendig sind (vgl. S. 94f).

Die ca. 10 km dicke Lufthülle über dem Erdboden, die **Troposphäre** (B2), stellt ca. 75 % der gesamten Luftmasse unserer Atmosphäre dar. Innerhalb einer Entfernung von 50 km zur Erdoberfläche, d.h. bis einschließlich der **Stratosphäre**, sind bereits 99,9 % enthalten. Die zwischen der Troposphäre und Stratosphäre gelagerte **Tropopause** ist mit ca. −60 °C sehr kalt. Gase können diese kalte Schicht nur sehr schwer durchqueren.

Die drei Hauptbestandteile Stickstoff, Sauerstoff und Argon machen einen Volumenanteil von 99,96 % aus (B3). Der restliche Volumenanteil von 0,04 % beinhaltet Kohlenstoffdioxid, die anderen Edelgase sowie Spurenstoffe natürlicher und anthropogener Herkunft (B4 bis B6). Durch seine Aktivitäten, insbesondere durch die Nutzung fossiler Brenn- und Rohstoffe, zu denen auch Erdöl gehört, beeinflusst der Mensch die Zusammensetzung der Atmosphäre.

A1 Die Atmosphäre der Venus besteht ebenso wie die des Mars zu ca. 96 % aus Kohlenstoffdioxid und zu ca. 3,5 % aus Stickstoff. Die mittlere Temperatur auf der Venus beträgt 450 °C, auf dem Mars −50 °C. Vergleichen Sie mit den Bedingungen auf der Erde und beurteilen Sie die Lebensbedingungen auf unseren Nachbarplaneten.

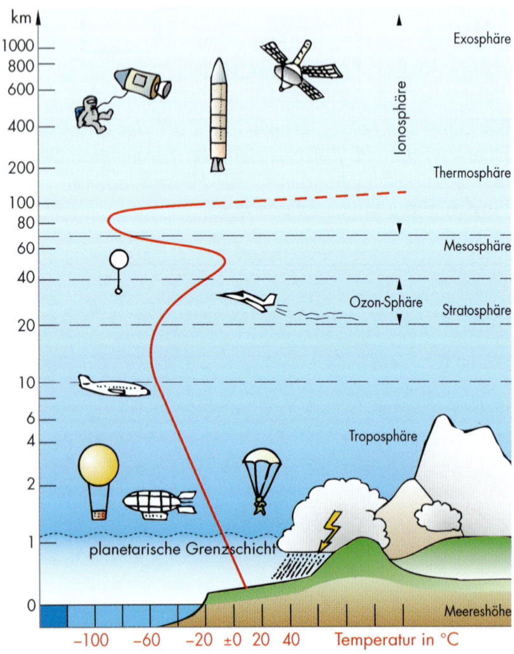

B2 *Schichtung der Atmosphäre und Temperaturprofil (rote Linie).* **A:** *Warum ist der Luftaustausch zwischen Troposphäre und Stratosphäre nur gering (Hinweis: vgl. auch Info-Text)?*

	Bestandteil	Formel	Volumenanteil
Hauptbestandteile	Stickstoff	N_2	78,08 %
	Sauerstoff	O_2	20,95 %
	Argon	Ar	0,93 %
Hauptspurenstoffe	Kohlenstoffdioxid	CO_2	0,034 %
	Neon	Ne	0,0018 %
	Helium	He	0,0005 %
	Methan	CH_4	0,00016 %
	Krypton	Kr	0,00011 %
	Wasserstoff	H_2	0,00005 %
	Distickstoffmonooxid	N_2O	0,00003 %
	Kohlenstoffmonooxid	CO	0,00002 %
	Xenon	Xe	0,000009 %
Spurenstoffe	Ozon	O_3	30 bis 50 ppb
	Kohlenwasserstoffe (ohne Methan)	C_xH_y	10 bis 100 ppb
	nitrose Gase	NO_x	0,01 bis 5 ppb
	Schwefeldioxid	SO_2	0,1 bis 2 ppb
	Difluordichlormethan	CF_2Cl_2	230 bis 300 ppt
	Fluortrichlormethan	$CFCl_3$	160 ppt

B3 *Zusammensetzung reiner Luft (in Meereshöhe). (Hinweis: 1 ppb (part per billion, 1:10^{-9}) entspricht 1 mg pro kg oder 1 mm^3 pro m^3; 1 ppt (part per trillion, 1:10^{-12}) entspricht 1 ng pro kg oder 1 mm^3 pro 1000 m^3.)*

Erdöl und die anthropogenen Emissionen

Die Atmosphäre ist ein offenes System (B3, S. 69), in das ständig Stoffe in Form von **Emissionen**[1] eintreten und als **Immisionen**[2] wirken. Unter den **anthropogenen**[3] Emissionen nehmen solche, die in Verbindung mit der Nutzung von Erdöl und Erdgas in die Atmosphäre gelangen, einen Spitzenplatz ein. Das liegt daran, dass der weitaus größte Teil der Kohlenwasserstoffe aus dem Erdöl verbrannt wird, obwohl man aus Erdöl auch 90% aller Erzeugnisse der organischen Synthesechemie herstellt (B4, B5, vgl. auch B5, S. 43, und B2, S. 70). Wenn Erdöl chemisch zu hochwertigen Kunststoffen, Farbstoffen oder gar Medikamenten verarbeitet wird, ist die **Wertschöpfung** viel höher, als wenn Erdölprodukte verbrannt werden.

Warum verbrennt man dennoch so viel Erdöl? Aus Erdöl lassen sich hochwertige flüssige Kraftstoffe herstellen, die (noch!) relativ billig sind. Erdöl lässt sich mit vergleichsweise geringem Aufwand fördern, transportieren und zu Kraftstoffen verarbeiten. Daher gewinnt man heute den weitaus größten Teil der Brennstoffe für Verkehrsmittel, für die Industrie und für das Heizen von Häusern aus Erdöl und Erdgas. Die Prognosen darüber, wie lange noch Erdöl und Erdgas als Primärenergieträger den ersten Platz einnehmen werden (vgl. B4, S. 43), sind unterschiedlich. Es ist aber davon auszugehen, dass dies bis zur Mitte des 21. Jahrhunderts der Fall sein wird.
Im Erdöl und in den anderen fossilen Brennstoffen (Erdgas und Kohle) ist solare Lichtenergie gespeichert. Sie wurde vor Jahrmillionen durch Photosynthese (vgl. S. 95) in chemische Bindungsenergie umgewandelt. Bei der Verbrennung wird die gespeicherte Energie als Wärme verfügbar, der (z.B. in Alkanen) gebundene Kohlenstoff wird bis zu seiner höchsten Oxidationsstufe IV oxidiert und liegt nach der Verbrennung im Kohlenstoffdioxid gebunden vor. Wegen der intensiven Nutzung der fossilen Brennstoffe wird in unserer Zeit mehr Kohlenstoffdioxid in die Atmosphäre ausgestoßen, als photosynthetisch gebunden werden kann. Ein Anstieg des Kohlenstoffdioxidgehalts der Atmosphäre ist die Folge (B6, S. 77).

Aufgaben

A1 Formulieren Sie die Reaktionsgleichung der Verbrennung von 2,2,4-Trimethylpentan. Bestimmen Sie die Oxidationszahlen der Kohlenstoff-Atome im Edukt und im Produkt.

A2 Berechnen Sie die Ozonkonzentration in mg pro m^3 Luft, die dem Volumenanteil von 185 ppb (Normbedingungen) entspricht.

A3 Erläutern Sie, warum die Wertschöpfung bei der Verarbeitung von Erdöl zu Kunststoffen größer ist als bei der Verarbeitung zu Benzin.

A4 Informieren Sie sich im Internet über die aktuellen Produktions- und Verbrauchsmengen von Brennstoffen, die aus Erdöl gewonnen werden.

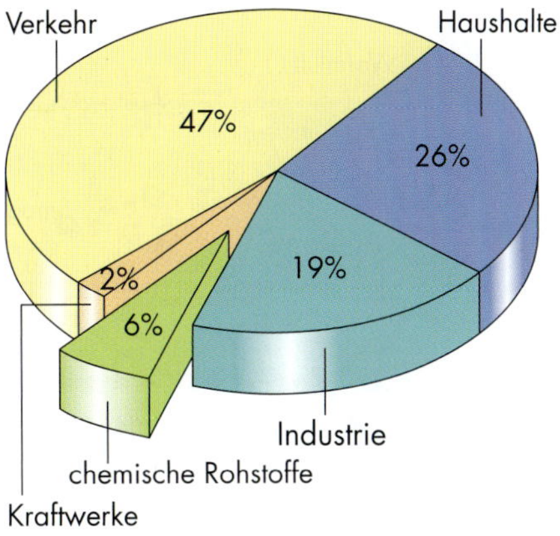

B4 *Ca. 75% des geförderten Erdöls werden verbrannt.*

B5 *Anthropogene Emissionsquellen: Verkehr, Haushalte, Industrie, Kraftwerke, Handwerk*

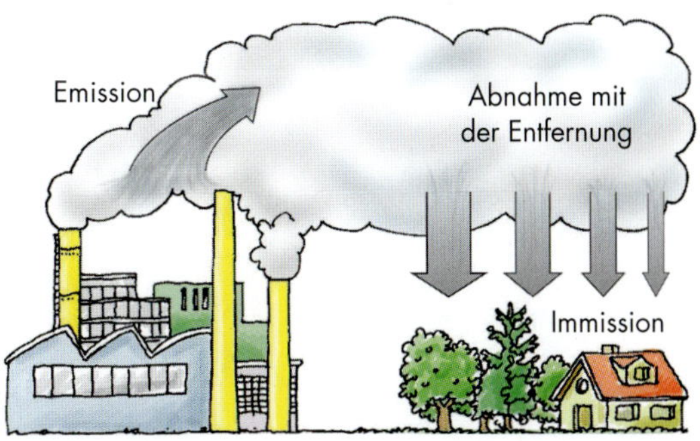

B6 *Emissionen und Immissionen.* **A:** *Erläutern Sie den Zusammenhang.*

[1] von *emissio* (lat.) = Aussendung. Als Emission bezeichnet man Stoffe, Geräusche, Strahlen, Wärme usw., die an die Umwelt abgegeben werden.
[2] von *immittere* (lat.) hineinsenken. Als Immissionen bezeichnet man Stoffe, Geräusche, Strahlen, Wärme usw., die auf Lebewesen und Sachgüter einwirken.
[3] von *anthropos* (griech.) = Mensch und von *genea* (griech.) = Abstammung

Fachbegriffe

Troposphäre, Tropopause, Stratosphäre, Emission, Immission, anthropogen, Wertschöpfung

Schadstoffe in Verbrennungsprodukten

B1 *Inversionswetterlage.* **A:** *Warum steigt die kalte Luft nicht auf? Warum ist diese Situation „unnormal"?*

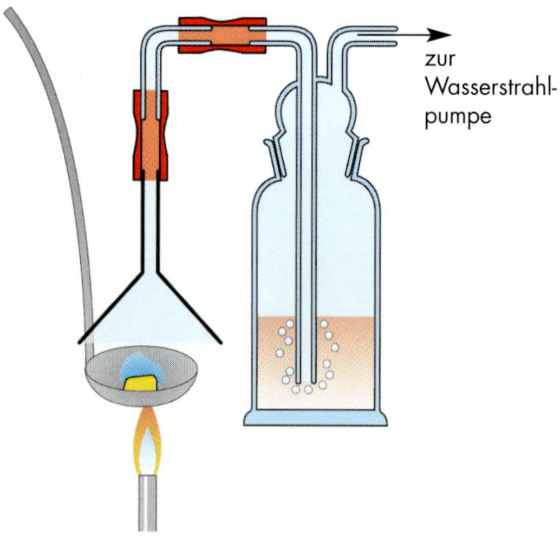

B2 *Nachweis von Verbrennungsprodukten (V1bis V4).* **A:** *Welches Verbrennungsprodukt von Kohlenwasserstoffen kann man in dieser Vorrichtung nicht nachweisen?*

Versuche

V1 *Nachweis von Kohlenstoffdioxid:* Untersuchen Sie die Verbrennungsgase bei der Verbrennung von a) Benzin*, b) Kartuschenbrenner-Gas* oder Erdgas* und c) Dieselöl* auf Kohlenstoffdioxid, indem Sie die Gase durch eine Bariumhydroxid-Lösung* leiten (B2). Beobachtung? (*Hinweise:* Benzin (ca. 1 mL) kann im Verbrennungslöffel verbrannt werden. Dieselöl lässt sich nur entzünden, wenn man einen Docht oder etwas Watte in die Flüssigkeit steckt. Die Gase werden in einem entsprechenden Brenner verbrannt.)

V2 *Nachweis von Schwefeldioxid:* Geben Sie in einen Verbrennungslöffel eine kleine Portion Schwefel und entzünden Sie sie in der Brennerflamme. Leiten Sie die Verbrennungsgase durch Fuchsin-Lösung (0,01 g Fuchsin in 100 mL Wasser). Beobachtung? Führen Sie anschließend diesen Nachweis auch mit den Stoffgemischen a) bis c) aus V1 und mit Braunkohlepulver durch. Beobachtung? (*Hinweis:* Die Fuchsin-Lösung muss jedes Mal erneuert werden. Sie wird durch Schwefeldioxid entfärbt.)

V3 *Nachweis von Stickstoffoxiden:* Beschicken Sie die Waschflasche aus B2 ca. 4 cm hoch mit SALTZMANN-Lösung* (5 g Sulfanilsäure*, 0,05 g N-(Naphthyl-(1))-ethylendiammoniumchlorid und 50 mL Eisessig* in 1 L Lösung). Saugen Sie zunächst 1 min lang Luft durch die Lösung. Beobachtung? Leiten Sie dann jeweils die Verbrennungsgase der Stoffgemische a) bis c) aus V1 durch dieses Nachweisreagenz. Beobachtung? (*Hinweis:* Die SALTZMANN-Lösung muss jedes Mal erneuert werden. Sie wird durch Stickstoffoxide rosa-pink gefärbt.)

V4 *Nachweis von Kohlenstoffmonooxid:* Beschicken Sie die Waschflasche aus B2 ca. 4 cm hoch mit ammoniakalischer Silbernitrat*-Lösung und leiten Sie der Reihe nach die Verbrennungsgase der Stoffgemische a) bis c) aus V1 durch. Beobachtung? (*Hinweis:* Die Lösung muss jedes Mal erneuert werden. Sie bildet mit Kohlenstoffmonooxid einen schwarzen Niederschlag.)

Auswertung

a) Fertigen Sie eine Tabelle mit allen Versuchsergebnissen an.
b) Erklären Sie in jedem Einzelfall, wie sich das nachgewiesene Oxid gebildet hat bzw. warum es nicht in den Verbrennungsgasen enthalten war.
c) Formulieren Sie für V1 die Nachweisreaktion. Wie würde V1 bei den Verbrennungsgasen von Wasserstoff ausfallen? Begründen Sie.

	Emissionsrate in 10^9 kg · a^{-1}	**Hauptemissionsquellen**	**Verhältnis natürlich: anthropogen**
Kohlenstoffdioxid CO_2	830 000	Atmung, biologischer Abbau, Verbrennung fossiler Brennstoffe, Rodung	33:1
Kohlenstoffmonooxid CO	3 400	unvollständige Verbrennung, atmosphärische Oxidation von Kohlenwasserstoffen	3,5:1
Methan CH_4	500	Erdgas, Sümpfe, Reisfelder, Tierhaltung, Termiten, Mülldeponien, arktische Tundra	1:1
Schwefelverbindungen (als SO_2 bezeichnet)	400	Verbrennung von Holz, Kohle, Erdölprodukten; Sümpfe, Vulkane	1:1,5
Stickstoffoxide (ohne N_2O) als NO_2 berechnet	160	Verbrennungsprozesse, Gewitter, atmosphärische Oxidation von NH_3, Stickstoffdüngung	1:2,1

B3 *Globale jährliche Emissionen einiger atmosphärischer Spurenstoffe.* **A:** *Vergleichen Sie die Angaben aus der rechten Spalte für Kohlenstoffdioxid und Stickstoffoxide und erklären Sie den Unterschied.*

Rauchgasreinigung und Autokatalysator

Bei der Verbrennung von Kohlenwasserstoffen bilden sich als Hauptprodukte immer *Wasser* und *Kohlenstoffdioxid* (V1). Darüber hinaus entstehen je nach Zusammensetzung des Brennstoffs und den Bedingungen, unter denen die Verbrennung abläuft, auch geringe Mengen anderer Oxide. *Schwefeldioxid* bildet sich nur, wenn im Brennmaterial Schwefelverbindungen enthalten sind (V2). Dagegen entstehen *Stickstoffoxide* auch dann, wenn das Brennmaterial keine Stickstoffverbindungen enthält und zwar umso mehr, je höher die Verbrennungstemperatur ist. Stickstoff und Sauerstoff aus der Luft reagieren endotherm miteinander. Verläuft die Verbrennung in begrenztem Luftvolumen, so wird Kohlenstoff nicht bis zur Endstufe oxidiert und es fällt hochgiftiges *Kohlenstoffmonooxid* an. Bei einem Volumenanteil von 0,1 % in der Atemluft wirkt es tödlich. Auch Schwefeldioxid und Stickstoffoxide zählen zu den Luftschadstoffen. Sie reizen und entzünden die Schleimhäute in Augen und Atemwegen. Durch **sauren Regen** und **Smog**, die sie verursachen, schädigen sie die Umwelt auf unterschiedliche Art, beispielsweise durch Steinfraß bei Bauten, durch Waldsterben und durch Übersäuerung von Gewässern.

Trotz Zunahme des Verkehrs und der Stromerzeugung gehen seit dem Jahr 1975 die Emissionen an Luftschadstoffen in Deutschland und Westeuropa zurück (B4). Möglich wurde dies, da sowohl die Qualität der Brennstoffe als auch die technischen Anlagen, in denen die Verbrennung erfolgt, erheblich verbessert wurden. Erdgas und Erdöl werden heute entschwefelt, bevor sie zu Treibstoffen für Autos und Brennstoffen für Kraftwerke weiterverarbeitet werden.

Die modernen **Kraftwerke** verfügen über Anlagen, in denen die **Rauchgase** in mehreren Stufen hintereinander gereinigt werden (Elektrofilter für Staub, Entschwefelung und Entstickung, vgl. B5)

Bei Kraftfahrzeugen mit Ottomotoren gewährleistet der **Abgaskatalysator**, der **Kat**, dass die Schadstoffe (Kohlenstoffmonooxid, Stickstoffoxide und unverbrannte Kohlenwasserstoffe) in einem Schritt zu ungiftigem Stickstoff, Wasser und Kohlenstoffdioxid umgesetzt werden (B6). Allerdings können die Schadstoffe nicht vollständig beseitigt werden und Kohlenstoffdioxid bleibt bei diesen Verbrennungstechniken in den Abgasen enthalten (vgl. S. 76 und 77).

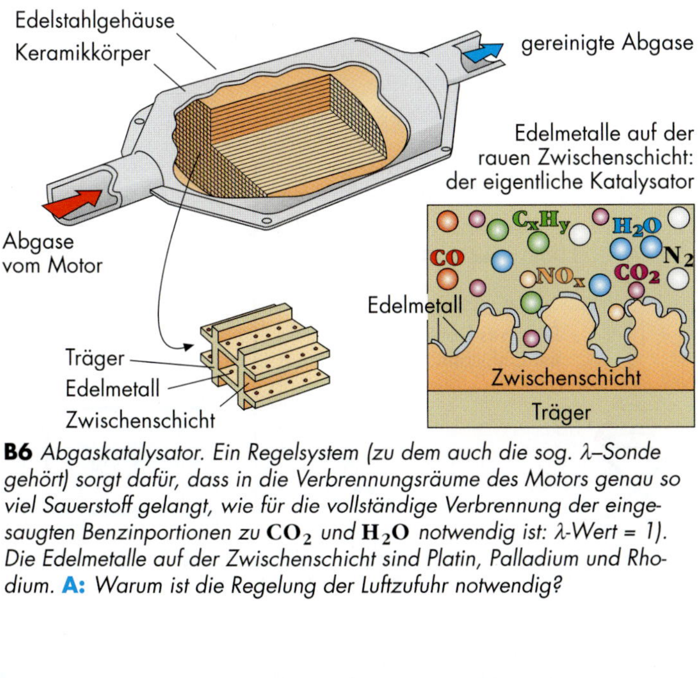

B6 *Abgaskatalysator. Ein Regelsystem (zu dem auch die sog. λ-Sonde gehört) sorgt dafür, dass in die Verbrennungsräume des Motors genau so viel Sauerstoff gelangt, wie für die vollständige Verbrennung der eingesaugten Benzinportionen zu CO_2 und H_2O notwendig ist: λ-Wert = 1). Die Edelmetalle auf der Zwischenschicht sind Platin, Palladium und Rhodium.* **A:** *Warum ist die Regelung der Luftzufuhr notwendig?*

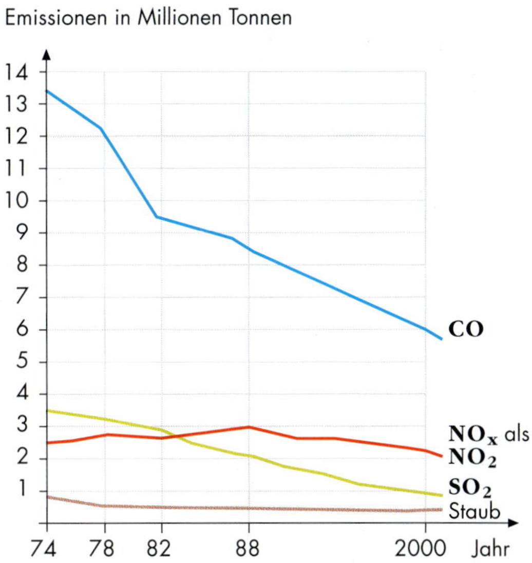

B4 *Emissionsentwicklung von Luftschadstoffen in Deutschland.* **A:** *Worauf ist diese Entwicklung zurückzuführen? Erläutern Sie.*

Rauchgasentschwefelung
mit Kalkstein-Suspension:

$$2CaCO_3 + 2SO_2 + O_2 \downarrow 2CaSO_4 + 2CO_2$$

(Gips)

mit Natronlauge:

$$4NaOH + 2SO_2 + O_2 \downarrow 2Na_2SO_4 + 2H_2O$$

Rauchgasentstickung
mit Ammoniak (SCR[1]):

$$4NH_3 + 2NO_2 + O_2 \downarrow 3N_2 + 6H_2O$$

B5 *Bruttoreaktionen bei der Rauchgasentschwefelung und -entstickung in Kraftwerken (SCR: selective catalytic reduction).* **A:** *Wie verändert sich die Oxidationszahl des Stickstoffs bei der angegebenen Reaktion? Erläutern Sie.*

Fachbegriffe
Saurer Regen, Smog, Rauchgase, Rauchgasentschwefelung, Rauchgasentstickung, Abgaskatalysator

Verbrennungsprodukte schlucken Wärme

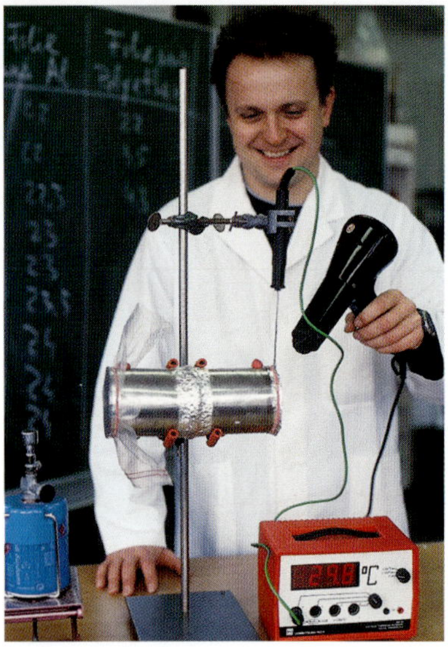

B1 *Stoffe absorbieren Wärme unterschiedlich gut (V1).*
A: *Warum muss nach jeder Messung gekühlt werden?*

B2 *Modellversuch zum Treibhauseffekt (V2).*
A: *Nennen Sie jeweils den Platzhalter für Sonne, Wolken, Luft und Erde.*

B3 *Temperatur-Zeit Diagramm beim Modellversuch V2.*
A: *Inwiefern beweisen die Fakten aus V1 und V2, dass Kohlenstoffdioxid ein Treibhausgas ist?*

Versuche

V1 *Wärmeabsorption:* Bauen Sie eine Messvorrichtung gemäß der Skizze aus B4 a). Das Rohr besteht aus zwei vereinigten Teedosen, bei denen die Böden entfernt wurden. Die Spitze des Temperaturfühlers wird hinter einer schwarzen Pappe mit Tesafilm befestigt und auf der Rückseite mit einer glatten Aluminiumfolie verklebt. Der Bunsenbrenner (oder Kartuschenbrenner) wird bei allen Messungen in der gleichen Entfernung von 10 cm bis 15 cm vor der Dosenöffnung positioniert. Bei jeder Messreihe wird die Temperatur alle 30 s abgelesen, notiert und anschließend grafisch aufgetragen. Jede Messung wird nach 3 min abgebrochen. Vor Beginn der nächsten Messung muss die Apparatur (ggf. mit einem Fön) gekühlt werden. Führen Sie Messreihen durch, indem Sie an der Dosenöffnung folgende Stoffe befestigen (z.B. mit einem Gummiband): a) eine Polyethenfolie, b) eine Aluminiumfolie, c) einen Flachbeutel aus Polyethen (leer), d) einen Flachbeutel aus Polyethen, innen mit Wasser befeuchtet und e) Dosenöffnung frei. Wiederholen Sie dann die Messreihe a), nachdem Sie im Rohr die Luft durch Kohlenstoffdioxid ersetzt haben. (*Hinweis:* Nach dem Einfüllen des Kohlenstoffdioxids verschließen Sie die beiden oberen Öffnungen am Rohr mit Knetmasse.)

V2 *Modellversuch zum Treibhauseffekt:* Bauen Sie die Versuchsvorrichtung aus B4 b) auf. Sie besteht aus einem 300-Watt-Strahler, einer Glaswanne, in der sich ca. 1 cm hoch Wasser befindet, einer zweiten Glaswanne, deren Boden mit schwarzer Pappe ausgelegt ist und einem Temperaturfühler im Gasraum der unteren Wanne. Nach Einschalten der Lampe wird die Temperatur alle 20 s abgelesen, notiert und anschließend grafisch aufgetragen. Führen Sie Messreihen durch, bei denen die untere Wanne a) mit Luft und b) mit Kohlenstoffdioxid gefüllt ist.
Wiederholen Sie dann die Messreihen a) und b) nachdem Sie die schwarze Pappe am Boden der unteren Wanne durch Aluminiumfolie ersetzt haben.

Auswertung

(vgl. auch Aufgaben in den Bildunterschriften)
a) Treffen Sie anhand der Ergebnisse aus V1 begründete Aussagen über die Wärmedurchlässigkeit von Aluminium, Polyethen und Wasser.
b) Begründen Sie mithilfe der geeigneten Graphen, die Sie bei V1 ermitteln, warum Kohlenstoffdioxid Wärmestrahlung besser absorbiert als Luft.
c) Warum ist bei V2 die obere Wanne mit Wasser notwendig?
d) Welche Funktion hat die schwarze Pappe in der unteren Wanne bei V2?
e) Wie erklären Sie die Unterschiede bei V2, wenn die schwarze Pappe durch Aluminiumfolie ersetzt wird?

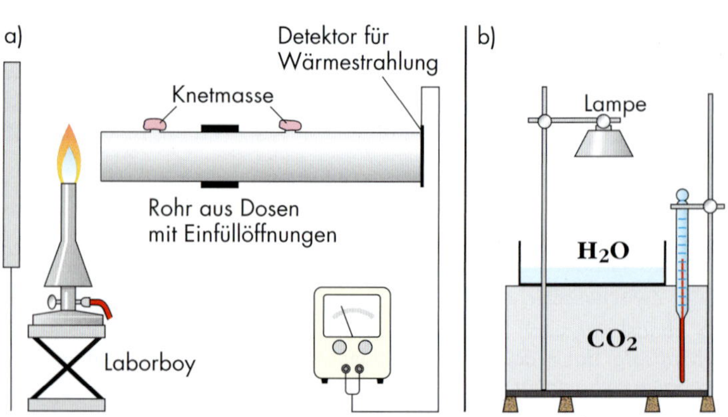

B4 *Skizzen zu den Messvorrichtungen in V1 (a) und V2 (b). Vgl. dazu auch B1 und B2.*

Der Treibhauseffekt

Wasser und Kohlenstoffdioxid, die Produkte der Verbrennung von Kohlenwasserstoffen, sind sehr wirksame „Wärmeschlucker", d.h. sie **absorbieren Wärmestrahlung** besser als andere Stoffe (V1). Sie spielen beim sog. **Treibhauseffekt**, der in B5 erklärt wird, eine entscheidende Rolle. Dass Kohlenstoffdioxid den Treibhauseffekt verstärkt, zeigt der höhere Temperaturanstieg bei der zweiten Messreihe im Modellversuch V2.

Ohne Treibhauseffekt wäre es in Bodennähe viel kälter (–18 °C) als es tatsächlich ist (+15 °C), menschliches Leben hätte nicht entstehen können. Von den 33 °C, die der Treibhauseffekt ausmacht, werden 20,6 °C durch den Wasserdampf aus der Atmosphäre verursacht und *nur* 7,2 °C durch das Kohlenstoffdioxid (weitere **Treibhausgase** sind Ozon O_3, Distickstoffmonooxid N_2O und Methan CH_4).

Seit dem Jahr 1960 nimmt der Gehalt an Kohlenstoffdioxid in der Atmosphäre stark zu, bis zum Jahr 2000 bereits um über 50 ppm (B6). Gleichzeitig hat auch die mittlere Jahrestemperatur um ca. 1 °C zugenommen. Wenn man den in B7 dargestellten Zusammenhang berücksichtigt, dann gibt es gute Gründe anzunehmen, dass es bei weiterem Anstieg des Kohlenstoffdioxidgehalts auch zu einer weiteren Erwärmung kommt. Die Auswirkungen auf natürliche Ökosysteme könnten für die Erdbevölkerung verheerend sein: Schmelzen des Polareises, Anstieg des Meeresspiegels, Verschiebung von Klimazonen, Ausdehnung von Wüsten. Daher muss die weitere Kohlenstoffdioxidzunahme in der Atmosphäre eingedämmt werden. Dies ist durch den Erhalt und die Vermehrung der photosynthesefähigen Biomasse und durch die Reduzierung der Verfeuerung fossiler Brennstoffe möglich.

Die im Erdöl enthaltenen Kohlenwasserstoffe sind also nicht nur zu schade, um verfeuert zu werden (vgl. S. 73), ihre Verbrennung trägt auch zur Zunahme des Kohlenstoffdioxidgehalts in der Atmosphäre und damit zur Intensivierung des Treibhauseffekts bei. Die Erforschung und Nutzung alternativer Treibstoffe (z.B. Wasserstoff) und anderer Energieformen (z.B. solare Lichtenergie) ist für die nächsten Jahrzehnte eine dringliche Herausforderung für Wissenschaft und Industrie. Die begrenzten Erdölvorräte, ein wertvolles Geschenk aus prähistorischen Zeiten, sollten wir nicht in unüberlegter Weise durch den Auspuff jagen, sondern mit dem Wissen und Können der Chemie zu Produkten veredeln, die wir aus anderen Rohstoffen nicht oder nur mit viel mehr Aufwand gewinnen können.

Aufgaben

A1 Erläutern Sie, warum ohne den Treibhauseffekt menschliches Leben auf der Erde nicht möglich wäre.

A2 Wodurch kommt der Anstieg des Treibhauseffekts zustande? Welche Folgen hat das?

A3 Was könnte man tun, um den Anstieg des Kohlenstoffdioxidgehalts in der Atmosphäre zu bremsen? Können auch Sie persönlich dazu beitragen? Erläutern Sie.

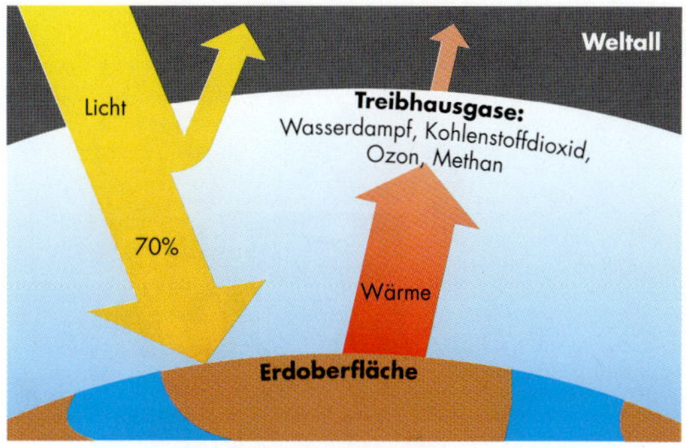

B5 *Treibhauseffekt: Ein großer Teil des Sonnenlichts, das auf die Erde trifft, wird absorbiert, in Wärme umgewandelt und als solche zurückgestrahlt.* ***Treibhausgase*** *aus der Atmosphäre absorbieren die von der Erde zurückgestrahlte Wärme fast vollständig und halten sie wie in einem Treibhaus fest.*

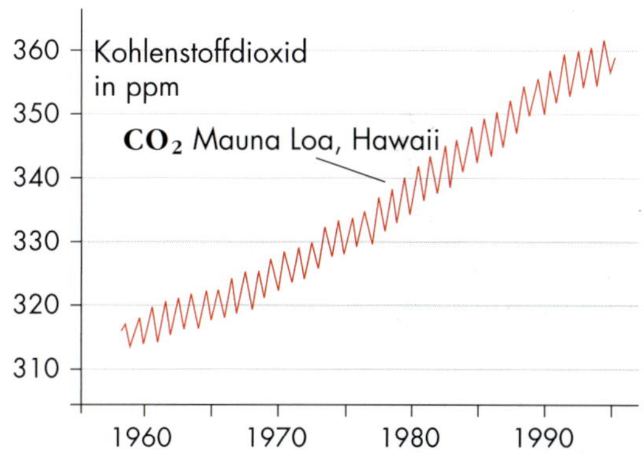

B6 *Anstieg des Kohlenstoffdioxidgehalts in der Atmosphäre auf Mauna Loa, Hawaii, USA*

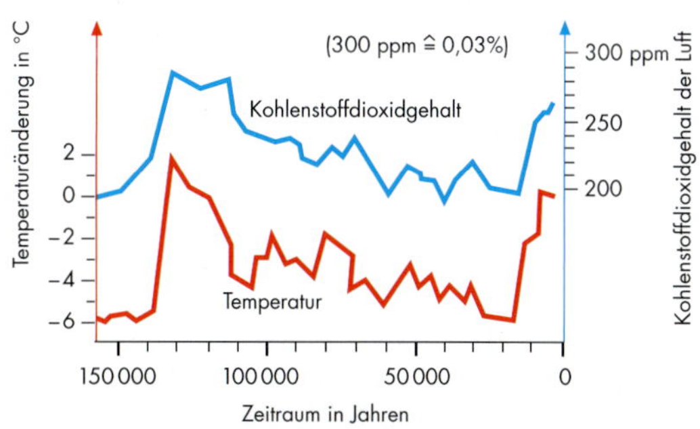

B7 *Über lange Zeiträume hat sich die Temperatur in der gleichen Weise geändert wie der Kohlenstoffdioxidgehalt in der Atmosphäre.* **A:** *Woher kann man heute wissen, wie hoch der Kohlenstoffdioxidgehalt in der Luft vor 100 000 Jahren war? Informieren Sie sich und erläutern Sie.*

Fachbegriffe

Wärmeabsorption, Treibhauseffekt, Treibhausgase

Sonne + Abgase → Ozon

B1 *Smog-Warnung.* **A:** *Wovor wird gewarnt, wenn der Ozongehalt in der Luft zu hoch ist?*

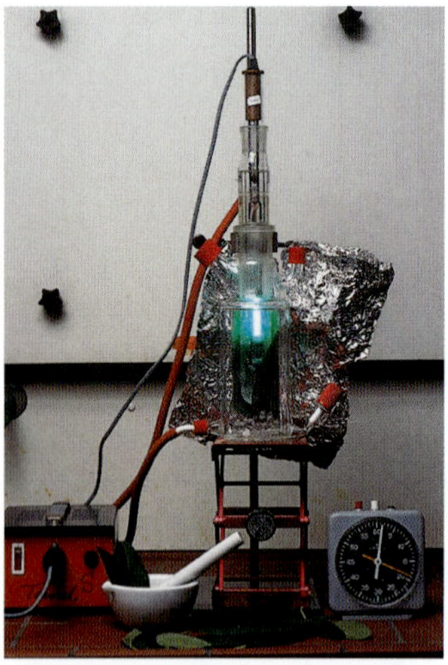

B2 *Modellversuch zum Photosmog.* **A:** *Vergleichen Sie die in LV3 der Luft zugesetzten Stoffe mit den Angaben aus B3. Was fällt auf?*

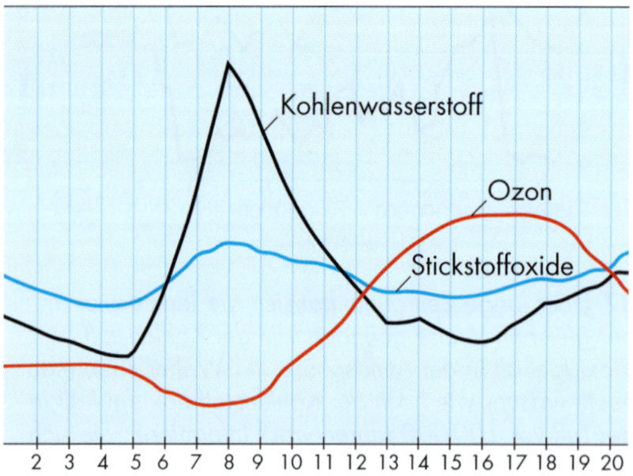

B3 *Relativer Gehalt einiger Schadstoffe in der Luft im Verlauf eines Sommertags.* **A:** *Wie kommen die Peaks in den Morgenstunden zustande?* **A:** *Woran erkennt man, dass die Kohlenwasserstoffe und die Stickstoffoxide die Vorläufer des bodennahen Ozons sind?*

Versuche

LV1 *Ozonerstellung und -Nachweise:* Durch die Versuchsvorrichtung aus B4 wird ca. 30 s lang Sauerstoff geleitet. Dann wird die UV-Lampe* im Reaktionsrohr eingeschaltet und ca. 1 min lang bestrahlt. (*Warnhinweis:* Das Reaktionsrohr muss mit Aluminiumfolie umwickelt werden, da die UV-Strahlung schädlich ist). Das gebildete Ozon* kann auf mehrere Arten nachgewiesen werden: a) Der Fluoreszenzschirm (B4) wird mit der UV-Handlampe angestrahlt. Dann wird das Gasgemisch aus dem Reaktor pulsweise über den Schirm gedrückt. Beobachtung? b) Das Gasgemisch wird in eine mit Schwefelsäure* angesäuerte Kaliumiodid-Stärke-Lösung* eingeleitet. Beobachtung? c) Das Gasgemisch wird durch eine Lösung aus einigen Körnchen Safranin T* und einem Plätzchen Natriumhydroxid* in 10 mL 2-Propanol* geleitet. Beobachtung? d) Nach einer erneuten 1-minütigen Bestrahlung mit der UV-Lampe im Rohr wird das Gasgemisch auf einen stramm aufgeblasenen Luftballon geleitet. Beobachtung?

V2 *Ozon-Nachweis beim Fotokopierer:* Saugen Sie aus der Nähe der Lampe eines Fotokopierers mit dem Kolbenprober 100 mL Luft ein und drücken Sie sie langsam durch eine mit Schwefelsäure* angesäuerte Kaliumiodid*-Stärke-Lösung. Beobachtung? Führen Sie eine Vergleichsprobe mit normaler Luft durch.

LV3 *Modellversuch zum Photosmog:* In einem wassergekühlten Tauchlampenreaktor mit einer 150-Watt-Quecksilberlampe* (B2) bestrahlt man grüne Blätter 20 min lang in Luft, die mit etwas Stickstoffdioxid* und Benzindampf* verunreinigt wurde. Danach werden die Blattpigmente mit Aceton* extrahiert und auf einer kieselgelbeschichteten DC-Folie chromatographiert. Als Laufmittel eignet sich ein Gemisch aus Petrolether* : Benzin* : 2-Propanol* im Volumenverhältnis 25 : 25 : 5. Parallel wird Extrakt aus unbestrahlten Blättern chromatographiert. Beobachtung?

Auswertung

(vgl. auch Aufgaben in den Bildunterschriften)

a) Woran erkennt man bei LV1, dass Ozon UV-Licht absorbiert?

b) Was ist reaktiver, Sauerstoff O_2 oder Ozon O_3? Begründen Sie mithilfe der Beobachtungen in V1.

c) Warum bildet sich beim Fotokopierer Ozon?

d) Beschreiben Sie die Auswirkung des in LV3 erzeugten Photosmogs auf die einzelnen Blattpigmente.

e) Informieren Sie sich im Internet über Ozon (mögliche Einstiegsadresse: http://www.chemiedidaktik.uni-wuppertal).

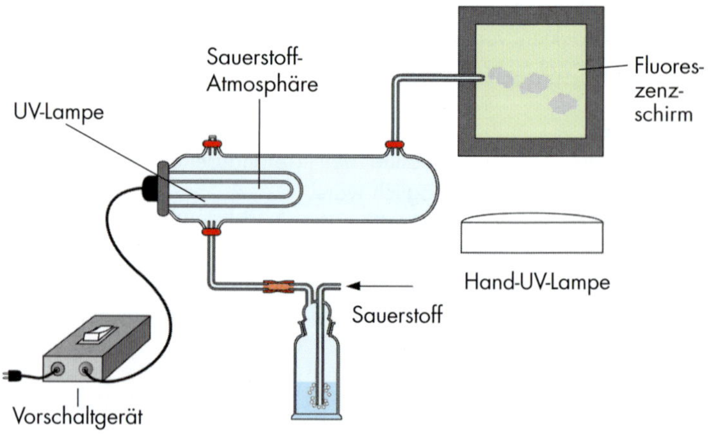

B4 *Versuchsvorrichtung zu V1*

Photosmog – Stoffkreisläufe in der Troposphäre

Die Menschen in Athen, Los Angeles, Mexico-City und anderen Großstädten werden aufgrund des hohen Verkehrsaufkommens und des heißen, sonnigen Klimas häufig durch **Photosmog** oder **Sommersmog** geplagt. In abgeschwächter Form, aber immer häufiger tritt Photosmog auch in Deutschland auf. Bei dieser Smogart entstehen in der mit Abgasen verunreinigten Luft durch die Lichteinwirkung der Sonne giftige Stoffe, deren wichtigster Vertreter das Ozon O_3 ist. Dabei handelt es sich um eine besonders aggressive Form des Elements Sauerstoff. Ozon oxidiert Iodid-Ionen zu elementarem Iod, reagiert mit dem Farbstoff Safranin T unter Leuchterscheinung (Chemolumineszenz) und bringt einen Luftballon zum Platzen (V1, V2). Die Polyisopren-Moleküle aus dem Gummi (vgl. B1, S. 64) enthalten C=C-Doppelbindungen, die durch Ozon-Moleküle geknackt werden (Ozonolyse).
Photosmog schädigt Pflanzen insbesondere durch Zerstörung der Blattpigmente (LV3). Beim Menschen kann Photosmog zu Augenreizungen, Kopfschmerzen und Atembeschwerden führen. Bei zu hohem Ozongehalt in der Luft wird daher Smogalarm ausgelöst (B7).

Wie bildet sich Ozon im **Photoreaktor Troposphäre**, wo doch so gut wie kein UV-Licht bis in Bodennähe eindringt (vgl. B2, S. 72 und B2, S. 80)? Die in der bodennahen Luft enthaltenen und durch die Autoabgase stark angereicherten Schadstoffe machen es möglich: Das braune, durch sichtbares Licht spaltbare Stickstoffdioxid NO_2 katalysiert Reaktionszyklen (**Katalysezyklen**), bei denen Sauerstoff, Kohlenwasserstoffe **RH** und Wasser zu Ozon und anderen aggressiven Oxidationsmitteln (sog. **Photooxidantien**) umgesetzt werden. Stickstoffdioxid befindet sich dabei in einem **Stoffkreislauf** (B5, B6). Obwohl die Reaktionen in der Atmosphäre sehr komplex und z. T. noch nicht genau bekannt sind, steht fest, dass die Abgase aus Motoren, in denen Erdölprodukte verbrannt werden, die Bildung von Photosmog fördern. Messergebnisse beweisen, dass Kohlenwasserstoffe und Stickstoffoxide die Vorläufer von Ozon an heißen Sommertagen sind (B3).

Ozonwerte in µg/m³ Luft	Grenzwerte	Folgen bei längerer Einwirkung (ca. 6 Stunden)
40	Geruchsschwelle	
100		Ozon-Begleitstoffe führen zu Augenreizungen und Kopfschmerzen.*
120		Reizungen der Atemwege, eingeschränkte Leistungsfähigkeit*
160		Atemwegsentzündungen bei körperlicher Anstrengung
180	Information der Bevölkerung	
200		Atemwegsbeschwerden
240	Fahrverbot für Autos ohne Katalysator	Verschlechterung der Lungenfunktion, Asthmatiker bekommen häufiger Anfälle.
300		
360	Warnung der Bevölkerung	
ab 400		eingeschränkte Leistungsfähigkeit, bleibende organische Veränderungen der Atemwege

* bei empfindlichen Personen; Risikogruppen: Kinder, Alte, Allergiker, Asthmatiker, Sportler, Bauarbeiter

B7 *Sommersmog-Alarmstufen.* **A:** *Wann steigt der Ozongehalt in der Luft stark an? Erläutern Sie.*

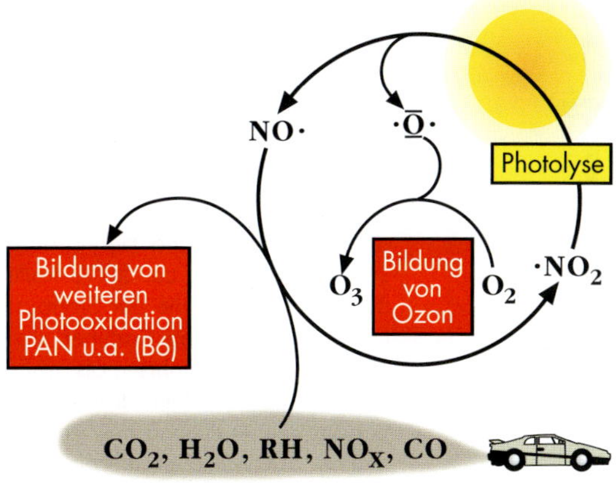

B5 *Katalysezyklus: Stickstoffdioxid wird durch Sonnenlicht zu Stickstoffmonooxid und atomarem Sauerstoff gespalten, der mit molekularem Sauerstoff zu Ozon reagiert. Unter Beteiligung von Kohlenwasserstoffen wird Stickstoffdioxid zurückgebildet und kann einen neuen Zyklus starten.*

$$NO_2\cdot \xrightarrow{h\nu} NO\cdot + O:$$
$$O: + O_2: \xrightarrow{M} O_3$$
$$O: + H_2O: \longrightarrow 2OH$$
$$NO_2\cdot + O_2: \xrightarrow{M} NO\cdot + O_3$$
$$2NO\cdot + O_2 \xrightarrow{h\nu} 2NO_2\cdot$$
$$NO\cdot + O_3 \longrightarrow NO_2\cdot + O_2:$$
$$RH + OH\cdot + O_2: \xrightarrow{M} RO_2\cdot + H_2O$$
$$RO_2\cdot + NO\cdot \longrightarrow RO\cdot + NO_2\cdot$$
$$RO\cdot + O_2: \longrightarrow HO_2\cdot + R'CHO$$
$$HO_2\cdot + NO\cdot \longrightarrow OH\cdot + NO_2\cdot$$
$$HO_2\cdot + HO_2\cdot \longrightarrow H_2O_2 + O_2:$$
$$RO_2\cdot + NO_2\cdot \xrightarrow{M} RO_2NO_2:$$

z.B.

$$CH_3COO_2\cdot + NO_2\cdot \xrightarrow{M} CH_3COO_2NO_2$$

Peroxyacetylnitrat (PAN)

Teilbilanz:

$$RH + NO\cdot + O_2 \rightarrow R'CHO + H_2O + NO_2$$

M bezeichnet in diesen Gleichungen ein Teilchen, das an einem Stoßprozess beteiligt ist und dabei Energie aufnimmt, ohne chemisch verändert zu werden. Die sog. Photooxidantien sind rot gedruckt.
Teilchen mit einer ungeraden Anzahl von Elektronen bezeichnet man als Radikale (•). Sie sind in der Regel äußerst reaktiv.

B6 *Einige Reaktionen aus dem Photoreaktor Troposphäre (B1, S. 80)*

Fachbegriffe

Photosmog (Sommersmog), Katalysezyklus, Photoreaktor, Stoffkreislauf, Photooxidantien

3 mm Ozon – der Filter für das Leben

Die Atmosphäre – ein Photoreaktor aus zwei Kammern

Die Erdatmosphäre gleicht einem riesigen Photoreaktor, der in zwei Kammern aufgegliedert werden kann: in die Troposphäre und die Stratosphäre (B1). Dazwischen liegt die um ca. 50 °C kältere Tropopause (vgl. B2, S. 72), durch die der Stoffaustausch zwischen der unteren und oberen Kammer stark gehemmt ist. Vor etwa 3 Milliarden Jahren, als im Zuge der biologischen Evolution Photosynthese treibende Pflanzen entstanden, begann die Auffüllung der Atmosphäre mit Sauerstoff. Seit ca. 500 Millionen Jahren ist der Sauerstoff-Anteil in der Atmosphäre annähernd konstant, der bei der Photosynthese erzeugte und der bei der Atmung und anderen Verbrennungen verbrauchte Sauerstoff halten sich in etwa die Waage. In der Stratosphäre werden Sauerstoff-Moleküle durch energiereiches, sehr kurzwelliges Licht (λ < 240 nm) in Sauerstoff-Atome getrennt, die wiederum mit Sauerstoff-Molekülen zu Ozon-Molekülen reagieren. Diese absorbieren ebenfalls UV-Licht im Wellenlängenbereich von 200 nm bis 300 nm. Zwischen molekularem Sauerstoff O_2 und Ozon O_3 stellt sich ein **photostationäres Gleichgewicht**, d. h. ein durch Lichteinstrahlung erzeugtes und aufrecht gehaltenes Gleichgewicht ein. Dabei wird kurzwelliges UV-Licht teils in längerwelliges Licht, teils in Wärme umgewandelt.

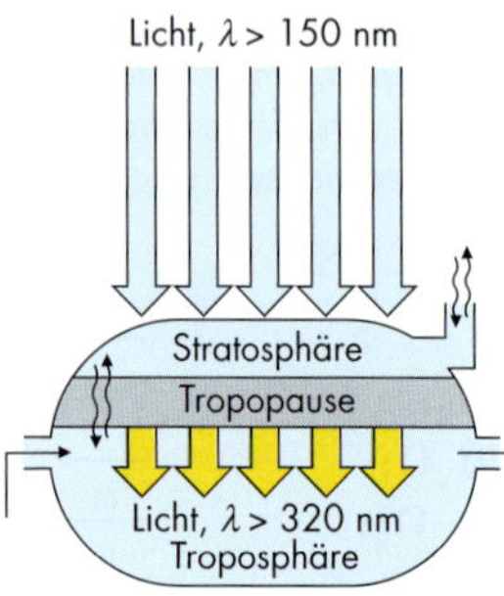

$$O_2 \xrightarrow[h\nu_1]{\lambda < 240\ nm} O + O$$

$$O + O_2 + M \rightarrow O_3 + M$$

$$O_3 + O \longrightarrow 2\,O_2$$

$$O_3 \xrightarrow[h\nu_2]{\lambda < 300\ nm} O_2 + O$$

$$3\,O_2 \underset{+\,h\nu_2}{\overset{+\,h\nu_1;\ -\Delta}{\rightleftharpoons}} 2\,O_3$$

B1 *Zweikammer-Photoreaktor-Modell der Atmosphäre und Chapman-Zyklus des Ozon-Gleichgewichts in der Stratosphäre (M: inertes Molekül; Δ: Wärme).*
A: *Erläutern Sie, warum die Wellenlängen des Licht in den beiden Kammern unterschiedlich sind.*

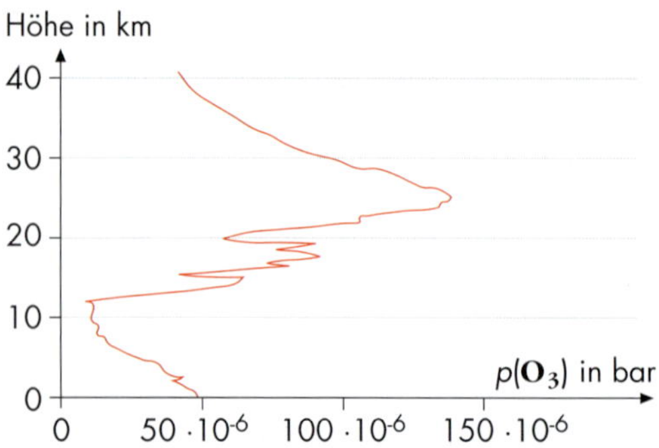

B2 *Vertikales Ozon-Profil.* **A:** *Warum ist der Ozongehalt in der Stratosphäre höher als in der Troposphäre?*

Ozonkillern auf der Spur – ein Modellversuch zur Photochemie der Atmosphäre

V1 Eine Sauerstoff-Atmosphäre, die mit 40 mL Kaliumiodid-Lösung*, w = 10%, 10 mL Schwefelsäure*, c = 0,025 mol/L, und einigen Tropfen Stärke-Lösung unterschichtet ist, wird unter starker Rührung 20 min lang in einem wassergekühlten Tauchlampenreaktor (V = 450 mL) mit einer 150-Watt-Quecksilberhochdrucklampe bestrahlt. 20 mL der inzwischen tiefblauen Lösung werden zuerst mit Natriumthiosulfat-Lösung*, c = 0,001 mol/L, bis farblos titriert und anschließend (nach Zugabe von Bromthymolblau) mit Natronlauge*, c = 0,005 mol/L, bis zum Blauumschlag. In einem zweiten Ansatz werden dem Sauerstoff 30 mL Dichlordifluormethan* CF_2Cl_2 zugesetzt.

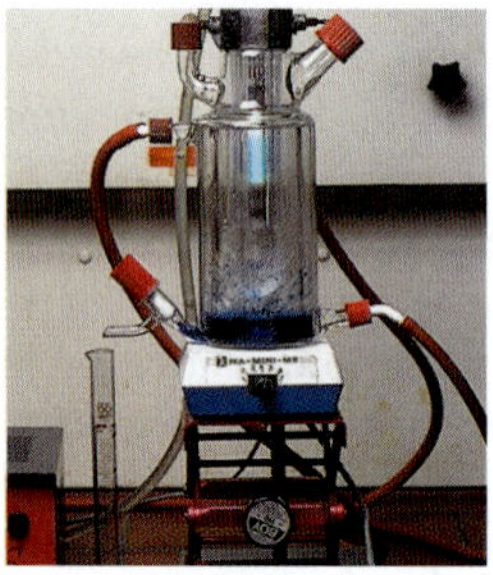

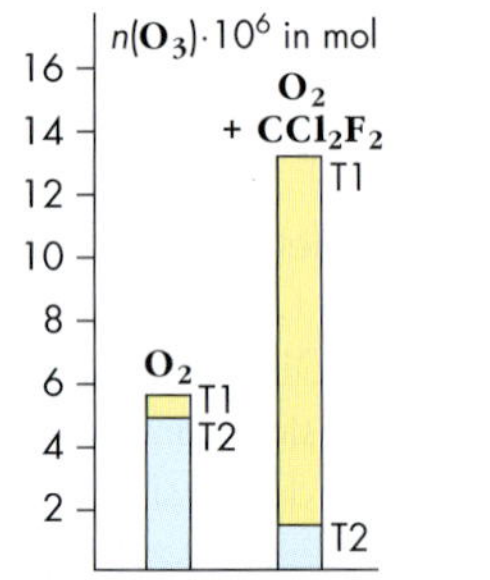

B3 *Apparatur zur Erzeugung und quantitativen Bestimmung von Ozon und Ergebnisse bei der Bestrahlung von reinem Sauerstoff bzw. Sauerstoff mit FCKW.*
A: *Vergleichen Sie die Reaktionen (1) und (2) und begründen Sie, warum stark gerührt werden muss.*

Auswertung

In der Gasphase bildet sich Ozon:

$$3O_2(g) \rightleftharpoons 2O_3(g) \qquad (1)$$

Es kommt jedoch gar nicht zur Einstellung des formulierten Gleichgewichts, weil das gebildete Ozon an der Phasengrenze ständig nach folgender Gleichung weg reagiert:

$$O_3(g) + 2I^-(aq) + 2H^+(aq) \rightarrow$$

$$O_2(g) + I_2(aq) + H_2O(l) \qquad (2)$$

Bei der ersten Titration T1 wird das gebildete Iod bestimmt, bei der zweiten die Restsäure aus der Lösung. Mithilfe von (2) wird jeweils das Ozon berechnet. Da sich Iod auch auf anderem Wege als nach (2) bilden kann (beispielsweise: $2Cl\cdot + 2I^- \rightarrow 2Cl^- + I_2$), gibt die Säure-Titration T2 den zuverlässigeren Wert über das Ozon. Die Ergebnisse in B3 zeigen, dass Dichlordifluormethan den Gehalt an Ozon im Reaktor negativ beeinflusst (vgl. auch S. 81).

A: Die Bedingungen im Modellversuch und in der Natur unterscheiden sich in vielerlei Hinsicht (Zusammensetzung der Atmosphäre, Temperatur, Druck, Licht, offenes oder geschlossenes System u. a.). Erläutern Sie die Unterschiede. Warum müssen Ergebnisse aus Modellexperimenten sehr vorsichtig bewertet werden?

3 mm Ozon – der Filter für das Leben

Der Chlor-Katalyse-Zyklus – eine Ozon-Senke in der Stratosphäre

Seit im Jahr 1984 über der Antarktis eine Abnahme des stratosphärischen Ozons von bis zu 40% gemessen wurde, gibt es das Schlagwort **Ozonloch**. Damit bezeichnet man die starke Ausdünnung der Ozonschicht über einer geographischen Region. Das Ozonloch tritt seit dem Jahr 1984 regelmäßig für einige Wochen während des polaren Frühlings rund um den Südpol auf (B5). Auch über Teilen der nördlichen Halbkugel treten seit dem Jahr 1992 in den Monaten Februar und März Ozonlöcher auf.

Es gilt als gesichert, dass die **FCKW**, die als anthropogene Emissionen in die Atmosphäre gelangen, zur Ausbildung des Ozonlochs beitragen. Sie sind an Reaktionszyklen beteiligt, die erst durch das UV-Licht in der Stratosphäre ausgelöst werden und zum Ozon-Abbau führen (B4). Solche Reaktionszyklen bezeichnet man als **Ozon-Senken** (Gegenteil: Ozon-Quellen).

$$F_2ClC-Cl \xrightarrow[h\nu]{\lambda < 340\,nm} F_2ClC\cdot + Cl\cdot$$

$$Cl\cdot + O_3 \longrightarrow ClO\cdot + O_2$$

$$ClO\cdot + O \longrightarrow Cl\cdot + O_2$$

$$ClO\cdot + NO_2\cdot \underset{\text{Frühjahr}}{\overset{\text{Winter}}{\rightleftarrows}} ClNO_3$$

B4 *Der Chlor-Katalyse-Zyklus, eine stratosphärische Ozon-Senke.* **A:** *Skizzieren Sie den Zyklus wie in B5, S. 79.* **A:** *Erläutern Sie, warum und wie diese Reaktionen den Chapman-Zyklus (B1) beeinflussen.*

Bei vermindertem Ozongehalt in der Stratosphäre gelangt mehr UV-Strahlung (UV-A: 320 nm < λ < 380 nm; UV-B: 280 nm < λ < 320 nm) auf die Erdoberfläche. Besonders die „härtere" UV-B Strahlung schädigt Pflanzen, Tiere und Menschen nachhaltig. Sie zerstört die Blattpigmente, führt zur Erblindung von Tieren und verursacht Hautkrebs.

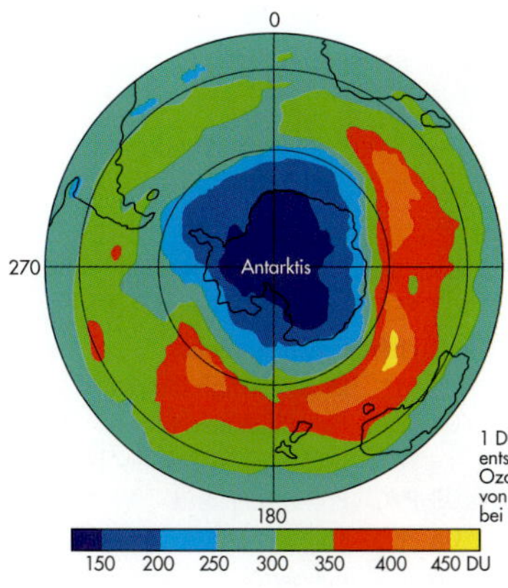

B5 *Ozonloch am 5. Oktober 1987 über dem Südpol.* **A:** *Um wie viel Prozent lag der Ozongehalt niedriger als der Normalwert von 300 DU?*

Fluorchlorkohlenwasserstoffe FCKW – eine Stoffgruppe mit Nachwirkung

Dass die Verbrennung von Benzin und Diesel, die aus Erdöl gewonnen werden, Schadstoffe erzeugt und den Treibhauseffekt sowie den Photosmog mitverursacht, leuchtet ein (vgl. S. 74 bis 79). Was aber haben das stratosphärische Ozon und das Ozonloch mit Erdöl und Produkten aus Erdöl zu tun?

Die Ozonkiller FCKW sind Produkte der Petrochemie. Diese Stoffe sind vorwiegend Derivate (Abkömmlinge) des Methans und des Ethans, bei denen alle Wasserstoff-Atome aus den Molekülen durch Fluor- und Chlor-Atome ersetzt sind. FCKW haben als Gase niedrige Siedetemperaturen, sind ungiftig, unbrennbar, wasserunlöslich und chemisch äußerst stabil. Sie erschienen ideal für einige Anwendungen und wurden einige Jahrzehnte (etwa in den Jahren von 1950 bis 1990) in großen Mengen als Treibgase bei Sprays und bei der Herstellung von geschäumten Kunststoffen sowie als Kälteflüssigkeiten in Kühlschränken eingesetzt. Die in die Atmosphäre entweichenden FCKW werden aufgrund ihrer Reaktionsträgheit in der Troposphäre nicht abgebaut und gelangen wegen ihrer großen Dichte nur langsam, in etwa 10 Jahren nach ihrer Freisetzung, in die Stratosphäre. Erst hier sind Reaktionsbedingungen für ihren Abbau vorhanden, nämlich UV-Licht mit Wellenlängen λ < 340 nm (vgl. Chlor-Katalyse-Zyklus in B4).

Seit die Wirkung der FCKW beim stratosphärischen Ozon-Abbau erkannt ist, wurden ihre Produktion und ihr Einsatz zunächst in der westlichen Welt und dann nach und nach in allen Ländern eingestellt. Ersatzstoffe wurden entwickelt, geprüft und eingeführt.

Am Beispiel der FCKW wird deutlich, dass technischer Fortschritt immer auch Risiken in sich birgt, die nicht sofort erkannt werden können. Um die Risiken bei neuen technischen Entwicklungen möglichst gering zu halten, müssen wir aus den Erfahrungen und dem Wissen unserer Vorgänger lernen.

Fluorchlorkohlenwasserstoffe FCKW		
Abkürzung des Industrieprodukts	**Formel**	**Anwendungen**
FCKW 11	CCl_3F	Treibmittel in Sprühdosen, Kältemittel
FCKW 12	CCl_2F_2	Schäumung von Kunststoffen, Kältemittel
Ersatzstoffe: HFKW		
R 134 a	CF_3CFH_2	Kältemittel, pharmazeutische Aerosole
R 356	$CF_3CH_2CH_2CF_3$	Hartschäume, Kältemittel

B6 *Einige FCKW und ihre Ersatzstoffe.* **A:** *Erläutern Sie, warum auch die Ersatzstoffe „Kinder der Petrochemie" sind. Wodurch unterscheiden sie sich von den FCKW?*

TRAINING

A1 Es ist sehr schwierig, aus Erdöl einen ganz bestimmten Stoff allein durch Destillation abzutrennen. Begründen Sie den Sachverhalt.

A2 Geben Sie die Valenzstrichformeln (Strukturformeln) und die Struktursymbole der folgenden Kohlenwasserstoffe an:
2,3-Dimethylpentan, 2-Methyl-2-buten, 1-Methylcyclopenten.

A3 Über 40% Massenanteil im Super-Benzin sind Isomere mit den Summenformeln C_5H_{12}, C_6H_{14} und C_8H_{18}. Schreiben Sie die Struktursymbole von 10 dieser Isomere auf und benennen Sie sie.

A4 Super-Benzin muss nach den DIN-Vorschriften ein Siedeende von maximal 215 °C haben, d.h. bis zu dieser Temperatur muss die gesamte Flüssigkeit verdampft sein. Welche der in B4, S. 48, angegebenen Alkane sind demnach nicht im Super-Benzin enthalten? Begründung.

A5 Diethylether, auch einfach als Ether bekannt, hat die Halbstrukturformel $CH_3CH_2OCH_2CH_3$ und siedet bei 35 °C. a) Nennen und formulieren Sie drei zu Diethylether isomere Alkohole (*Hinweis:* vgl. S. 50). b) Um welche der drei Isomeriearten aus B5, S. 51, handelt es sich hierbei? c) Wie kann man die sehr viel niedrigere Siedetemperatur des Ethers erklären?

A6 Nennen Sie die Arbeitsschritte und formulieren Sie die Reaktionen bei der Synthese von Methyl-*tert.*-butylether MTBE ausgehend von Erdöl.

A7 Normal-Benzin enthält bis zu 3 Vol.-% MTBE, Super bis zu 5,4 Vol.-% und Super-Plus bis zu 10 Vol.-%. a) Welche Funktion hat MTBE im Benzin? b) Wie viel Liter MTBE werden von Ihnen und Ihrer Familie pro Woche getankt und in Motoren verbrannt?

A8 Bei der Dimerisierung von Isobuten entstehen isomere Octene, von denen eines durch Hydrierung (Anlagerung von Wasserstoff an die Doppelbindung) 2,2,4-Trimethylpentan gibt (vgl. Fußnote auf S. 47). Formulieren Sie die Reaktionen.

A9 Bei der Pyrolyse von Polyethylen, d.h. beim starken Erhitzen unter Luftabschluss (B1), bilden sich flüssige und gasförmige, wasserunlösliche Produkte. Sowohl die flüssigen als auch die gasförmigen entfärben Bromwasser. Formulieren Sie je eine Verbindung aus dem flüssigen und aus dem gasförmigen Gemisch und begründen Sie.

A10 Bei V1, S. 56, wurden aus 30 mL eines Kohlenwasserstoffs 90 mL Kohlenstoffdioxid erhalten. Bei V2, S. 56, erhielt man aus 20 mL dieses Kohlenwasserstoffs 80 mL Gas. Um welchen Kohlenwasserstoff handelt es sich? Begründen Sie ausführlich.

A11 Erläutern Sie mithilfe von B2, warum sich sortenreiner Abfall besser recyclen lässt als gemischter Abfall.

A12 Überprüfen Sie Kunststoffverpackungen auf die Kennzeichnung aus B3 und nennen Sie Möglichkeiten des Recyclings.

A13 Erläutern Sie den Unterschied zwischen Wintersmog (saurer Smog) und Sommersmog (Photosmog). Nennen Sie die jeweils darin enthaltenen Schadstoffe.

A14 Warum gilt aus unserer Sicht für Ozon „oben gut, unten schlecht"? Erläutern Sie ausführlich.

A15 Welche der in B3, S. 72, angegebenen Hauptspurenstoffe und Spurenstoffe in der Atmosphäre werden durch die technische Nutzung von Erdöl und Erdgas in ihrem Gehalt unmittelbar beeinflusst? Erläutern Sie die Zusammenhänge.

A16 Sammeln Sie im Verlauf einiger Wochen Medienberichte zu den Schlagwörtern Treibhauseffekt, Photosmog und Ozonloch. Vergleichen Sie die Darstellung in den Medien mit den Ausführungen von S. 72 bis S. 81.

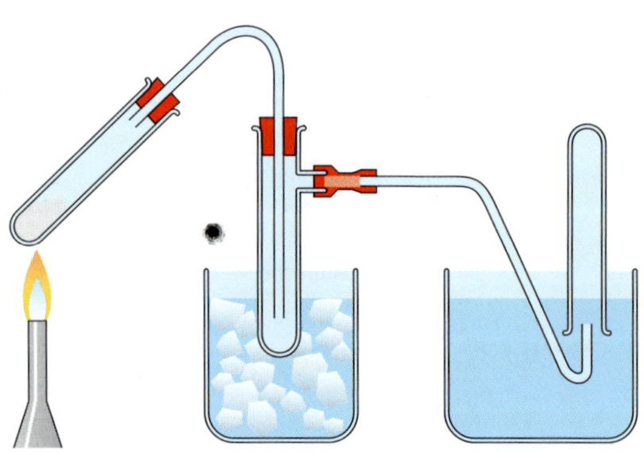

B1 *Pyrolyse von Polyethenpulver*

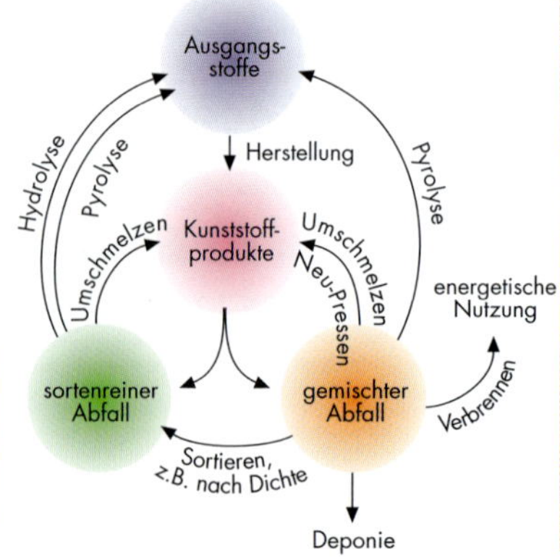

B2 *Kunststoff-Kreislauf*

Bedeutung der Ziffern:

01	PET	Polyethenterephthalat
02	PE-HD	Polyethen hoher Dichte („High densitiy")
04	PE-LD	Polyethen niedriger Dichte („low densitiy")
03	PVC	Polyvinylchlorid
05	PP	Polypropen
06	PS	Polystyrol
07	O	Sonstige („Others")

B3 *Kennzeichnung von Kunststoffen*

STOFFKREISLÄUFE

Aus Erfahrung wissen wir, dass die in der Natur vorkommenden Stoffe fortwährenden Veränderungen unterworfen sind. Man kann sich die Natur als ein gigantisches chemisches Laboratorium vorstellen, in dem die Stoffe in einem andauernden Kreislauf auf- und abgebaut werden. Der Mensch ist ein Teil dieser Stoffkreisläufe, greift aber auch aktiv in sie ein, indem er ihnen Stoffe entzieht und in veränderter Form wieder zuführt. Daher ist in diesem Kapitel für uns die Leitfrage wichtig: „Wie laufen Stoffkreisläufe in der Natur und Technik ab?"
Nur wenn wir Antworten auf diese Frage erhalten, können wir die Folgen unseres Handelns verstehen. In diesem Zusammenhang sollen weitere Fragen erörtert werden:

1. **Wo kann man in Natur, Umwelt und Technik Beispiele für Stoffkreisläufe finden?**

2. **Welche Stoffe sind an Stoffkreisläufen beteiligt?**

3. **Welche Gemeinsamkeiten und Unterschiede haben Stoffkreisläufe in der Natur und in der Technik?**

4. **Was versteht man unter „energiereichen Verbindungen" und wie werden sie aufgebaut?**

...

B1 *Facetten zum Thema „Stoffkreisläufe"*

Die an den natürlichen Stoffumwandlungen beteiligten Stoffe haben über Jahrmillionen auf der Erde einen Zustand erreicht, in dem ihre Konzentrationen zeitlich annähernd konstant sind.
Der Mensch nutzt und verarbeitet natürliche Rohstoffe. Die dabei produzierten Stoffe haben Einfluss auf die natürlichen Stoffkreisläufe. Auf den folgenden Seiten werden wir unsere Kenntnisse über das chemische Gleichgewicht auf Stoffkreisläufe in Natur, Umwelt und Technik anwenden und dabei zu nützlichen Erkenntnissen gelangen.

(5) Wie werden unsere Nährstoffe im Körper „verbrannt"?

(6) Wie können verbrauchte Nährstoffe im Boden ersetzt werden?

(7) Wie stellt man Düngemittel industriell her?

(8) Welche Konsequenzen können die Eingriffe des Menschen in die natürlichen Stoffkreisläufe haben?

B2 *Die Bavaria-Buche (links im Sommer, rechts im Herbst) ist mit etwa 800 Jahren einer der ältesten Bäume Deutschlands.* **A:** *Inwiefern ist der Baum an Stoffkreisläufen in der Natur beteiligt?*

Speicherort	Verbindungen	Masse in Gt
Sediment	Carbonate Ölschiefer	100.000.000
Meerwasser	Kohlenstoffdioxid Hydrogencarbonat	40.000
Fossile Brennstoffe	Kohle, Erdöl, Erdgas	5.000
Boden	Humus, Torf ...	1.500
Vegetation	Lebende Biomasse	550
Atmosphäre	Kohlenstoffdioxid	750

B3 *Kohlenstoff-Speicher auf der Erde (Gt = Gigatonne)*

An den in der belebten Natur vorkommenden Stoffkreisläufen sind in erster Linie Kohlenstoffverbindungen beteiligt. Etwa ein Sechzigtausendstel der Erdmasse besteht aus dem Element Kohlenstoff. Auf der Erde ist Kohlenstoff in unterschiedlichen Verbindungen gespeichert. Die wichtigsten dieser Verbindungen, ihre Mengen und Speicherorte sind in B3 wiedergegeben.
Der Kohlenstoff unterliegt zahlreichen Umwandlungsprozessen und Kreisläufen (B4). Durch Photosynthese, Diffusion in Meereswasser und Sedimentation wird der Atmosphäre ständig Kohlenstoffdioxid entzogen. Umgekehrt wird z. B. durch Atmung, Verbrennung, Zersetzung und Vulkanismus der Atmosphäre Kohlenstoff in Form von Kohlenstoffdioxid zugeführt. Die Bilanz all dieser Umwandlungsprozesse ist in der Natur weitgehend ausgeglichen.

Durch Brandrodung und Verbrennung der fossilen Brennstoffe werden der Atmosphäre aber jährlich ca. 7,6 Gt (Gigatonnen) Kohlenstoff zusätzlich als Kohlenstoffdioxid zugeführt. Man schätzt, dass diese erhöhte Zufuhr an Kohlenstoffdioxid zum Teil durch vermehrte Photosynthese und erhöhte Diffusion in das Meerwasser kompensiert wird. Weltweite Messungen zeigen, dass der Kohlenstoffdioxidgehalt in der Atmosphäre um ca. 3 Gt pro Jahr zunimmt. Berechnungen zufolge führt das bis zum Jahr 2050 zu einem mittleren Temperaturanstieg in der Atmosphäre um 2,5 °C.

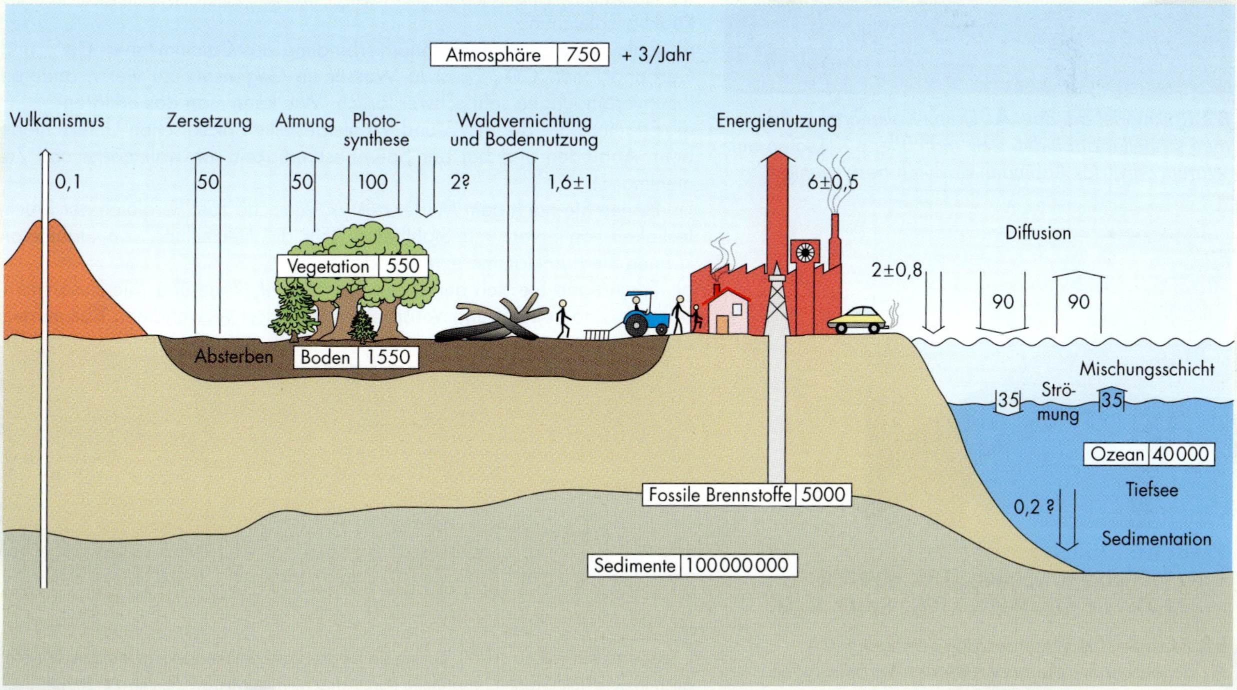

B4 *Stoffkreisläufe des Kohlenstoffs mit Stoffströmen (alle Angaben Gigatonnen Gt: 1 Gt = 10^9 t).* **A:** *Stellen Sie Kohlenstoffdioxid freisetzende und bindende Vorgänge in der Natur gegenüber. Auf welche hat der Mensch einen Einfluss?*

Steinhart und butterweich

B1 *Kalkstein in den Kalkalpen.* **A:** *Was lässt sich aus diesem Sachverhalt über die Wasserlöslichkeit von Kalkstein schließen?*

B2 *Kalkmörtel am Bau.* **A:** *Damit Kalkmörtel in Räumen schneller abbindet, stellt man offene Koksöfen auf. Warum wird das Abbinden dadurch beschleunigt?*

Zement:
CaO (60% bis 90%), SiO_2 (18% bis 24%),
+... Al_2O_3, Fe_2O_3, MgO, TiO_2, Na_2O, K_2O.

B3 *Formale Zusammensetzung von Zement.*
A: *Benennen Sie die angegebenen Verbindungen.*
A: *Warum ist eine exakte Formel wie beim Kalkstein* $CaCO_3$ *nicht möglich?*

Versuche

V1 Erhitzen Sie ein kleines, abgewogenes Stückchen Marmor (Calciumcarbonat) auf einer Magnesiarinne 5 min lang in der sehr heißen Brennerflamme auf Glühtemperatur[1]. a) Stellen Sie nach dem Abkühlen die Massenänderung fest. b) Bringen Sie auf den gebrannten Kalk* aus a) zwei Tropfen Wasser und einen Tropfen Phenolphthalein-Lösung. Beobachtung? Führen Sie diesen Test auch mit einem Stückchen ungebrannten Marmors durch und vergleichen Sie die Ergebnisse.

V2 Geben Sie in eine Porzellanschale ca. 2 g Calciumoxid* (gebrannter Kalk), halten Sie ein Thermometer hinein und übergießen Sie mit kleinen Portionen Wasser. Rühren Sie vorsichtig und beobachten Sie die Temperatur. Tupfen Sie etwas von dem erhaltenen Brei* (Löschkalk*) auf einen Streifen Indikatorpapier. Beobachtung?

V3 Bestreichen Sie ein Filterpapier ca. 1 mm dick mit gelöschtem Kalk* aus V2 und lassen Sie es einige Tage an der Luft liegen. Tropfen Sie auf den abgebundenen Kalk etwas Salzsäure*, $c = 0{,}1$ mol/L. Beobachtung? Führen Sie den Salzsäure-Test auch mit einem Stückchen Marmor durch und vergleichen Sie die Ergebnisse.

V4 Mischen Sie Zementpulver mit der doppelten Menge Sand und mit Wasser zu einem zähen Brei und füllen Sie damit zwei Streichholzschachteln. Legen Sie eine der Schachteln mit Betonmischung in eine Schale unter Wasser und lassen Sie die andere an der Luft stehen. Prüfen Sie nach einigen Tagen die Härte des Betons aus den beiden Schachteln mit dem Hammer und die Beständigkeit gegen Salzsäure* und Natronlauge*, jeweils $c = 0{,}1$ mol/L.

Auswertung

a) Deuten Sie alle Versuchsbeobachtungen aus V1 bis V3 und formulieren Sie die Reaktionsgleichungen für das Kalkbrennen (V1), das Kalklöschen (V2) und das Abbinden des gelöschten Kalks (V3). Geben Sie jeweils auch die Zustandssymbole *s*, *l*, *g* und *aq* der Verbindungen an (*Hinweis:* vgl. B6).

b) Welches Gas entweicht bei der Reaktion von Calciumcarbonat mit Salzsäure in V3? Formulieren Sie die Reaktionsgleichung.

c) Beim Einleiten von Kohlenstoffdioxid in Kalkwasser fällt ein weißer Niederschlag aus. Um welche Verbindung handelt es sich? Formulieren Sie die Reaktionsgleichung.

d) Calciumcarbonat, eine Ionenverbindung aus Calcium-Ionen Ca^{2+} und Carbonat-Ionen CO_3^{2-}, ist in Wasser im Gegensatz zu vielen anderen Ionenverbindungen sehr schwer löslich. Wie kann man das erklären?

e) Erläutern Sie die in V3 und V4 festgestellten praktischen Unterschiede beim Abbinden und bei der Säurebeständigkeit von Kalkmörtel und Zementmörtel.

f) Planen Sie nach dem Muster aus V4 Versuche zum Vergleich der Bruchfestigkeit von Beton und Stahlbeton. (Für die Herstellung von Stahlbeton können Sie Büroklammern verwenden.)

g) Erkundigen Sie sich auf einem Bau in Ihrer Nähe über die Zusammensetzung, Zubereitung und Verarbeitung des dort verwendeten Kalkmörtels und Zementmörtels.

[1] Temperaturen von ca. 1000 °C, wie sie für das Kalkbrennen benötigt werden, können auch in einer mit Graphit besprühten Porzellanschale im Mikrowellenherd erzeugt werden. Genaue Arbeitsanleitungen dazu sind im Internet unter www.uni-frankfurt.de/didachem/zu finden.

Kalk-Kreislauf in der Bauindustrie

Aus hartem **Kalkstein**, dessen Hauptbestandteil Calciumcarbonat $CaCO_3$ ist, wird eine butterweiche Paste, wenn man ihn zunächst „brennt“ und dann „löscht“ (V1, V2, B6). Beim Brennen bildet sich **Branntkalk** (Calciumoxid) und beim anschließenden Löschen **Löschkalk**[1] (Calciumhydroxid). Löschkalk und Sand werden zu **Kalkmörtel** vermischt, mit dem man Ziegelsteine vermauert. Beim Abbinden reagiert das Calciumhydroxid mit Kohlenstoffdioxid aus der Luft und bildet erneut Calciumcarbonat. Kalkmörtel ist daher ein sog. **Luftmörtel**. Wegen des geringen Gehalts von Kohlenstoffdioxid in der Luft ist zur Erhärtung des Mörtels viel Zeit erforderlich. Weil beim Erhärten Wasser frei wird, „schwitzen“ die Wände in Neubauten längere Zeit. Unter Luftabschluss kann der Kalk- oder Luftmörtel nicht härten.

Beim Brennen, Löschen und Abbinden laufen einfache chemische Reaktionen ab, die aneinandergefügt einen **Stoffkreislauf** ergeben (V1 bis V3 und B6). Calciumcarbonat gelangt dabei aus dem natürlichen Kalkstein in die Mauern unserer Häuser. Der technisch aufwendigste Schritt in diesem Kreislauf ist das Kalkbrennen. Es wird industriell in beheizten Drehrohröfen bei ca. 1 000 °C durchgeführt. Der gebrannte Kalk wird gemahlen und entweder im Kalkwerk oder an der Baustelle mit Wasser gelöscht. Der Löschkalk fällt als dicker, weißer Teig an. Da dieser Kreislauf des Calciumcarbonats durch menschliche Tätigkeiten zustande kommt, spricht man vom **technischen Kalk-Kreislauf**. Dabei ist die Stoff- und Energiebilanz zwar formal ausgeglichen (B6), in der Praxis aber mit dem Verbrauch von fossilen Brennstoffen verbunden.

Durch Zusammenschmelzen von gemahlenem Kalkstein und **Ton**[2] in Drehrohröfen bei 1 500 °C gewinnt man **Zement**, einen der wichtigsten Baustoffe unserer Zeit (V4, B3 und B5). **Zementmörtel**, ein Gemisch aus Zement, Sand und Wasser, ist im Gegensatz zu Kalkmörtel ein **Wassermörtel,** weil er ohne Luft abbindet. Aus Zement, Wasser, Sand und Kies wird Beton hergestellt, dessen Struktur ähnlich der natürlicher Silikate ist. Fügt man ein Stahlgerüst ein, so erhält man bruch- und zugfesten **Stahlbeton**.

B4 *Drehrohrofen.* **A:** *Welches Gas entweicht hier in die Umwelt?*

B5 *Tower am Flughafen.* **A:** *Nennen Sie andere Bauwerke aus Stahlbeton.*

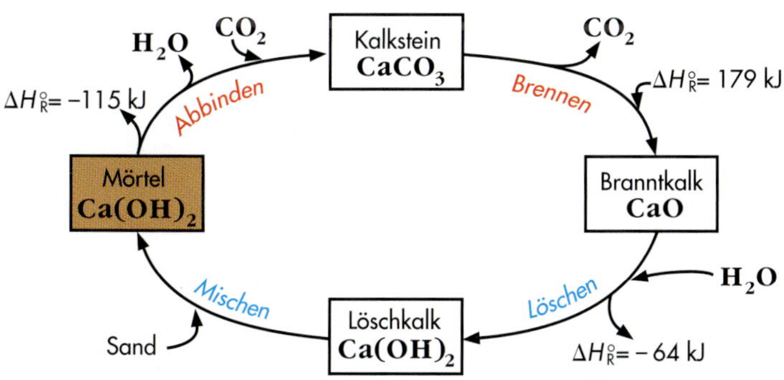

B6 *Kalk-Kreislauf in der Bauindustrie.* **A:** *Berechnen Sie aus den Angaben der Reaktionsenthalpien die Energiebilanz des Kreislaufs.*

Aufgaben

A1 Ermitteln und erläutern Sie die Stoffbilanz beim technischen Kalk-Kreislauf mithilfe von B6 und der Auswertung a) von S. 86.

A2 Erläutern Sie, inwiefern beim technischen Kalk-Kreislauf „wertvolle“ Energie in „wertlose“ Energie umgewandelt wird (vgl. auch A in B6).

A3 Auf S. 93 und in der dort genannten Flash-Animation im Internet wird der **natürliche Kalk-Kreislauf** beschrieben. Nennen und erläutern Sie die Gemeinsamkeiten und die Unterschiede von technischem und natürlichem Kalk-Kreislauf.

Fachbegriffe

Kalkstein, Branntkalk, Löschkalk[1], Luftmörtel, Wassermörtel, Zement, Beton, Ton[2], technischer Kalk-Kreislauf

---

[1] Calciumhydroxid $Ca(OH)_2$ ist nur schlecht wasserlöslich. Der **Löschkalk** ist im Wesentlichen eine Aufschlämmung von Calciumhydroxid in Wasser. **Kalkwasser** ist verdünnte, klare Calciumhydroxid-Lösung.

[2] Ton besteht aus Aluminiumsilikaten, Verbindungen aus Silicium, Sauerstoff und Aluminium mit unterschiedlichem Wassergehalt.

Im Alltag: Soda und Natron

B1 *Soda und Natron*

Versuche

V1 Geben Sie auf zwei Uhrgläser je einige Tropfen einer verdünnten Lösung von Soda* (Waschsoda aus der Drogerie) und Natron. Halten Sie jeweils ein ausgeglühtes Magnesiastäbchen in die Lösung und anschließend in die nicht leuchtende Brennerflamme. Beobachtung?

V2 Lösen Sie eine Spatelspitze Soda* und eine Spatelspitze Natron in etwas Wasser, das mit Universalindikator versehen ist. Bestimmen Sie den *p*H-Wert der Lösung durch Vergleich mit der Farbskala. Falls vorhanden, ermitteln Sie die *p*H-Werte mit einem *p*H-Messgerät.

V3 Geben Sie etwas verdünnte Salzsäure* auf eine kleine Probe Soda* bzw. Natron. Beobachtung?

V4 Führen Sie V3 noch einmal durch. Geben Sie die Proben in einen Erlenmeyerkolben, setzen Sie nach der Zugabe der Salzsäure* Gasableitungsrohre auf und leiten Sie das entstehende Gas durch Kalkwasser*.

V5 *Quantitative Untersuchung der Gasentwicklung (I):* Geben Sie zu einem deutlichen Überschuss (10 g) an Soda* bzw. Natron in je einem Erlenmeyerkolben genau 10 mL Salzsäure*, c = 1 mol/L, nach B3. Ermitteln Sie mit der Präzisionswaage die Masse des entweichenden Kohlenstoffdioxids.

V6 *Quantitative Untersuchung der Gasentwicklung (II):* Geben Sie in die Apparatur zu V5 nun je 1 g Soda* bzw. Natron in einen Überschuss (30 mL) an Salzsäure*, c = 1 mol/L. Ermitteln Sie die Masse des entweichenden Kohlenstoffdioxids.

V7 Füllen Sie den Inhalt eines Päckchens Backpulver in eine leere Sprudelflasche. Gießen Sie 100 mL Essig hinzu und stülpen Sie einen Luftballon über die Flaschenöffnung. (*Hinweis:* Luftballon vorher mehrmals aufblasen, damit der Gegendruck nicht zu stark ist.)

Auswertung

a) Welche Bestandteile von Soda und Natron werden mit den Versuchen V1, V3 und V4 nachgewiesen?

b) Vergleichen Sie die Ergebnisse von V5 und V6. Erklären Sie, welcher der beiden Versuche den alten Namen „Natriumbicarbonat" für Natron verdeutlicht.

c) Berechnen Sie bei V5 und V6 jeweils die theoretische Ausbeute an Kohlenstoffdioxid und vergleichen Sie die Ergebnisse mit Ihren Messwerten.

d) Zu etwas besseren Übereinstimmungen mit den theoretischen Werten kommt man, wenn man den Erlenmeyerkolben vor Beginn der Reaktion mit Kohlenstoffdioxid füllt. Begründung?

e) Wie könnte man das Volumen des im Luftballon gesammelten Gases experimentell bestimmen? Welches Gasvolumen kann aus 1 Päckchen Backpulver [$m(NaHCO_3)$ = 2 g] maximal entwickelt werden?

B2 *Aufbau zur quantitativen Untersuchung der Reaktion von Soda und Natron mit Salzsäure*

In der Chemie: Natriumcarbonat und Natriumhydrogencarbonat

Die beiden Natriumsalze der Kohlensäure sind uns aus der Küche und dem Haushalt bekannt. Es sind Natriumcarbonat oder Soda Na_2CO_3 und Natriumhydrogencarbonat oder Natron $NaHCO_3$. Natron ist wesentlicher Bestandteil von Backpulver, von Tabletten gegen Sodbrennen (Bullrichsalz) und von Brausepulver, während Soda als Bestandteil von Geschirrspülmitteln für Spülmaschinen und von Waschmitteln eine wichtige Rolle spielt. Natriumcarbonat kommt in der Natur in Sodaseen (B4), die es in Afrika und in Amerika gibt, vor. In einigen Heilquellen, beispielsweise bei Karlsbad, tritt Natursoda in Form von Bodenausblühungen auf. Wegen seiner wirtschaftlichen Bedeutung ist Natriumcarbonat eine Grundchemikalie und wird in großen Mengen industriell hergestellt (S. 91).

Große Mengen von Soda werden für die Glasherstellung (B3) benötigt, bei der Quarzsand mit Soda und Kalkstein vermischt und geschmolzen wird.

Auch wenn die beiden Stoffe Natriumcarbonat und Natriumhydrogencarbonat auf den ersten Blick sehr ähnlich aussehen und auch ähnliche Reaktionen zeigen (V1 und V3), dürfen sie nicht verwechselt werden. Schließlich zeigt die wässrige Lösung von Natriumcarbonat eine stark alkalische Reaktion, während die wässrige Lösung von Natriumhydrogencarbonat nur schwach alkalisch reagiert (V2). Dies ist darauf zurückzuführen, dass die Carbonat-Ionen CO_3^{2-} wesentlich stärker als Base wirken als die Hydrogencarbonat-Ionen HCO_3^-. Dabei laufen in wässriger Lösung folgende Reaktionen ab:

$$CO_3^{2-}(aq) + H_2O(l) \rightleftharpoons HCO_3^-(aq) + OH^-(aq) \qquad (1)$$
$$HCO_3^-(aq) + H_2O(l) \rightleftharpoons [H_2CO_3]^1(aq) + OH^-(aq) \qquad (2)$$

Bei (1) reagieren die Carbonat-Ionen als starke Basen mit Wasser-Molekülen fast vollständig zu Hydrogencarbonat-Ionen und Hydroxid-Ionen (stark alkalische Reaktion). Bei (2) liegt das Gleichgewicht auf der linken Seite. Hier bilden sich nur zu einem geringen Teil Hydroxid-Ionen, die Lösung ist nur schwach alkalisch.

Beide Salze entwickeln bei der Reaktion mit Salzsäure Kohlenstoffdioxid gemäß:

$$Na_2CO_3(s) + 2\,HCl(aq) \rightarrow 2\,NaCl(aq) + CO_2(g) + H_2O(l)$$
$$NaHCO_3(s) + HCl(aq) \rightarrow NaCl(aq) + CO_2(g) + H_2O(l)$$

Bei gleicher Stoffmenge an Salzsäure wird bei der Reaktion des Natriumhydrogencarbonats doppelt soviel Kohlenstoffdioxid (V5) entwickelt wie bei der des Natriumcarbonats. Daher stammt auch der alte, etwas verwirrende Name „Natriumbicarbonat" für $NaHCO_3$.

Aufgaben

A1 Vergleichen Sie die Angaben auf den Verpackungen verschiedener Haushaltswaren (Backpulver, Waschmittel und Geschirrspülmittel) bezüglich des Gehalts an Natriumcarbonat und Natriumhydrogencarbonat.

A2 Erklären Sie die schichtweise Ablagerung von Natron und Soda am Sodasee (B4).

[1] Reine Kohlensäure ist in Lösung nicht existenzfähig, sie zerfällt nach $H_2CO_3 \rightarrow CO_2 + H_2O$ in Kohlenstoffdioxid und Wasser.

B3 *Kontinuierliche Herstellung von Fensterglas.*
A: *Warum muss die Glasschmelze langsam und gleichmäßig abgekühlt werden?*

B4 *Sodasee in Afrika*

Fachbegriffe

Soda (Natriumcarbonat),
Natron (Natriumhydrogencarbonat)

Sodaherstellung im Labor

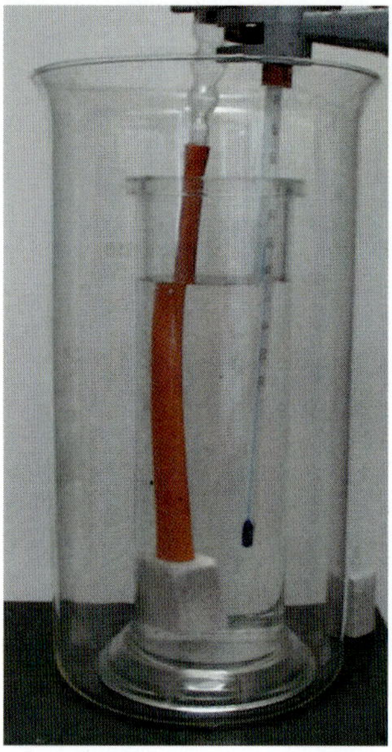

B1 *Laborversuch zur Herstellung von Soda*

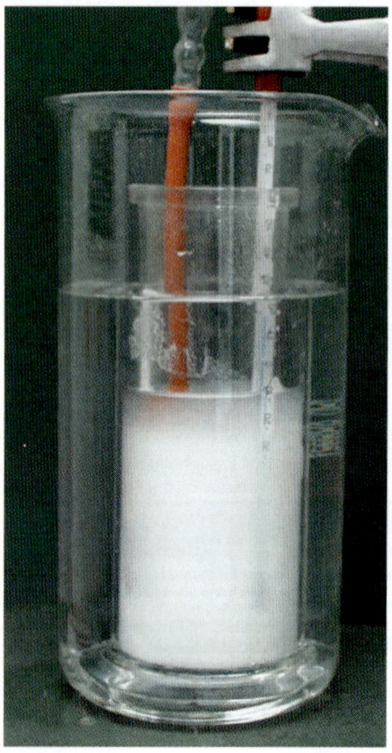

B2 *Nach ca. 15 bis 20 min*

Salz	Löslichkeit in g/100 g Wasser
$NaHCO_3$	10,3
NH_4HCO_3	25,0
Na_2CO_3	29,4
NaCl	36,0

B3 *Löslichkeiten einiger Salze bei 25 °C*

Versuche

V1 *Modellversuch zur Sodaherstellung* **(Abzug!)**: Bereiten Sie zunächst aus 220 mL dest. Wasser und 80 g Natriumchlorid eine gesättigte Natriumchlorid-Lösung zu. Diese Lösung wird in einem Becherglas mit 80 mL Ammoniak-Lösung*, w = 25 %, gemischt. Geben Sie diese Mischung in einen Standzylinder, den Sie zuvor in ein großes Becherglas (2 L) gestellt haben. Dann schließen Sie einen „Sprudelstein" (erhältlich in Fachgeschäften für Aquarienbedarf) an die Kohlenstoffdioxid-Flasche an und tauchen ihn bis zum Boden ein. Die Temperatur der Flüssigkeit kontrollieren Sie mit einem Thermometer, oder falls vorhanden, mit einem Messfühler, sie sollte nicht über 30 °C steigen. Zum Kühlen geben Sie nach einiger Zeit kaltes Wasser und einige Eisstücke in das große Becherglas. Das entstehende Reaktionsprodukt nutschen Sie ab und waschen es mit wenig Wasser. (*Hinweis:* Es kann vorkommen, dass der Sprudelstein durch das entstehende Salz verstopft wird. Für diesen Fall empfiehlt es sich, einen weiteren Stein vorrätig zu haben.)

V2 Geben Sie etwa die Hälfte des Reaktionsprodukts zum Trocknen bei etwa 70 °C für eine halbe Stunde in den Trockenschrank. Vom ursprünglichen Produkt und dem aus dem Trockenschrank lösen Sie eine Probe in etwas Wasser, das mit Universalindikator versetzt ist. Beobachtung?

V3 Stellen Sie eine gesättigte Natriumcarbonat-Lösung* her und leiten Sie in diese Lösung einige Zeit Kohlenstoffdioxid ein. Beobachtung?

Auswertung

a) Bei V1 sind vor allem die Gleichgewichtsreaktionen von S. 91 von Bedeutung. Erläutern Sie mithilfe des Prinzips vom kleinsten Zwang (Prinzip von LE CHATELIER, S. 55) und des Löslichkeitsgleichgewichts (Info), in welche Richtung sich die Gleichgewichtslage beim Einleiten von Kohlenstoffdioxid verschiebt. Erklären Sie dann unter Berücksichtigung der Löslichkeiten (B3), warum Natriumhydrogencarbonat ausfällt.

b) Deuten Sie die Versuchsbeobachtung von V2. Welche Reaktion von S. 91 läuft im Trockenschrank ab? Begründen Sie dies.

c) Welche Reaktion läuft bei V3 ab? Formulieren Sie die entsprechende Reaktionsgleichung.

INFO
Löslichkeitsgleichgewicht

Zwischen einem festen Salz AB(s) und seinen gelösten Ionen A^+(aq) und B^-(aq) kommt es zu folgendem Gleichgewicht:

$$AB(s) \xrightleftharpoons{H_2O} A^+(aq) + B^-(aq)$$

Wenn eine gesättigte Lösung eines Salzes vorliegt, bildet sich bei weiterem Zusatz der entsprechenden Ionen ein Bodenkörper, das Salz fällt aus der Lösung aus (B3).
Gibt man beispielsweise in eine gesättigte Natriumhydrogencarbonat-Lösung Natrium-Ionen, indem man diese Lösung mit einer gesättigten Kochsalzlösung versetzt, so fällt Natriumhydrogencarbonat aus.
Wird die Lösung dagegen verdünnt, können mehr Ionen in Lösung gehen, der Feststoff löst sich.

Durch die Änderung der Konzentration der Ionen in der Lösung kann man das Löslichkeitsgleichgewicht also beeinflussen. Das macht man sich sowohl beim analytischen Nachweis von Ionen als auch bei technischen Prozessen zunutze (S. 91).

Das SOLVAY[1]-Verfahren

In V1 wird aus einer Lösung zunächst Natriumhydrogencarbonat ausgefällt, das dann durch Erhitzen in Natriumcarbonat überführt wird. Wegen der großen Bedeutung von Soda als Grundstoff für die industrielle Produktion wurden schon vor mehr als 150 Jahren technische Verfahren zur Sodaherstellung entwickelt. In dem Buch „Geschichte der Chemie" (E. v. Meyer, 1914, S. 542) wird der Übergang von dem älteren **Verfahren nach LEBLANC**[2] (B4) zum **SOLVAY-Verfahren** bereits vorausgesehen:

„... ist die unstreitig wichtigste Neuerung im Gebiete der Sodaindustrie hervorgegangen: die Umwandlung des Chlornatriums in kohlensaures Natrium ohne Vermittlung des schwefelsauren Natrons, die Fabrikation der sogenannten Ammoniaksoda. ... Jetzt hat die Gewinnung von Ammoniaksoda eine derartige Höhe erreicht, daß die Fabrikation von Leblancsoda stark beeinträchtigt ist. Wird ... das Problem gelöst, aus den Abfallprodukten des Ammoniaksodaprozesses Salzsäure oder Chlor in vollem Umfange nutzbar zu machen, dann ist das Fortbestehen des LEBLANC-Verfahrens kaum denkbar."

Das für den Prozess nach SOLVAY benötigte Kohlenstoffdioxid wird durch das Brennen von Kalkstein (S. 87) gewonnen. Insgesamt laufen folgende Reaktionen ab, wobei die Wahl geeigneter Reaktionsbedingungen den Ablauf in Richtung Produkte unterstützt:

LEBLANC[2]-Verfahren

Zunächst wird Kochsalz mit Schwefelsäure in Natriumsulfat überführt, dieses mit Kohle zu Natriumsulfid reduziert und anschließend mit Kalkstein in Soda umgewandelt:

$$2NaCl + H_2SO_4 \longrightarrow Na_2SO_4 + 2HCl$$
$$Na_2SO_4 + 2C \longrightarrow Na_2S + 2CO_2$$
$$Na_2S + CaCO_3 \longrightarrow Na_2CO_3 + CaS$$

B4 *Reaktionsschritte des LEBLANC-Verfahrens*

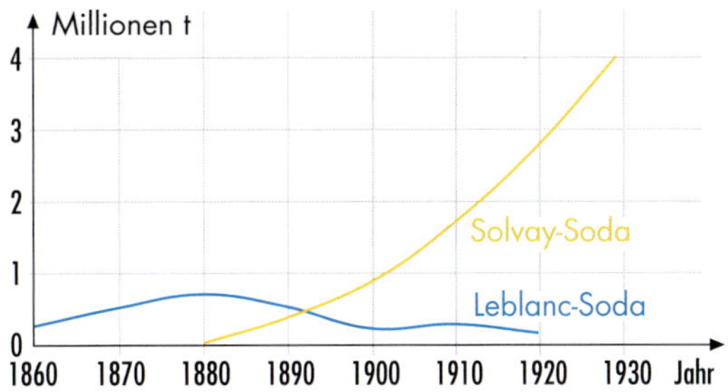

B5 *Weltproduktion an Soda von 1860 bis 1930 nach LEBLANC- und SOLVAY-Verfahren. Heute wird Soda fast ausschließlich nach dem SOLVAY-Verfahren hergestellt. Die Jahresproduktion beträgt ca. 25 Millionen Tonnen.*

$$CaCO_3(s) \xrightarrow{\text{erhitzen}} CaO(s) + CO_2(g) \quad (1)$$
$$2NH_3(g) + 2CO_2(g) + 2H_2O(l) \rightleftarrows 2NH_4^+(aq) + 2HCO_3^-(aq) \quad (2)$$
$$2NH_4^+(aq) + 2HCO_3^-(aq) + 2NaCl(aq) \rightleftarrows 2NaHCO_3(s) + 2NH_4Cl(aq) \quad (3)$$
$$2NaHCO_3(s) \xrightarrow{\text{erhitzen}} Na_2CO_3(s) + H_2O(l) + CO_2(g) \quad (4)$$
$$2NH_4Cl(aq) + CaO(s) \rightleftarrows 2NH_3(aq) + CaCl_2(aq) + H_2O(l) \quad (5)$$

Summe: $$2NaCl(aq) + CaCO_3(s) \longrightarrow Na_2CO_3(s) + CaCl_2(aq) \quad (6)$$

Aufgaben

A1 Übersetzen Sie die Begriffe aus dem historischen Text in die moderne Fachsprache.

A2 Stellen Sie die Gesamtreaktionsgleichung für das LEBLANC-Verfahren auf und vergleichen Sie die Stoffbilanz mit der des SOLVAY-Verfahrens.

A3 Begründen Sie, warum sich das LEBLANC-Verfahren nicht durchsetzen konnte.

A4 Durch welche Reaktionsbedingungen werden die Reaktionen (1) bis (5) jeweils so beeinflusst, dass die Reaktionen in Richtung der Produkte ablaufen?

A5 Kochsalz und Calciumcarbonat sind preisgünstige Rohstoffe. Warum ist eine direkte Umsetzung nach (6) nicht möglich?

A6 Erläutern Sie mithilfe von B6, warum erst nachdem Ammoniak großtechnisch kostengünstig hergestellt werden konnte (vgl. S. 121 f), auch die Sodaproduktion nach dem SOLVAY-Verfahren möglich wurde.

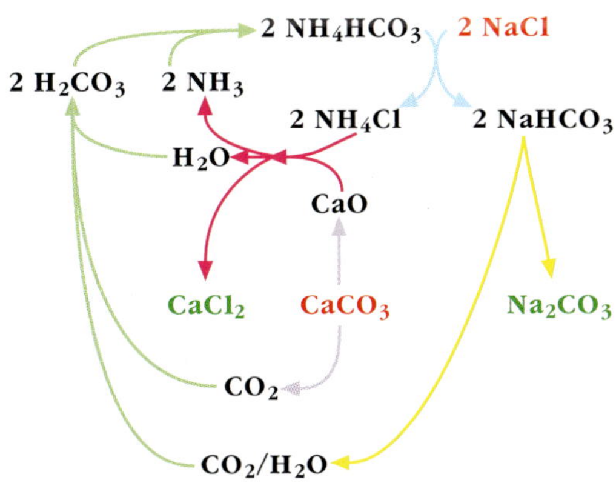

B6 *Stoffkreisläufe beim SOLVAY-Verfahren,* ***Rohstoffe*** *und* ***Produkte***. **A:** *Ordnen Sie den farbig markierten Reaktionswegen die Reaktionsschritte (1) bis (5) zu.*

Fachbegriffe

LEBLANC-Verfahren, SOLVAY-Verfahren

[1] ERNEST SOLVAY (1883 bis 1922), belgischer Chemiker

[2] NIKOLAS LEBLANC (1742 bis 1806), französischer Arzt und Chemiker

Wasser ist nicht gleich Wasser

Mineralwasser

B1 *Wassersorten aus dem Alltag enthalten Ionen.*
A: *Ermitteln Sie anhand der Etiketten verschiedener Mineralwassersorten die Art und die Mengen der darin enthaltenen Ionen.*

Natürliches **Regenwasser** reagiert schwach sauer. Beim Durchsickern durch die Bodenschichten werden verschiedene Salze gelöst und Wasserstoff-Ionen $H^+(aq)$ gegen Metall-Kationen ausgetauscht. **Trinkwasser** reagiert deshalb nicht mehr sauer, es enthält als Kationen: $Na^+(aq)$, $Ca^{2+}(aq)$, $Mg^{2+}(aq)$ u.a. Die häufigsten Anionen sind $HCO_3^-(aq)$, $SO_4^{2-}(aq)$ und $Cl^-(aq)$. Frisches **Mineralwasser** enthält neben den o.g. Ionen auch physikalisch gelöstes Kohlenstoffdioxid $CO_2(aq)$ und ionisierte Kohlensäure, die in molekularer Form in wässriger Lösung nicht beständig ist. In der verschlossenen Flasche stellen sich folgende gekoppelte Gleichgewichtsreaktionen ein:

$$CO_2(g) \rightleftharpoons CO_2(aq)$$

und

$$H_2O(l) + CO_2(aq) \rightleftharpoons H^+(aq) + HCO_3^-(aq)$$

Daher hat Mineralwasser einen deutlich sauren *p*H-Wert. Beim Aufschrauben der Flasche entweicht das Kohlenstoffdioxid $CO_2(g)$ aus dem Gasraum über der Flüssigkeit, das obere Gleichgewicht verschiebt sich nach links und infolgedessen das zweite auch. Kohlenstoffdioxid sprudelt aus der Flasche. Beim längeren Stehenlassen der offenen Mineralwasserflasche „verflüchtigt sich die Säure“.

A1 Die beiden oben formulierten Hinreaktionen verlaufen exotherm, die Rückreaktionen entsprechend endotherm. Wann bleibt demnach in einer offenen Mineralwasserflasche „die Säure länger drin“, bei 5 °C oder bei 30 °C? Begründen Sie Ihre Antwort und erläutern Sie anhand Ihrer Alltagserfahrungen mit Mineralwasser.

A2 Bestimmen Sie die *p*H-Werte von Mineralwasser und von „stillem Wasser“ und erklären Sie den Unterschied.

Wasserhärte

B2 *Verkalkter Teekessel und verkalkter Heizstab.*
A: *An welchen Geräteteilen setzt sich bevorzugt Kalkstein ab?*

Chemisch reines Wasser wäre für unsere Ernährung untauglich. Die im Trinkwasser gelösten Salze sind lebenswichtige Mineralstoffe, die dem Körper zugefügt werden müssen. Sie verursachen aber auch die **Härte des Wassers**. An heißen Teilen, z.B. am Wasserhahn oder am Tauchsieder, setzt sich allmählich Calciumcarbonat (Kalkstein) fest. Dabei läuft folgende endotherme Hinreaktion ab:

$$Ca^{2+}(aq) + 2HCO_3^-(aq) \rightleftharpoons CaCO_3(s) + CO_2(g) + H_2O(l)$$

In saurer Lösung wird Calciumcarbonat folgendermaßen „gelöst“:

$$CaCO_3(s) + 2H^+(aq) \rightleftharpoons Ca^{2+}(aq) + H_2O(l) + CO_2(g)$$

Die Härtebereiche des Wassers werden in Grad deutscher Härte (°d) angegeben (B3). 1 °d entspricht 10 mg Calciumoxid **CaO** in 1 Liter Wasser, was gleichbedeutend ist mit *c*(**CaO**) = 0,1783 mmol/L. Die anderen Verbindungen, z.B. Magnesium- und Eisensalze, werden auf Calciumoxid umgerechnet. Je nach geologischem Untergrund ist das Wasser einer Region härter oder weicher.

	Härtebereich	*c*(**CaO**) in mmol/L	°d
	1 (weich)	0 bis 1,3	0 bis 7
	2 (mittelhart)	1,3 bis 2,5	7 bis 14
	3 (hart)	2,5 bis 3,8	14 bis 21
	4 (sehr hart)	> 3,8	> 21

B3 *Härtebereiche in Wasser.* **A:** *Bestimmen Sie den Härtebereich Ihres Leitungswassers zu Hause mit Teststäbchen aus der Schule.*

Wasser ist nicht gleich Wasser

Wasserenthärter

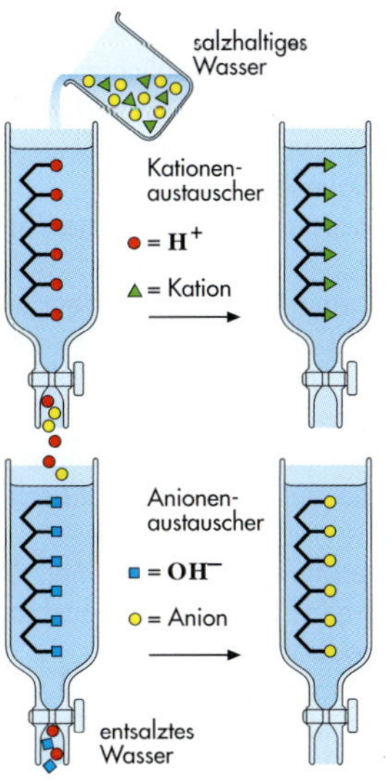

B4 *Vollentsalzung von Wasser durch Ionenaustausch.* **A:** *Erläutern Sie, wie die Kationen und die Anionen ausgetauscht werden und wie man die beladenen Säulen wieder einsatzbereit machen kann.*

Um Kalkablagerungen beim Waschen und an technischen Geräten zu verhindern, wird das ionenhaltige, harte Wasser entionisiert. Durch Abkochen wird die sog. **Carbonathärte** beseitigt, weil sich dabei festes Calciumcarbonat abscheidet (vgl. Reaktionsgleichung auf S. 92).

Durch **Ionenaustausch** können alle Kationen durch Wasserstoff-Ionen $H^+(aq)$ und alle Anionen durch Hydroxid-Ionen $OH^-(aq)$ ersetzt werden (B4). Man erhält **entionisiertes Wasser**. Die mit Kationen bzw. mit Anionen beladenen Säulen können durch Waschen mit verdünnter Salzsäure bzw. Natronlauge regeneriert und wieder einsatzfähig gemacht werden.

Vollwaschmittel enthalten neben waschaktiven Substanzen auch Wasserenthärter. Früher wurden vorwiegend Phosphate verwendet. Da sie zur Belastung von Flüssen und Seen führten, wurde ihr Anteil stark reduziert und durch Zeolith A ersetzt (B5). Es handelt sich dabei um Aluminosilicate, deren Teilchen in käfigartigen Hohlräumen Metall-Kationen binden können. Zeolithe, deren Zusammensetzung nahezu identisch mit der von natürlichen Tonerden ist, gelten als gut umweltverträglich.

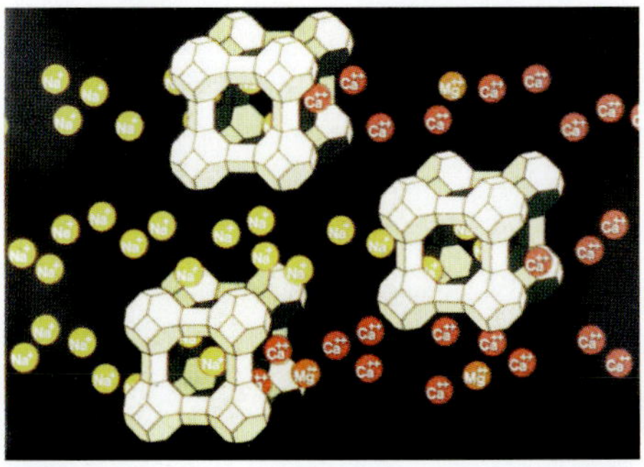

B5 *Zeolithe wirken im Waschwasser als Ionenaustauscher für Kationen.* **A:** *Welche Ionen werden hier gegen welche ausgetauscht?*

Tropfsteinhöhlen

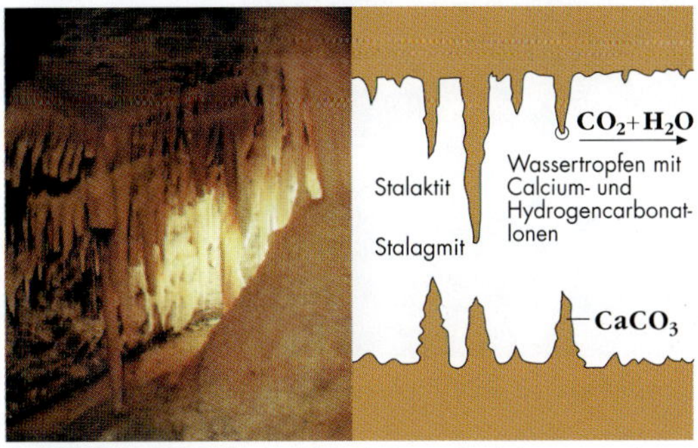

B6 *Tropfsteinhöhle und Modell zur Stalaktiten- und Stalagmitenbildung.* **A:** *Welcher Bezug besteht zu der in B2 dargestellten Kalkablagerung im Teekessel bzw. am Heizstab? Erläutern Sie.*

Wer bereits in einer Tropfsteinhöhle war, kennt die hohen Zapfen, die von der Decke und vom Boden wachsen und teilweise zu durchgehenden Säulen vereinigt sind. Im Internet kann man unter der Adresse **www.chemiedidaktik.uni-wuppertal.de** über den Pfad *Unterrichtsmaterialien → Chemie interaktiv → Inhaltsverzeichnis → Flashanimationen → Rundgang durch eine Tropfsteinhöhle* Interessantes und Wissenswertes über Tropfsteinhöhlen sehen, lesen und hören.

Die Tropfsteinhöhlen sind eindrucksvolle Beweise für einen **natürlichen Stoffkreislauf**, dessen Grundsubstanz die gleiche ist wie bei dem technischen Kalk-Kreislauf in der Bauindustrie (vgl. S. 86 und 87), das **Calciumcarbonat** $CaCO_3$. Beim Durchsickern des mit Kohlenstoffdioxid beladenen Regenwassers durch die Kalkgebirge läuft die Rückreaktion des Gleichgewichts von S. 92 ab, beim Ausbilden der Tropfsteine die Hinreaktion. Kalkstein gelangt dadurch aus den Gebirgsfelsen in die Stalaktiten und Stalagmiten.

Die Bildung von löslichem Calciumhydrogencarbonat $CaHCO_3$ aus vorher ausgefälltem Calciumcarbonat kann experimentell demonstriert werden (B7).

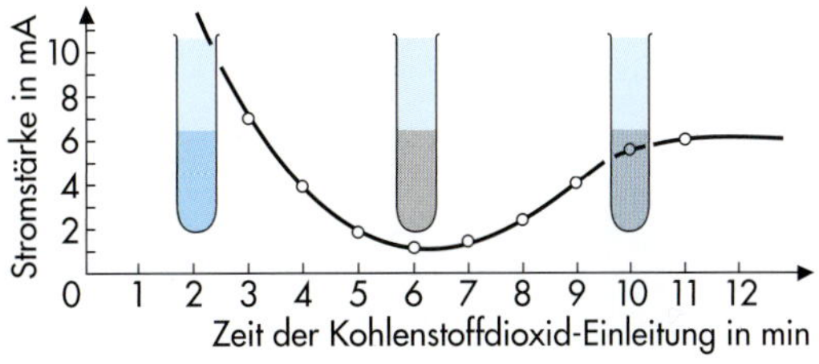

B7 *Trübung und elektrische Leitfähigkeit von Kalkwasser beim Einleiten von Kohlenstoffdioxid.*
A: *Erklären Sie die Veränderungen mithilfe von Reaktionsgleichungen.*

B1 *Grüne Pflanzen betreiben mit Licht Photosynthese.*

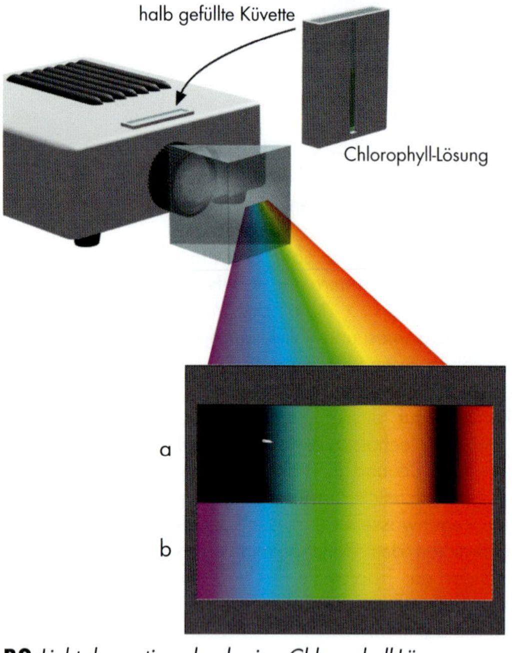

B2 *Lichtabsorption durch eine Chlorophyll-Lösung.*
A: *Weißes Licht wird durch ein Prisma in die Spektralfarben zerlegt (Abschnitt b). Welche Farbbereiche des weißen Lichts absorbiert eine Chlorophyll-Lösung?*

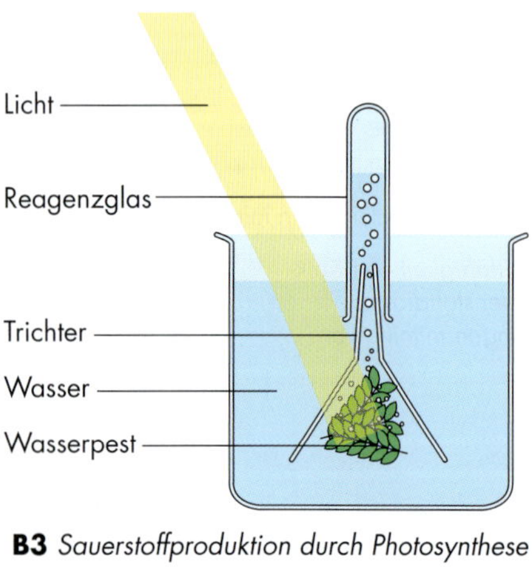

B3 *Sauerstoffproduktion durch Photosynthese (V1)*

Pflanzen, Licht und CO_2

Versuche

V1 Füllen Sie ein großes Becherglas mit Wasser. Hier hinein tauchen Sie einige frisch abgeschnittene Stängel Wasserpest (*Elodea canadensis*), Gemeines Hornblatt (*Ceratophyllum demersum*) oder Tausendblatt (*Myriophyllum spec.*), die Sie sich aus einem Gartenteich oder Zoogeschäft besorgen können. Anschließend stülpen Sie einen großen Trichter über die Stängel, die Sie dann mit einer starken Lampe (z. B. Diaprojektor) belichten (B3). Fangen Sie mit einem mit Wasser gefüllten Reagenzglas die sich bildenden Gasblasen über dem Trichter auf. Sie können verschiedene Versuchsansätze mit unterschiedlichem Abstand zur Lichtquelle durchführen.
Prüfen Sie das entstandene Gas mit der Glimmspanprobe, bestimmen Sie die gebildeten Gasvolumina.

V2 *Vorbereitung:* Stellen Sie sich eine Indigocarmin-Lösung her, indem Sie 10 mg Indigocarmin* in 200 mL Wasser lösen. Die blaue Lösung wird so lange mit einer Natriumdithionit-Lösung (1 g Natriumdithionit* in 100 mL Wasser) versetzt, bis sie gerade eben farblos wird.
Vorversuch: Leiten Sie in eine Probe der farblosen Indigocarmin-Lösung entweder mittels einer Wasserstrahlpumpe Luft oder aus der Druckgasflasche etwas Sauerstoff ein.
Hauptversuch: Legen Sie einige Stängel Wasserpflanzen (V1) in einen Erlenmeyerkolben mit frischer, farbloser Indigocarmin-Lösung und beleuchten Sie die Pflanzenteile mit einer starken Lampe. Beobachtung?

V3 Stellen Sie sich mithilfe der entfärbten Indigocarmin-Lösung (V2) und Natriumhydrogencarbonat $NaHCO_3$ unterschiedlich konzentrierte Natriumhydrogencarbonat-Lösungen her (z. B. w = 0,1 %, 0,2 %, 0,5 % und 1 %). Verteilen Sie gleiche Volumina dieser Lösungen auf verschiedene Erlenmeyerkolben. Ein zusätzlicher Kolben wird mit frisch abgekochter und somit kohlenstoffdioxidfreier Indigocarmin-Lösung gefüllt. Geben Sie dann in jeden Kolben gleich große Stängel von Wasserpest oder Hornblatt (V1). Überschichten Sie die Lösungen mit etwas Speiseöl, damit kein Sauerstoff aus der Luft in die Lösungen gelangen kann. Beleuchten Sie dann alle Kolben gleichermaßen (z. B. auf Overhead-Projektor stellen). Vergleichen Sie die Beobachtungen hinsichtlich der Farbveränderungen der Lösungen.

Auswertung

a) Zählen Sie Faktoren auf, von denen die Photosynthese abhängig ist und begründen Sie Ihre Aussagen anhand der Versuchsbeobachtungen von V1 bis V3.

b) Wie ändert sich der pH-Wert der Lösung in Versuch zu B3, wenn man davon ausgeht, dass die beleuchtete Pflanze in kohlenstoffdioxidgesättigte Lösung eintaucht?

c) Vergleichen Sie Ihre Ergebnisse aus V3 mit den Aussagen von B5. Inwiefern gibt es Übereinstimmungen?

Die Photosynthese

Pflanzen sind in der Lage, bei Licht mithilfe von **Chlorophyllen** (Blattfarbstoffe) aus Kohlenstoffdioxid und Wasser in vielen Schritten Sauerstoff zu entwickeln (V1 und V2). Hierbei entsteht als weiteres Produkt **Glucose** (Traubenzucker) $C_6H_{12}O_6$. Diesen Vorgang nennt man **Photosynthese**. Die Photosynthese läuft stark vereinfacht nach folgender Reaktionsgleichung ab:

$$6\ CO_2(g) + 6\ H_2O(l) \xrightarrow[\text{Chlorophylle}]{\text{Licht}} C_6H_{12}O_6(s) + 6\ O_2(g); \quad \Delta G° = +\ 2880\ kJ$$ [1]

Die Photosynthese ist der wichtigste Biosyntheseprozess in der belebten Natur und im Stoffkreislauf des Kohlenstoffs auf unserem Planeten. Nur die grünen Pflanzen sind in der Lage, aus anorganischem Kohlenstoffdioxid organische Verbindungen wie Glucose aufzubauen.

Durch die Photosynthese werden der Atmosphäre der Erde jährlich etwa 100 Gt[2] Kohlenstoff in Form von Kohlenstoffdioxid entzogen, woraus die Pflanzen etwa 700 Gt Biomasse produzieren. Dabei werden pro Jahr ca. $3 \cdot 10^{18}$ kJ chemische Energie in Biomasse gespeichert. Weil sich von dieser Biomasse auch Menschen und Tiere ernähren, ist das ganze Leben auf der Erde von der Photosynthese abhängig.

Der bei der Photosynthese gebildete Traubenzucker wird in den Pflanzen durch Energie verbrauchende Stoffwechselprozesse zu weiteren Produkten wie z. B. Stärke (B4), Cellulose, Fetten oder Eiweißen verarbeitet. Sie stellen für andere Lebewesen wichtige Nährstoffe dar.

Der Stoffumsatz der Photosynthese ist abhängig von mehreren Faktoren wie z. B. der Lichtintensität, dem Kohlenstoffdioxid-Anteil der Umgebung, der Temperatur und dem Chlorophyllgehalt der Blätter. Der durchschnittliche Kohlenstoffdioxid-Anteil in der Atmosphäre von 0,035 Vol-% ist für das Wachstum der Pflanzen nicht optimal. Daher werden in Gewächshäusern die Pflanzen häufig zur Ertragssteigerung mit Kohlenstoffdioxid begast. Die im Wasser lebenden Pflanzen (z. B. Algen) verwerten zur Photosynthese das im Wasser zumeist als Hydrogencarbonat gelöste Kohlenstoffdioxid. Die Ozeane enthalten etwa 60-mal soviel Kohlenstoffdioxid wie die Atmosphäre. Daher ist die Biomasse in den Weltmeeren bedeutend größer als auf dem Land.

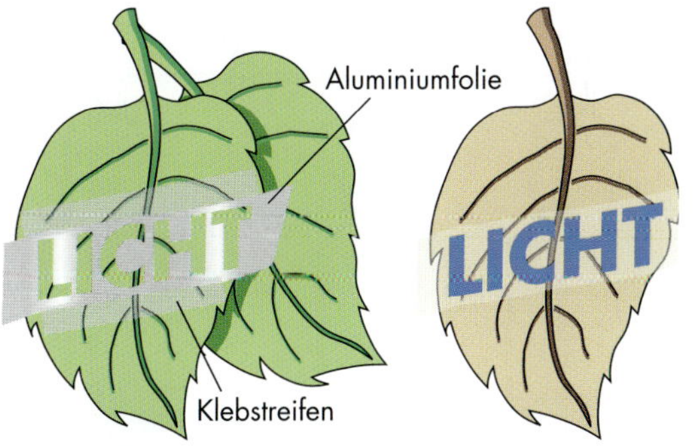

B4 *Photosyntheseprodukte lassen sich in Blättern nachweisen: Ein beleuchtetes Blatt wurde mit einem Aluminiumstreifen, auf dem das Wort „Licht" ausgeschnitten war, teilweise abgedeckt (links). Nach einiger Zeit wurde das Blatt in Iod-Kaliumiodid-Lösung getaucht (rechts). Iod-Kaliumiodid-Lösung weist Stärke durch Dunkelblaufärbung nach. Die Chlorophylle wurden zuvor durch Extraktion entfernt.*

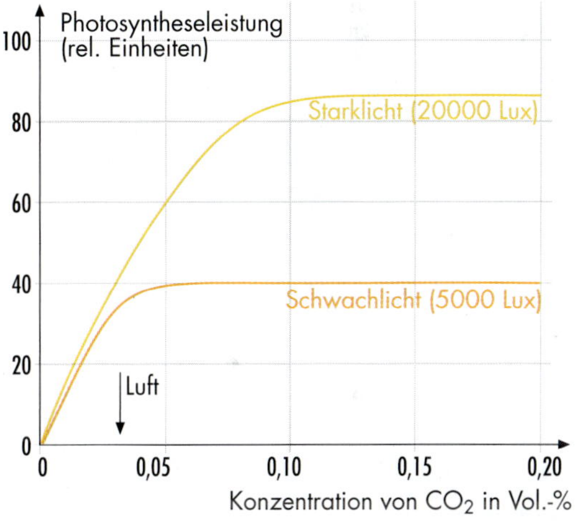

B5 *Abhängigkeit der Photosynthese von der Kohlenstoffdioxid-Konzentration und der Lichtintensität*

Aufgaben

A1 Beschreiben und interpretieren Sie die Kurvenverläufe in B5.

A2 Berechnen Sie den Massenanteil an Kohlenstoff in einem Traubenzucker-Molekül.

A3 Nehmen Sie Stellung zu der Behauptung, dass die Menschheit durch Atmung auf Dauer den Kohlenstoffdioxid-Anteil der Atmosphäre steigert.

A4 Welche Beobachtungen würden Sie erwarten, wenn Sie V2 nicht mit weißem Licht, sondern mit blauem, grünem oder gelbem Licht durchgeführt hätten? Begründen Sie Ihre Meinung.

Fachbegriffe

Photosynthese, Glucose, Chlorophyll

[1] Zur Bedeutung von $\Delta G°$ vgl. S. 99; das positive Vorzeichen zeigt an, dass die Photosynthese energetischen Antrieb benötigt.

[2] 1 Gt (Gigatonne) = 10^9 t

Die Atmung – eine Verbrennung

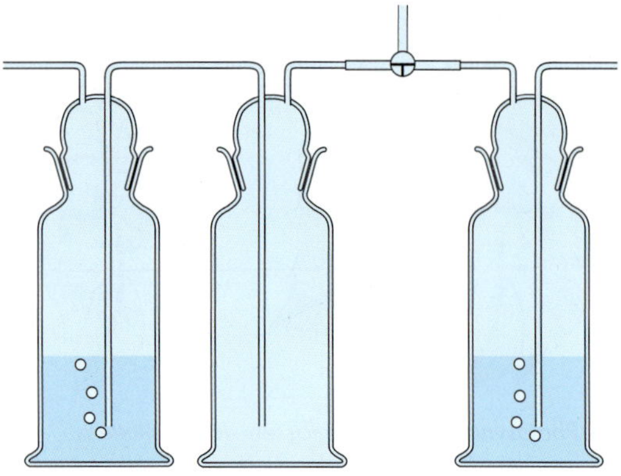

B1 *Nachweis von Kohlenstoffdioxid in der Atemluft*

B2 *Sportler verbrennen viel Traubenzucker.*

B3 *Mit etwas Zigarettenasche vermischter Zucker brennt.* **A:** *Berechnen Sie mithilfe der Reaktionsgleichung auf S. 97, wie viel Gramm Kohlenstoffdioxid entstehen, wenn 5 g Traubenzucker vollständig verbrannt werden.*

Versuche

V1 Füllen Sie zwei Waschflaschen mit Kalkwasser* und verbinden Sie diese über einen Drei-Wege-Hahn und eine Sicherheitswaschflasche miteinander (B1). Verbinden Sie das freie Ende am Drei-Wege-Hahn mit einem sauberen Glasröhrchen als Mundstück. Blasen Sie nun Atemluft über das Mundstück durch die linken Waschflaschen. Atmen Sie nach Umlegen des Drei-Wege-Hahns durch die rechte Waschflasche Atemluft ein. Atmen Sie so mehrere Male ein und aus. Vergleichen Sie die Trübungen nach einigen Atemzügen. Beobachtungen?

V2 Lassen Sie getrocknete Erbsen einige Tage quellen und füllen Sie dann die keimenden Erbsen in ein dickeres Glasrohr. Verschließen Sie beide Seiten des Rohrs mit durchbohrten Stopfen. Verbinden Sie eine Seite des Glasrohrs mit einer Waschflasche, die mit Kalkwasser* gefüllt ist. Schließen Sie den Ausgang der Waschflasche an eine Wasserstrahlpumpe und saugen Sie nun Luft durch die keimenden Erbsen. Führen Sie einen Parallelversuch ohne Erbsen durch. Vergleichen Sie nach einiger Zeit die Trübungen im Kalkwasser. Beobachtungen?

V3 Füllen Sie einen Erlenmeyerkolben mit keimenden Erbsen (V2) und stellen Sie ihn in ein Isoliergefäß (z. B. Styroporschale). Tauchen Sie in die Erbsen ein leeres Rggl., das mit einem durchbohrten Stopfen geschlossen ist. Stecken Sie hier hinein ein Glasrohr (Kapillarrohr) mit Sperrflüssigkeit (gefärbtes Wasser) (B4). Beobachten Sie den Stand der Sperrflüssigkeit über einen längeren Zeitraum.

V4 ***Abzug!*** Füllen Sie in ein Rggl. etwas Traubenzucker und erhitzen Sie diesen mit dem Gasbrenner bis Dämpfe* aus der Rggl.-Öffnung aufsteigen. Diese werden mit der Brennerflamme entzündet. Erhitzen Sie dabei den Traubenzucker im Rggl. gleichmäßig (vgl. S. 102, B1). Beobachtungen?

Auswertung

a) Deuten Sie die Versuchsbeobachtungen zu V1 und V2.
Stellen Sie einen Zusammenhang zwischen den beiden Versuchen her.
b) Erläutern Sie die Funktion des Parallelversuchs bei V2.
c) Deuten und erläutern Sie die Versuchsbeobachtungen zu V3.
d) Vergleichen Sie die Versuchsdurchführung von V4 mit der von B3.
Welche Funktion könnte die in B3 beigemengte Asche haben?

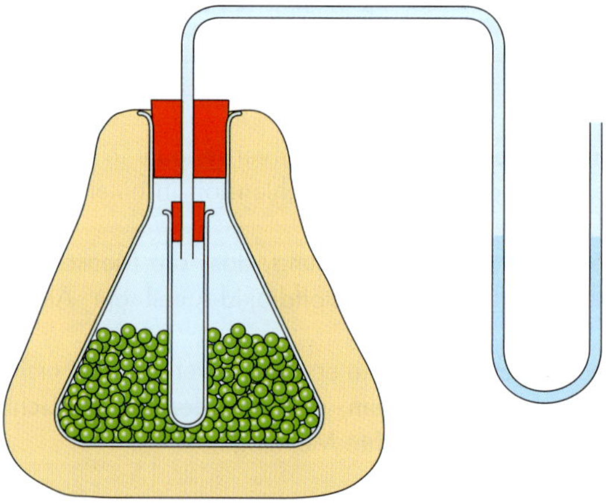

B4 *Versuchsaufbau von V3*

Glucose – ein Energielieferant

Bei der **Atmung** wird in Organismen der durch die Photosynthese produzierte Traubenzucker durch den Sauerstoff der Atemluft oxidiert. Dabei entsteht Kohlenstoffdioxid (V1 und V2) und Wasser. Die im Traubenzucker gespeicherte chemische Energie wird z. T. als Wärme verfügbar (B2, V3). Die Atmung läuft stark vereinfacht nach folgender Reaktionsgleichung ab:

$$C_6H_{12}O_6(s) + 6O_2(g) \rightarrow 6CO_2(g) + 6H_2O(l);\ \Delta G° = -2880\ kJ$$ [1]

Die Atmung liefert die Energie zur Aufrechterhaltung der Lebensvorgänge im Körper. In Nährwerttabellen wird der Energiegehalt der verschiedenen Nährstoffe und Nahrungsmittel als sog. **Brennwert** in der Einheit *Joule*[2] pro Gramm angegeben (B7). 1 Joule entspricht der Arbeit, die man verrichtet, wenn man eine Masse von ca. 100 g (genau: 101,94 g) einen Meter in die Höhe hebt.

Den Brennwert eines Nährstoffs bestimmt man mithilfe der Versuchsapparatur von B6. In diesem sog. Kalorimeter wird eine genau eingewogene Stoffportion eines Nährstoffs vollständig verbrannt. Die dabei frei werdende **Reaktionswärme** Q erwärmt eine genau definierte Wasserportion im Kalorimeter. Aus der gemessenen Temperaturerhöhung lässt sich die Reaktionswärme Q nach

$$Q = m \cdot c \cdot \Delta T$$

berechnen. Darin bedeuten:

m: Masse an Wasser im Kalorimeter (in g)
c: spezifische Wärme des Wassers ($c = 4{,}187\ J \cdot K^{-1} \cdot g^{-1}$)
ΔT: Temperaturdifferenz, die sich beim Verbrennungsvorgang ergibt.

	kcal	kJ
Schokoriegel, 1 Riegel, 18 g	100	410
Erfrischungsstäbchen, 100 g	415	1 745
Fanfare Haselnuss, 100 g	525	2 200
Fondant, 1 Würfel, 15-20 g	60	255
Frucht-Müsli-Riegel 20 g	75	315
Fruchtgummi, 10 g	35	155
Fruchtschnitte, Fruchtwürfel, 50 g	220	925
Geleefrüchte, 50 g	170	715
Geleewürfel, 1 Würfel	50	210
Gummibärchen, 1 Stück, 2 g	7	30
Haselnussschnitte, 1 Stück, 22,5 g	120	515

B7 *Ausschnitt aus einer Nährwerttabelle; Angaben des Brennwerts in kcal und kJ.* **A:** *Berechnen Sie die Nährwerte in kJ/g und vergleichen Sie die angegebenen „Leckereien" hinsichtlich ihres Nährwerts.*

Brennstoff	Brennwert in $kJ \cdot g^{-1}$
Traubenzucker	17
Fett	ca. 38
Eiweiß	ca. 19
Ethanol	30
Holz	ca. 15
Heizöl	ca. 41
Holzkohle	ca. 26

B5 *Physikalischer Brennwert einiger Brennstoffe.*
A: *Warum gibt es für einige Brennstoffe nur ungefähre Angaben?*

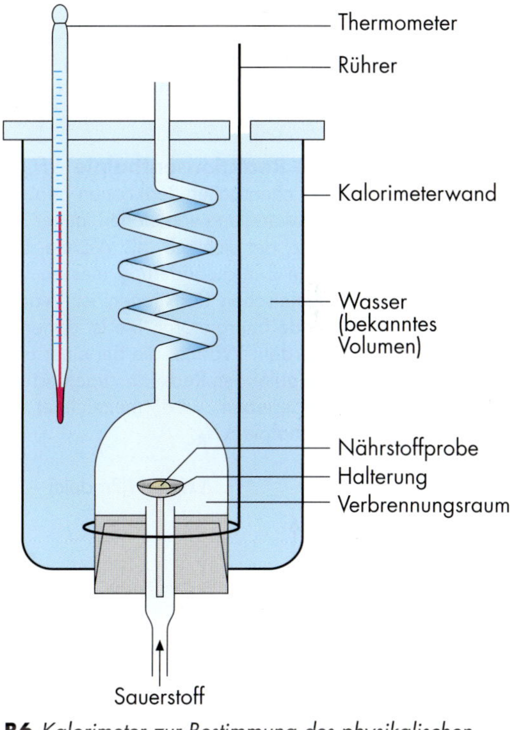

B6 *Kalorimeter zur Bestimmung des physikalischen Brennwerts.* **A:** *In einem Kalorimeter befinden sich 650 g Wasser. Bei der Verbrennung von 0,4 g Kartoffelstärke erwärmt sich diese Wasserportion um 2,1 K. Berechnen Sie die frei werdende Reaktionswärme und den physikalischen Brennwert der Kartoffelstärke.*

[1] Zur Bedeutung von $\Delta G°$ vgl. S. 99. Das negative Vorzeichen zeigt an, dass bei der Atmung Energie verfügbar wird.
[2] Nach dem englischen Physiker JAMES PRESCOTT JOULE (1818–1889)

Fachbegriffe
Atmung, Brennwert, Reaktionswärme

ERWEITERUNG · VERTIEFUNG · ANWENDUNG

Reaktionsenergie

Versuch

LV1 In einem Erlenmeyerkolben werden 50 mg Luminol* (3-Aminophthalsäurehydrazid) in 5 mL Natronlauge*, $w = 5\,\%$, gelöst. Die Lösung wird mit 450 mL Wasser aufgefüllt. In einem zweiten Erlenmeyerkolben löst man 0,2 g Kaliumhexacyanoferrat-(III) $K_3[Fe(CN)_6]$ in 450 mL Wasser und fügt 10 mL Wasserstoffperoxid-Lösung*, $w = 3\,\%$, hinzu. Beide Lösungen werden im Dunkeln gleichzeitig durch einen Trichter in ein Auffanggefäß gegossen. Beobachtung?

A1 Erläutern Sie, in welcher Form Energie bei der Reaktion im Kolben beteiligt ist.

A2 Nennen Sie Reaktionen, bei denen die Energie in Form von a) elektrischer Energie und b) Wärme verfügbar wird.

Die Reaktionsenthalpie ΔH_R

Bei chemischen Reaktionen beobachtet man neben der Umwandlung von Stoffen immer auch einen Energieumsatz, der sich z. B. als Wärme, Licht (LV1) oder elektrische Energieänderung messen lässt. Bei den meisten chemischen Reaktionen ist Wärme die zu beobachtende Energieform. Sie ist daher am besten untersucht worden. Wärme, die bei einer unter konstantem Druck ablaufenden Reaktion zugeführt werden muss oder die abgegeben wird, bezeichnet man als **Reaktionsenthalpie** ΔH_R:

$$\Delta H_R = H(\text{Produkt}) - H(\text{Edukte})$$

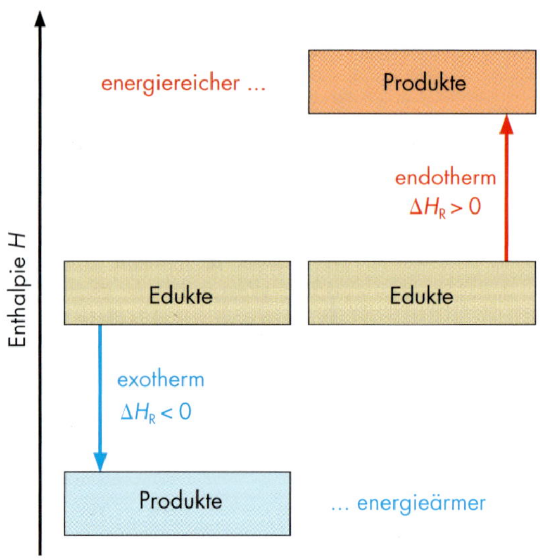

B1 *Enthalpieänderung bei chemischen Reaktionen*
H(Produkte) < H(Edukte)
$\Delta H_R < 0$; exotherme Reaktion
H(Produkte) > H(Edukte)
$\Delta H_R > 0$; endotherme Reaktion

Aus Erfahrung wissen wir, dass unter normalen Bedingungen stark exotherme Reaktionen nach dem Starten selbsttätig und schnell ablaufen (z. B. Verbrennung von Benzin). Die bei einer Reaktion frei werdende Wärmemenge ist daher ein Maß für die Triebkraft dieser Reaktion (BERTHELOTSCHES Prinzip[1]). Anders ausgedrückt heißt das: Ein System strebt den Zustand minimaler Enthalpie an (**Prinzip vom Enthalpieminimum**).

Grafisch kann man Wärmeumsätze bei chemischen Reaktionen mithilfe von Energieschemata veranschaulichen (B1).

Für alle gut bekannten Reaktionen wurden die Reaktionsenthalpien experimentell bestimmt. In B2 sind einige Beispiele für verschiedene Reaktionstypen angegeben.

Stoff	molare Bildungsenthalpie[2], ΔH°_m
$HCl(g)$	− 92,3 kJ mol^{-1}
$HBr(g)$	− 36,2 kJ mol^{-1}
$NaCl(s)$	− 410,9 kJ mol^{-1}
	molare Lösungsenthalpie, ΔH°_m
$HCl(g)$	− 75,1 kJ mol^{-1}
$HBr(g)$	− 84,7 kJ mol^{-1}
$FeCl_2(s)$	− 82,0 kJ mol^{-1}
	molare Verbrennungsenthalpie, ΔH°_m
$CH_4(g)$	− 886,2 kJ mol^{-1}
$C_2H_6(g)$	−1554,9 kJ mol^{-1}
$CH_3OH(l)$	−1366,7 kJ mol^{-1}

B2 *Molare Reaktionsenthalpien bei Standardbedingungen (25 °C und 1013 hPa).* **A:** *Berechnen Sie mithilfe von B5 auf S. 97 die molare Verbrennungsenthalpie von Glucose.*

Versuch

V2 Geben Sie in einen 500-mL-Erlenmeyerkolben je zwei Teelöffel Bariumhydroxid* $Ba(OH)_2 \cdot 8H_2O$ und Ammoniumthiocyanat* NH_4SCN und mischen Sie durch Schütteln gut durch. Beobachten Sie die Temperatur an der Wand des Kolbens durch Abtasten mit der Handfläche. Nach ca. 1 min prüfen Sie vorsichtig den Geruch an der Kolbenöffnung. Betrachten Sie den Kolbeninhalt. Nach erneut 2 min kratzen Sie den Belag von der Außenwand des Kolbens ab und beobachten ihn auf der Handfläche.

[1] MARCELIN BERTHELOT (1827 bis 1907), französischen Chemiker
[2] Bildung des Stoffs aus den Elementen. Die hochgestellte „0" kennzeichnet Standardbedingungen, das tiefgestellte „m" den Bezug auf 1 mol Substanz.

Reaktionsenergie

Die Reaktionsentropie ΔS_R – über die Triebkraft und die Unordnung

Nach dem Prinzip des Enthalpieminimums sollte eine endotherme Reaktion, bei der die Enthalpie des Systems zunimmt, nicht selbsttätig ablaufen. Es gibt jedoch Reaktionen, die diesem Prinzip widersprechen (V2). Neben der Reaktionsenthalpie ΔH_R ist auch die Reaktionsentropie ΔS_R dafür maßgebend, ob eine Reaktion selbsttätig abläuft oder nicht.
Folgende Reaktionsgleichung lässt sich für V2 formulieren:

$$Ba(OH)_2(s) + 2NH_4SCN(s) \rightleftharpoons 2NH_3(g) + 2H_2O(l) + Ba(SCN)_2(aq)$$

Was ist die Triebkraft von selbsttätig ablaufenden endothermen Reaktionen?
Bei V2 besitzen die festen Ausgangsstoffe einen kristallinen Aufbau. Hierbei sind die Teilchen streng geordnet. Nach der Reaktion ist ein Reaktionsprodukt gasförmig, das Ammoniak (Geruchsprobe), das andere, Bariumthiocyanat, in Wasser gelöst. Die Teilchen sind sowohl im Gas als auch in der Lösung frei beweglich und somit ungeordnet. Das System hat einen Zustand größerer Unordnung erreicht (B3).
Der Ordnungszustand wird durch den Begriff der **Entropie *S*** beschrieben. Jedes System, das sich selbst überlassen wird, strebt einem Zustand maximaler Entropie zu, d.h. dem Zustand, in dem seine Teilchen die größte Unordnung aufweisen (**Prinzip vom Entropiemaximum**).

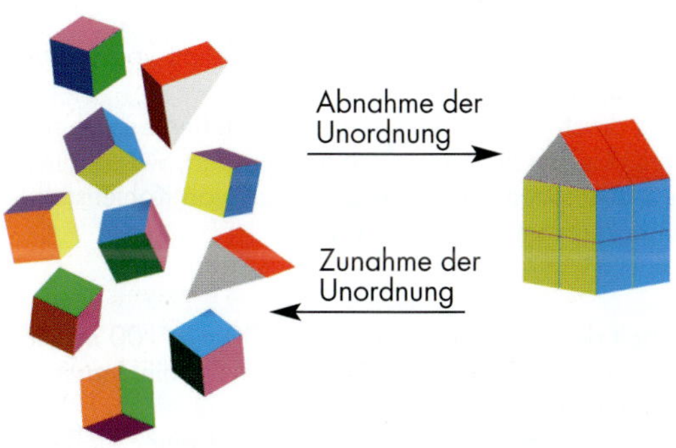

B3 *Die Zahl der möglichen Anordnungen der Spielklötze ist dann, wenn sie zerstreut herumliegen, größer als dann, wenn sie ein Haus bilden. Der ungeordnete Zustand tritt mit größerer Wahrscheinlichkeit ein.*

Die freie Reaktionsenthalpie ΔG_R

Die Triebkraft einer Reaktion und damit die Reaktionsrichtung ergibt sich aus dem Zusammenwirken zweier entgegengesetzter Tendenzen:
1. der Tendenz nach minimaler Enthalpie und
2. der Tendenz nach maximaler Entropie des Systems.

J. W. Gibbs[1] formulierte den Zusammenhang zwischen Enthalpie- und Entropieänderung ganz allgemein durch folgende Gleichung:

$$\Delta G = \Delta H - T \cdot \Delta S$$

ΔH: Enthalpieänderung; T: Temperatur in Kelvin;
ΔS: Entropieänderung
ΔG: Änderung der **freien Enthalpie**

Eine chemische Reaktion läuft dann selbsttätig ab, wenn die Änderung der freien Reaktionsenthalpie ΔG_R ein negatives Vorzeichen hat: $\Delta G_R < 0$. In diesem Fall ist die Reaktion **exergonisch**. Ist $\Delta G_R > 0$, so spricht man von einer **endergonischen** Reaktion.
Betrachten wir beispielsweise die Synthese von Wasser aus den Elementen und ihre Umkehrung:

$$2H_2(g) + O_2(g) \rightleftharpoons 2H_2O(g)$$
$$\Delta H^\circ_R = -483\ kJ;\ \Delta S^\circ_R = -0{,}0888\ kJ \cdot K^{-1}$$

Die angegebenen Werte gelten für die Hinreaktion, die Wassersynthese. In B4 wird die Berechnung der freien Reaktionsenthalpie ΔG°_R veranschaulicht. Der negative Wert ($\Delta G^\circ_R < 0$) bedeutet, dass die Wassersynthese bei Raumtemperatur exergonisch ist, d.h. eine Triebkraft besitzt und selbsttätig abläuft. Bei steigender Temperatur fällt der Entropie-Term $T \cdot \Delta S_R$ immer mehr ins Gewicht. Schließlich überwiegt er die Reaktionsenthalpie ΔH_R und die Rückreaktion, die Wasserzersetzung, erhält eine Triebkraft.

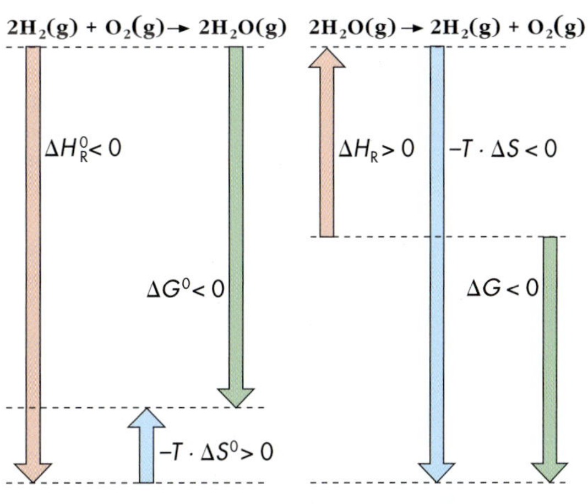

B4 *Bei 25 °C (298 K) läuft die exotherme Bildung von Wasser (links) ab. Bei 5 000 °C (5 273 K) läuft die endotherme Wasserzersetzung (rechts) ab.*

[1] Josiah Willard Gibbs (1839 bis 1903), amerikanischer Physikochemiker

Zucker im Blut?

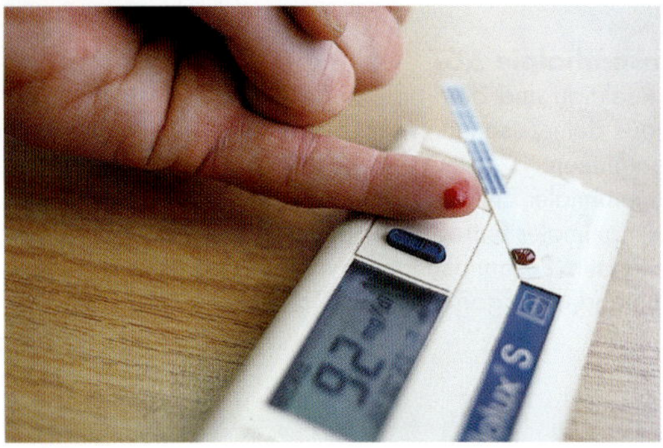

B1 *Ein Diabetiker misst den Blutzuckerspiegel seines Bluts.*

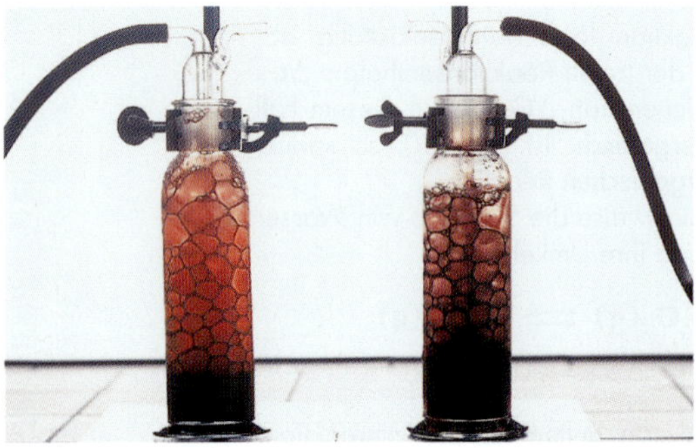

B2 *Arterielles, sauerstoffreiches (links) und venöses, sauerstoffarmes Blut (rechts)*

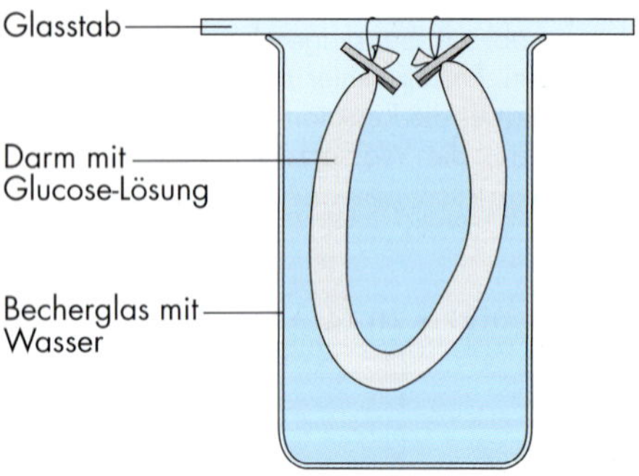

B3 *Glucose-Lösung in Naturdarm*

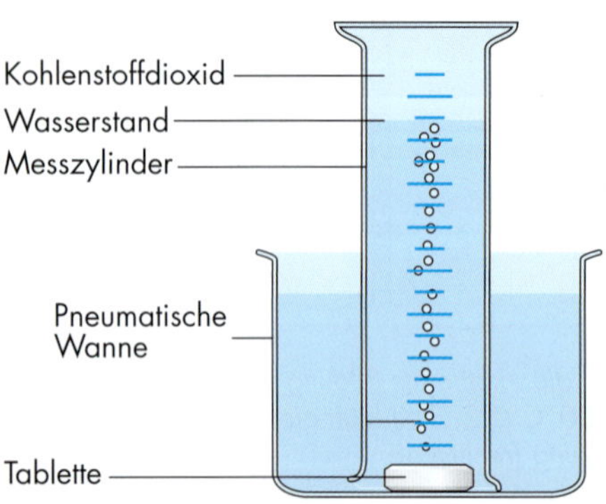

B4 *Gasbildung beim Auflösen von Brausetabletten (V5)*

Versuche

V1 Besorgen Sie sich vom Metzger oder aus dem Schlachthof Schweinedarm, wie er zum Herstellen von Würsten verwendet wird. Stellen Sie sich eine Glucose-Lösung, w = 10 %, her und füllen Sie diese in ein Darmstück von ca. 15 cm Länge, wobei Sie die Enden vorsichtig mit zwei Schlauchklemmen verschließen. Achten Sie darauf, dass der Darm hierbei nicht verletzt wird. Hängen Sie das Darmstück anschließend in ein Becherglas, das mit Wasser gefüllt ist (B3). Beobachtungen? Testen Sie nach einigen Minuten das umgebende Wasser mit Glucose-Teststäbchen. Deuten Sie die Beobachtungen.

V2 *Glucosenachweis mit Teststäbchen:* Stellen Sie sich verschiedene Glucose-Lösungen (zwischen 10 und 200 mg Glucose in 100 mL Lösung) her und tauchen Sie jeweils ein frisches Glucose-Teststäbchen ein. Vergleichen Sie die Farberscheinungen des Teststäbchens mit der Farbskala auf der Verpackung der Teststäbchen.

V3 *FEHLING-Probe:* Mischen Sie 5 mL *FEHLING I** (Kupfersulfat-Lösung) und 5 mL *FEHLING II** (wässrige Lösung von Kaliumnatriumtartrat[1] und Natriumhydroxid). Geben Sie 1 mL einer Glucose-Lösung, w = 10 %, zu und erwärmen Sie vorsichtig in einem heißen Wasserbad. Notieren Sie die Farberscheinungen.

V4 Leiten Sie in eine Gaswaschflasche, in der sich etwas Wasser mit Universalindikator befindet, Kohlenstoffdioxid ein. Tropfen Sie anschließend in die entstandene Lösung etwas verdünnte, mit Universalindikator versetzte Salzsäure*. Beobachtungen?

V5 Erstellen Sie aus einer großen Glaswanne und einem 250-mL-Messzylinder die Versuchsapparatur von B4. Lösen Sie dann *nacheinander* 2 Brausetabletten (z. B. Multi-Vitamin-Tabletten) im Wasser. Fangen Sie dabei die entstehenden Gasportionen im Messzylinder auf. Lesen Sie die entsprechenden Gasvolumina ab.

Auswertung

a) Vergleichen Sie die Gasvolumina, die man beim Auflösen der einzelnen Brausetabletten erhält und erklären Sie die Unterschiede.

b) Stellen Sie einen Zusammenhang zwischen den Beobachtungen von V4 und V5 her.

c) Machen Sie Aussagen über den Kohlenstoffdioxidgehalt von arteriellem und venösem Blut (B2).

d) Im Körper wird das durch die Oxidation von Nährstoffen entstehende Kohlenstoffdioxid durch das Blut zu den Lungen transportiert, wo es ausgeatmet wird. Machen Sie Aussagen über die Löslichkeit von Kohlenstoffdioxid im Blut in Abhängigkeit vom *p*H-Wert des Bluts.

Aufgaben

A1 Der Blutzuckergehalt des Menschen beträgt ca. 100 mg/100 mL Blut. Ein erwachsener Mann hat ca. 7 Liter Blut. Berechnen Sie die Masse an Glucose, die in seinem Blut gelöst ist.

A2 Wiederholt man V1, indem man das Darmstück mit einer Stärke-Lösung statt der Glucose-Lösung füllt, so kann man auch nach längerer Zeit im umgebenden Wasser mit Iod-Kaliumiodid-Lösung keine Stärke nachweisen. Begründen Sie diesen Sachverhalt.

[1] Tartrate sind die Salze der Weinsäure **HOOC-CH(OH)-CH(OH)-COOH**.

Chemische Gleichgewichte im Blut

Der Blutkreislauf ist das wichtigste Transportsystem in unserem Körper. Durch das Blut werden die durch die Nahrung aufgenommenen Substanzen wie z. B. Glucose (V3) oder die Atemgase Sauerstoff und Kohlenstoffdioxid transportiert. Zur Aufrechterhaltung der lebenswichtigen Funktionen des Bluts dürfen die Konzentrationen der darin gelösten Stoffe bei einem gesunden Menschen nur in engen Bereichen schwanken. So liegt der **Blutzuckerspiegel** normalerweise zwischen 80 mg und 100 mg Glucose pro 100 mL Blut. Die Konzentration an gelöster Glucose in Flüssigkeiten wie z. B. Blut oder Urin kann mithilfe von Teststäbchen gemessen werden (V1). Der Blutzuckerspiegel wird durch das Zusammenwirken zweier Hormone, Insulin und Glucagon, im Gleichgewicht gehalten. Insulin fördert nach einer Mahlzeit die Glucose-Aufnahme aus dem Blut in die Körperzellen, sodass der Blutzuckerspiegel sinkt. Glucagon bewirkt die Freisetzung von gespeichertem Traubenzucker in das Blut (B5). Diabetiker können nur noch wenig oder gar kein Insulin mehr produzieren.

Der bei der Atmung aufgenommene Sauerstoff wird durch das **Hämoglobin** HbH^+, dem roten Blutfarbstoff in den roten Blutkörperchen, im Körper verteilt. Hämoglobin-Moleküle mit der Molekülmasse von etwa 68 000 u bestehen aus dem Eiweiß Globin und dem eisenhaltigen Farbstoff Häm, der einen Massenanteil von 4 % im Molekül hat. Unter Abspaltung von Protonen kann Hämoglobin Sauerstoff binden:

$$HbH^+ (aq) + O_2 (aq) \rightleftharpoons Hb(O_2) (aq) + H^+ (aq) \qquad (1)$$

Maximal kann ein Hämoglobin-Molekül vier Sauerstoff-Moleküle binden. Der Anteil des Sauerstoffs, der an Hämoglobin gebunden ist, ist im arteriellen Blut am höchsten und nimmt, während das Blut zirkuliert, stetig ab.

Kohlenstoffdioxid, das durch die Oxidation der Glucose in den Gewebezellen entsteht, wird durch das Blut in gelöster Form transportiert. Dabei reagiert zunächst das Kohlenstoffdioxid-Molekül mit einem Wasser-Molekül zu einem Kohlensäure-Molekül H_2CO_3 (2), das jedoch sofort in ein Hydrogencarbonat-Ion HCO_3^- und ein hydratisiertes Proton dissoziiert (3).

$$H_2O + CO_2 (aq) \rightleftharpoons [H_2CO_3] (aq) \qquad (2)$$

$$[H_2CO_3] (aq) \rightleftharpoons H^+ (aq) + HCO_3^- (aq) \qquad (3)$$

Der Gehalt an Sauerstoff und Kohlenstoffdioxid im Blut ist stark abhängig von der Wasserstoff-Ionen-Konzentration, d. h. vom *p*H-Wert des Bluts, weil die Wasserstoff-Ionen sowohl am Gleichgewicht (1) als auch am gekoppelten Gleichgewicht (2)–(3) beteiligt sind. Der *p*H-Wert liegt normalerweise bei 7,4 und darf maximal nur um 0,5 *p*H-Einheiten abweichen.

Aufgaben

A3 Wie verschiebt sich das Gleichgewicht (1) bei niedrigen *p*H-Werten? Begründen Sie.

A4 Erläutern Sie den Einfluss des *p*H-Werts auf das gekoppelte Gleichgewicht (2)–(3).

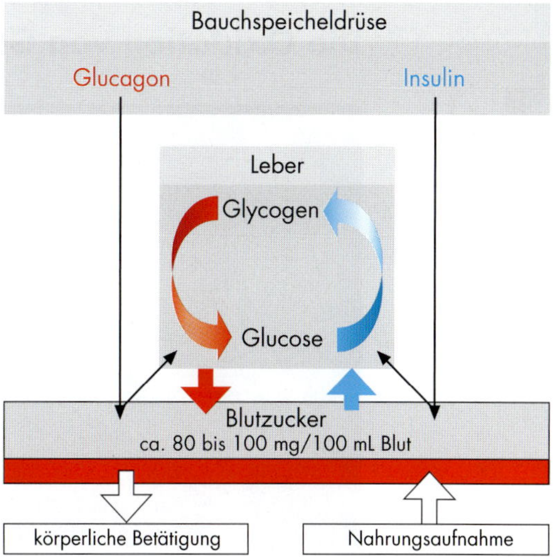

B5 *Regulierung des Blutzuckerspiegels (stark vereinfacht). Rote Pfeile: Glucagonwirkung, blaue Pfeile: Insulinwirkung.* **A:** *Erläutern Sie die Vorgänge zur Einstellung des Blutzuckerspiegels.*

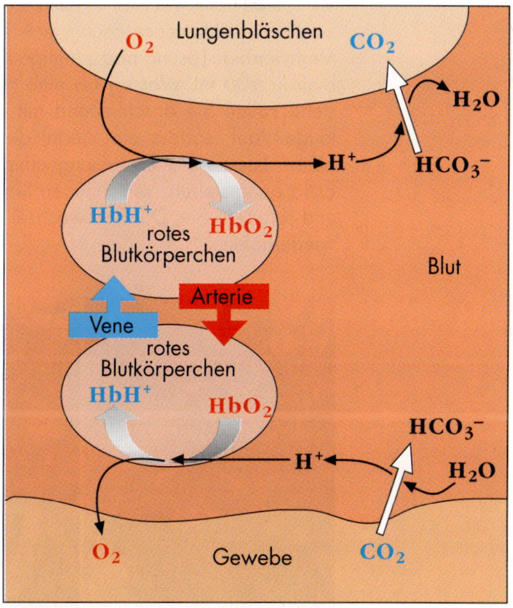

B6 *Sauerstoff- und Kohlenstoffdioxid-Gleichgewichte im Blut.* **A:** *Erläutern Sie die Abläufe, die zum Transport und zur Freisetzung von Sauerstoff und Kohlenstoffdioxid im Körper führen.* **A:** *Warum kann es lebensgefährlich sein, wenn der pH-Wert des Bluts zu stark abfällt?*

Fachbegriffe

Blutzuckerspiegel, Hämoglobin, chemisches Gleichgewicht

Die Oxidation von Glucose

B1 *Verbrennung von Glucose: Glucose reagiert unmittelbar mit Sauerstoff (vgl. V4, S. 96).*

Versuche zur Glucose-Oxidation

In den Körperzellen reagiert Glucose nicht unmittelbar mit Sauerstoff zu Kohlenstoffdioxid und Wasser (B1). Vielmehr erfolgt die Oxidation der Glucose in einer Abfolge zahlreicher Reaktionsschritte. Dies veranschaulicht der sogenannte **Modellversuch** *„Blue-Bottle-Versuch"*.

Bei der stufenweisen Oxidation wird Glucose durch Methylenblau zu Gluconsäure oxidiert, wobei Methylenblau reduziert und dadurch entfärbt wird. Die bei der Oxidation der Glucose frei werdenden Elektronen werden dann vom reduzierten Methylenblau auf den Luftsauerstoff übertragen. Methylenblau fungiert somit als Elektronenvermittler. Gluconsäure ist ein erstes Oxidationsprodukt der Glucose, das nun in einem weiteren Schritt seinerseits oxidiert werden könnte.

Versuch

V1 *„Blue-Bottle-Versuch"*: Füllen Sie einen Rundkolben zur Hälfte mit Glucose-Lösung, $w = 10\,\%$, und fügen Sie Methylenblau-Lösung hinzu (einige Körnchen Methylenblau in 100 mL Wasser) bis eine Hellblaufärbung entsteht. Füllen Sie anschließend mit verdünnter Natronlauge* auf, sodass ein Viertel des Rundkolbens frei bleibt. Lassen Sie die Lösung einige Minuten bis zur Entfärbung stehen. Verschließen Sie mit einem Stopfen und schütteln Sie. Der Farbwechsel lässt sich mehrfach wiederholen.

B2 *„Blue-Bottle-Versuch": Blaufärbung zu Beginn des Versuchs und nach dem Schütteln; rechts: nach dem Stehenlassen.* **A:** *Erklären Sie den mehrfach möglichen Farbwechsel beim Blue-Bottle-Versuch.*

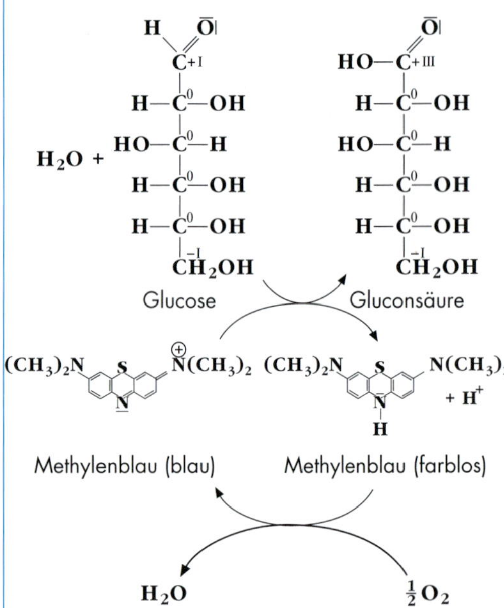

B3 *Reaktionsschema zu V1.* **A:** *Wie viele Elektronen werden in dem Reaktionsschema von einem Glucose-Molekül auf ein Sauerstoff-Molekül übertragen?*
A: *Methylenblau wirkt als Elektronenvermittler zwischen Glucose und Sauerstoff. Erläutern Sie diese Funktionsweise.* **A:** *Vergleichen Sie die Oxidation der Glucose von V1 mit der Verbrennung in B1.*

Die Oxidation von Glucose

Glucose-Abbau in Körperzellen

Der Vorgang des Glucose-Abbaus in lebenden Körperzellen erfolgt in zahlreichen Oxidationsschritten, bei denen die Energie in kleineren Portionen als bei B1 verfügbar wird. Man unterscheidet dabei vereinfacht drei Teilprozesse:

1. Die **Glycolyse**: Das Molekülgerüst der Glucose (C_6-Körper) wird in zwei gleich große Bruchstücke, zwei Brenztraubensäure-Moleküle (C_3-Körper), gespalten.
2. Die **Decarboxylierung**: Das Brenztraubensäure-Molekül spaltet ein Kohlenstoffdioxid-Molekül ab. Es entsteht ein Ethanal-Molekül, das anschließend zu einem Essigsäure-Molekül[1] (C_2-Körper) oxidiert wird.
3. Der **Citronensäurezyklus**: Das Essigsäure-Molekül reagiert anschließend mit einem C_4-Körper (Oxalessigsäure-Molekül) und wird dann in einem Kreisprozess zu zwei Kohlenstoffdioxid-Molekülen oxidativ abgebaut (B5).

Die bei der Oxidation des Glucose-Moleküls frei werdenden Elektronen werden über einen **Elektronenvermittler**[2] zusammen mit den Wasserstoff-Atomen letztendlich auf Sauerstoff-Moleküle übertragen.

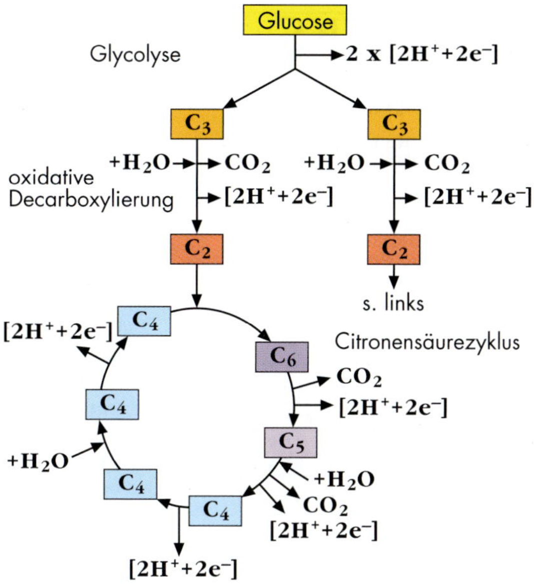

B5 *Mehrschrittiger oxidativer Abbauweg der Glucose (stark vereinfacht)*

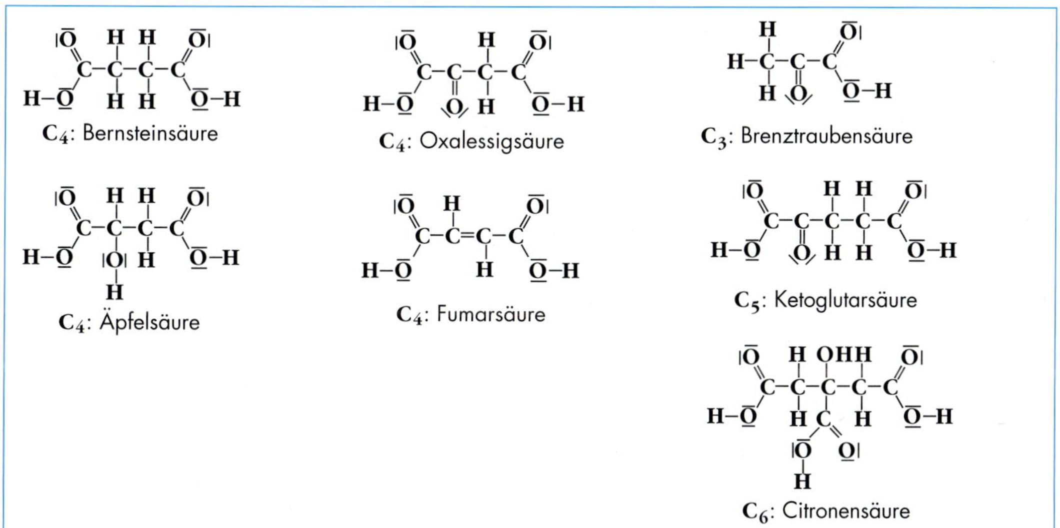

B4 *Strukturformeln der Säuren, die beim oxidativen Glucose-Abbau über den Citronensäurezyklus als Zwischenprodukte gebildet werden.*

Aufgaben

A1 Ermitteln Sie die Anzahl an Elektronen, die bei vollständiger Oxidation der Glucose auf Sauerstoff-Moleküle übertragen werden. Vergleichen Sie mit B3 auf S. 102.

A2 Innerhalb des Citronensäurezyklus kommt ein Teil der in B4 angegebenen Verbindungen vor. Ordnen Sie diese Verbindungen in B5 ein. Begründen Sie mithilfe von Oxidationszahlen.

[1] Essigsäure ist in der Zelle an ein Trägermolekül „Coenzym A" gebunden.

[2] Elektronenvermittler der Zelle ist NAD^+ (*Nicotinsäureamiddinucleotid*).

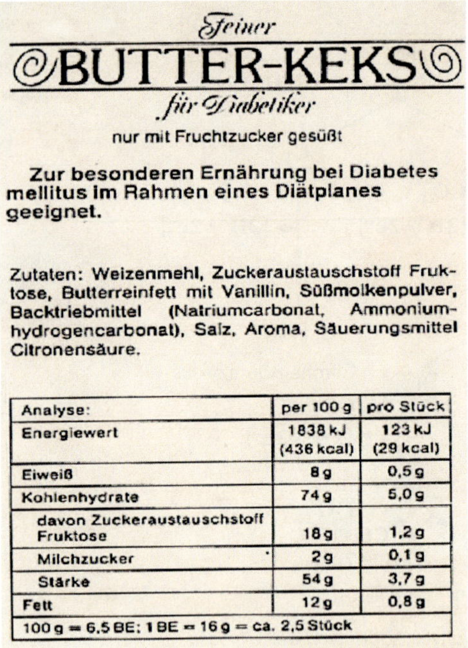

Feiner
BUTTER-KEKS
für Diabetiker
nur mit Fruchtzucker gesüßt

Zur besonderen Ernährung bei Diabetes mellitus im Rahmen eines Diätplanes geeignet.

Zutaten: Weizenmehl, Zuckeraustauschstoff Fruktose, Butterreinfett mit Vanillin, Süßmolkenpulver, Backtriebmittel (Natriumcarbonat, Ammoniumhydrogencarbonat), Salz, Aroma, Säuerungsmittel Citronensäure.

Analyse:	per 100 g	pro Stück
Energiewert	1838 kJ (436 kcal)	123 kJ (29 kcal)
Eiweiß	8 g	0,5 g
Kohlenhydrate	74 g	5,0 g
davon Zuckeraustauschstoff Fruktose	18 g	1,2 g
Milchzucker	2 g	0,1 g
Stärke	54 g	3,7 g
Fett	12 g	0,8 g
100 g = 6,5 BE; 1 BE = 16 g = ca. 2,5 Stück		

B1 *Nährmittelangabe für Butterkeks.* **A:** *Nennen Sie weitere Ihnen bekannte Kohlenhydrate.*

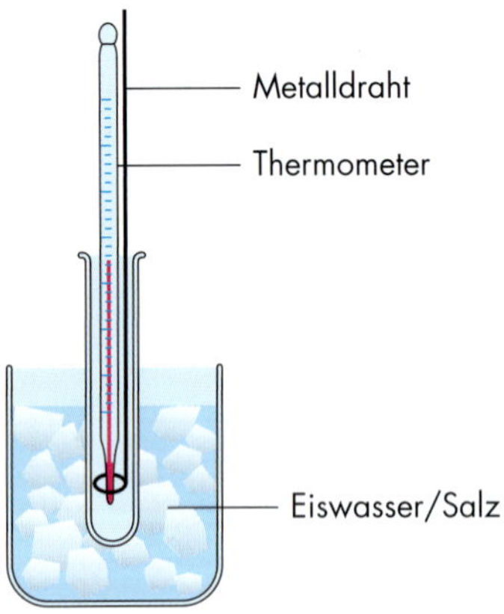

B2 *Bestimmung der Gefriertemperatur*

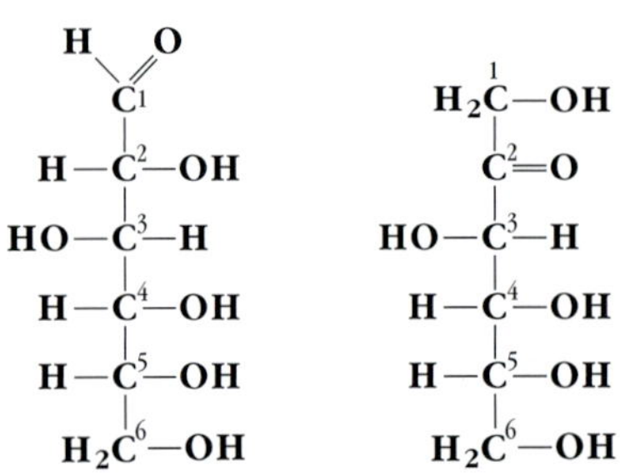

Glucose (Aldose)

Fructose (Ketose)

B3 *Strukturformeln von Glucose und Fructose (Kettenform)*

Zucker, Stärke und Verwandte

Versuche

V1 Testen Sie eine Glucose-Lösung und eine Fructose-Lösung mit Glucose-Teststäbchen (vgl. V2, S. 100).

V2 Geben Sie zu 3 mL Fructose-Lösung 3 mL Resorcin-Salzsäure-Lösung* (1 Spatelspitze Resorcin* in 20 mL Salzsäure*, w = 10 %). Erhitzen Sie das Rggl. in einem siedenden Wasserbad. Führen Sie zum Vergleich einen entsprechenden Versuch mit Glucose-Lösung durch.

LV3 Abzug! In ein hohes Becherglas gibt man 5 Esslöffel Saccharose und fügt dann 10 mL konz. Schwefelsäure* hinzu. Beobachtungen?

V4 Versetzen Sie 10 mL Saccharose-Lösung, w = 5 %, mit 2 mL verd. Salzsäure und erhitzen Sie zum Sieden. Neutralisieren Sie nach dem Abkühlen mit Natriumhydrogencarbonat (mit pH-Papier testen). Prüfen Sie die neutrale Lösung mit Glucose-Teststäbchen. Geben Sie zu 3 mL der Lösung 3 mL Resorcin-Salzsäure-Lösung* und erhitzen Sie im Wasserbad (V2). Beobachtungen?

V5 *Gefriertemperaturerniedrigung („Kryoskopie"):* Stellen Sie sich eine Glucose-Lösung her, indem Sie 10 g Glucose in 100 mL Wasser auflösen. Bestimmen Sie anschließend die Gefriertemperatur der Lösung, indem Sie eine kleine Probe der Lösung in einem Rggl. in eine Kältemischung aus zerkleinerten Eiswürfeln und Kochsalz stellen. In die Lösung taucht ein Thermometer mit mindestens 1/10-Grad-Einteilung. Mithilfe eines auf und ab bewegten Metalldrahts kann getestet werden, wann die Lösung erstarrt ist. Lesen Sie die Gefriertemperatur am Thermometer ab (B2 und A2 und A3).

V6 Wiederholen Sie V4 mit einer Stärke-Lösung anstatt einer Saccharose-Lösung. Deuten Sie die Versuchsbeobachtungen.

INFO

Bestimmung der molaren Masse durch Messung der Gefriertemperatur: Lösungen haben eine niedrigere Gefriertemperatur als reines Wasser. Hierzu formulierte der französische Chemiker F. M. RAOULT (1830–1901) folgende Gesetzmäßigkeit: Löst man ein Mol eines aus Molekülen bestehenden Stoffes in 1 kg (1 000 g) Wasser, so ist die Gefriertemperatur der Lösung um 1,86 °C niedriger als die des reinen Wassers. Diese Temperaturdifferenz bezeichnet man als molare Gefriertemperaturerniedrigung $\Delta\vartheta_G$. Die molare Gefriertemperaturerniedrigung von Wasser beträgt also 1,86 °C pro mol gelöster molekularer Substanz. Mithilfe der Kryoskopie lässt sich die molare Masse einer Verbindung durch folgende Formel berechnen:

$$M\,(\text{gelöste Substanz}) = \frac{1{,}86\,°\text{C} \cdot \text{mol}^{-1}}{\Delta\vartheta_G}\, m_G$$

m_G: Masse der in 1 kg Wasser gelösten Substanz

Auswertung

a) Löst man 5,7 g Saccharose in 100 mL Wasser, so besitzt die Lösung eine Gefriertemperatur von –0,31 °C. Berechnen Sie die molare Masse von Saccharose.

b) Welche Gefriertemperatur besitzt eine Lösung, die man aus 45 g Glucose und 500 g Wasser hergestellt hat?

c) Berechnen Sie aufgrund der Versuchsergebnisse von V5 die molare Masse von Glucose.

d) Welche Schlussfolgerungen können Sie aus der Berechnung von A3 und den Beobachtungen von V4 ziehen?

Kohlenhydrate

Glucose und Fructose gehören zu der Stoffgruppe der **Kohlenhydrate**. Diese besitzen die allgemeine Summenformel $C_mH_{2n}O_n$ oder $C_m(H_2O)_n$. Glucose und Fructose haben beide die molare Masse von 180 g/mol und besitzen daher auch dieselbe Summenformel $C_6H_{12}O_6$ (V5). Die gute Wasserlöslichkeit beider Verbindungen ist mit der Existenz mehrerer Hydroxy-Gruppen in ihren Molekülen zu erklären. Glucose ist eine Aldose, da das Molekül eine Aldehyd-Gruppe enthält. Fructose ist im Unterschied dazu eine Ketose (B3). Beide Zucker sind Isomere, da sie zwar dieselbe Summenformel, aber unterschiedliche Strukturformeln aufweisen. Von Glucose- und Fructose-Molekülen kennt man jeweils eine Kettenform und sechs- bzw. fünfgliedrige Ringe (B3, B4 und B5). Im Gleichgewicht liegt Glucose zu 99,8 % in der Ringstruktur vor. Darin ist die Aldehyd-Gruppe $-CHO$ nicht frei und somit das Molekül widerstandsfähiger gegenüber Oxidationsmitteln. Zur Darstellung der Ringstruktur sind die *Haworth-Projektionsformeln* besonders geeignet, da sie die räumliche Struktur gut wiedergeben.

Der aus Zuckerrüben gewonnene Zucker, Saccharose, besitzt die Summenformel $C_{12}H_{22}O_{11}$ oder $C_{12}(H_2O)_{11}$. Erhitzt man Saccharose mit verdünnter Säure, so wird das Saccharose-Molekül unter Wasseranlagerung in ein Glucose- und ein Fructose-Molekül gespalten (*Hydrolyse*, V4):

$$\underset{\text{Saccharose}}{C_{12}H_{22}O_{11}} + H_2O \rightleftharpoons \underset{\text{Glucose}}{C_6H_{12}O_6} + \underset{\text{Fructose}}{C_6H_{12}O_6}$$

Saccharose ist demnach aus zwei Zuckerbausteinen aufgebaut, es ist ein Zweifachzucker oder **Disaccharid**. Glucose und Fructose sind demgegenüber Einfachzucker oder **Monosaccharide**.

Stärke ist das wichtigste Kohlenhydrat in unserer Nahrung. Stärke wird in Pflanzenzellen, z. B. in Kartoffeln oder Getreidekörnern, als Reservestoff gespeichert. Das Stärke-Molekül ist ein **Polysaccharid**, Vielfachzucker, das sich in α-Glucose-Bausteine zerlegen lässt (B7). In einem Stärke-Molekül können viele tausend Glucose-Moleküle miteinander verbunden sein, die eine spiralförmige Struktur bilden (B6). In unserem Körper wird Stärke zu Glucose hydrolysiert, die dann schrittweise oxidiert wird (S. 102 und 103). Die Hydrolyse der Stärke beginnt bereits im Mund, weil Speichel stärkespaltende Enzyme enthält. In unserer Leber speichern wir Glucose in Form von tierischer Stärke, **Glycogen**, das ähnlich der pflanzlichen Stärke aufgebaut, aber stärker verzweigt ist.

Cellulose (Zellstoff) ist die häufigste organische Verbindung der Erde, weil sie bei allen grünen Pflanzen den Hauptbestandteil der Zellwände darstellt. Die wasserunlösliche Cellulose ist aus β-Glucose-Molekülen aufgebaut (B7), die ebenfalls bei der Ringbildung des Glucose-Moleküls entstehen können. Das Cellulose-Molekül liegt nicht wie das Stärke-Molekül spiralförmig, sondern gestreckt vor und ist in unserem Körper nicht hydrolysierbar.

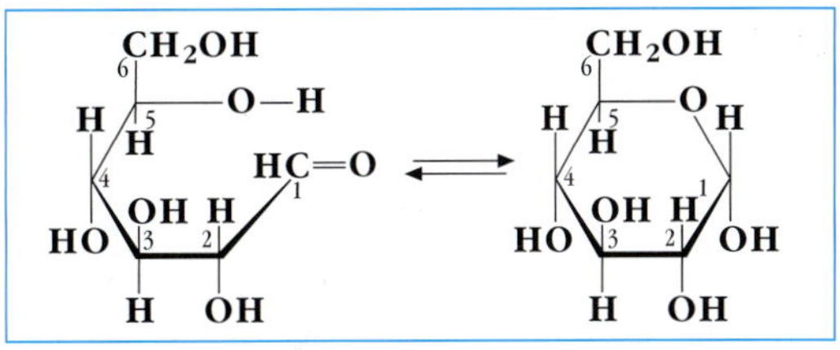

B4 *Gleichgewicht zwischen der Ketten- und der Ringstruktur beim α-Glucose-Molekül (Haworth-Projektion)*

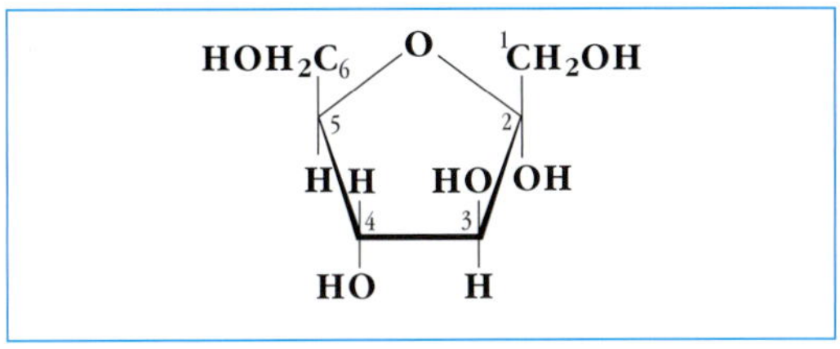

B5 *Ringstruktur der α-Fructose (Haworth-Projektion)*

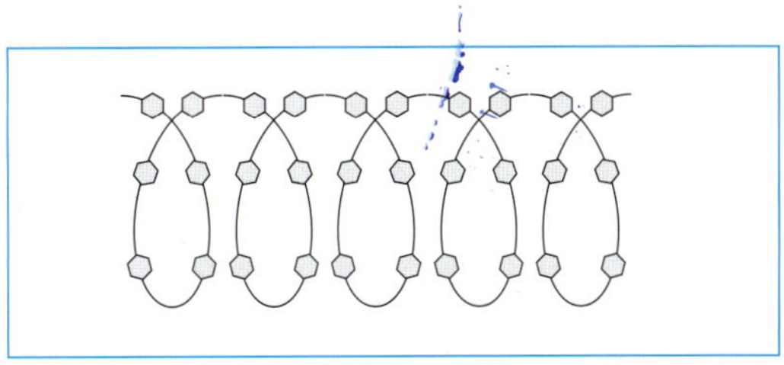

B6 *Vereinfachte Spiralstruktur des Stärke-Moleküls.*
A: *Wie viele Wasser-Moleküle benötigt man, um ein Stärke-Molekül aus 1 000 Glucose-Bausteinen vollständig zu hydrolysieren?*

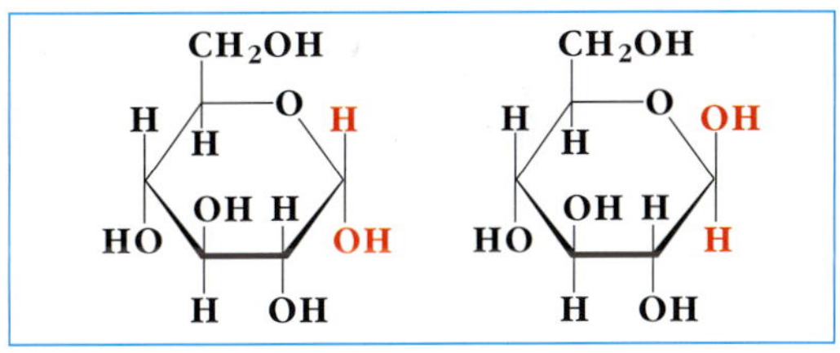

B7 *Ringstruktur-Formeln von α- (links) und β-Glucose (rechts).* **A:** *Vergleichen Sie den Aufbau beider Ringstrukturen. Vollziehen Sie den Ringschluss des Glucose-Moleküls mit einem Molekülbaukasten nach. Konstruieren Sie α- und β-Glucose-Moleküle.*

Aufgabe

A1 Formulieren Sie die Reaktionsgleichung zur Hydrolyse von Saccharose (vgl. Text) mit Haworth-Projektionsformeln. (*Hinweis:* Im Saccharose-Molekül sind die Atome C_1 einer α-Glucose-Einheit und C_2 einer β-Fructose-Einheit über ein Sauerstoff-Atom verknüpft.)

Fachbegriffe

Kohlenhydrate, Monosaccharide, Disaccharide, Polysaccharide, Stärke, Cellulose, Glycogen

Enzyme – Werkzeuge der Natur

B1 *Die Enzyme (Katalase) eines Stückchens Leber zersetzen Wasserstoffperoxid-Lösung.*

B2 *Petrischale mit Stärke-Agar wird mit zerriebenen Getreidekeimlingen bestrichen (V2).*

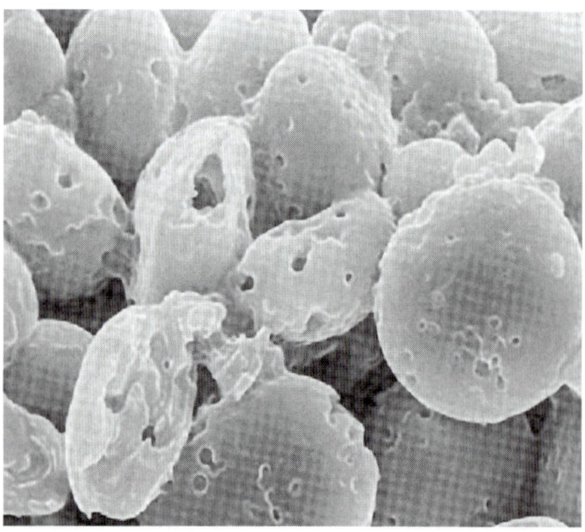

B3 *Elektronenmikroskopisches Bild von Stärkekörnern in gekeimten Getreidekörnern*

Versuche

V1 *Aufbau von Stärke:* Zerreiben Sie Kartoffeln mit einer Reibe, sodass ein feiner Brei entsteht. Filtrieren Sie diesen anschließend durch eine dünne Lage Glaswolle. Rühren Sie in das Filtrat zwei Löffel Kieselgur ein. Anschließend zentrifugieren Sie die Feststoffe ab. Dekantieren Sie den Überstand vorsichtig ab und messen Sie den *p*H-Wert. Stellen Sie ggf. den *p*H-Wert mit Essigsäure* auf *p*H 6 ein. Entnehmen Sie eine kleine Probe des Überstands und testen Sie ihn mit Lugol'scher Lösung*. Es darf keine Blaufärbung eintreten. Ansonsten müssen Sie die Behandlung mit Kieselgur wiederholen. Setzen Sie anschließend folgende 3 Teilversuche an:

Teilversuch	1	2	3
Kartoffelextrakt	5 mL	–	5 mL
Kartoffelextrakt (gekocht)	–	5 mL	–
Glucose-Lösung, $w = 1\,\%$	–	–	5 mL
Glucose-1-phosphat[1]-Lösung, $w = 1\,\%$	5 mL	5 mL	–

Lassen Sie alle drei Teilversuche bei Zimmertemperatur ca. 10 min stehen. Entnehmen Sie dann dem Teilversuch 1 eine Probe und prüfen Sie sie mit Lugol'scher Lösung*. Bei positivem Ergebnis führen sie die Probe auch mit den beiden anderen Teilversuchen durch.

V2 *Abbau von Stärke:* Bringen Sie 1 g Agarpulver und eine Spatelspitze Stärke in 50 mL Wasser vorsichtig zum Kochen. Gießen Sie die heiße Lösung in eine Petrischale und lassen Sie sie abkühlen, bis die Flüssigkeit erstarrt ist. Zerreiben Sie einige Weizenkeimlinge (Weizenkörner 2 bis 3 Tage auf feuchte Watte legen) mit 2 mL bis 5 mL Wasser, sodass ein milchiger Extrakt entsteht. Streichen Sie diesen auf die erkaltete Agarfläche in Form eines Kreuzes (B2). Spülen Sie den Extrakt nach 20 min vorsichtig von dem Agar. Gießen Sie dann ca. 5 mL verdünnte Lugol'sche Lösung* auf die ganze Oberfläche des Agars und lassen Sie sie ca. 2 min einwirken. Spülen Sie die Lugol'sche Lösung* ebenfalls ab und halten Sie dann die Agarplatte gegen das Licht. Beobachtung?

Auswertung

a) Erläutern Sie die Unterschiede der drei Teilversuche von V1 und deuten Sie die Versuchsbeobachtungen.

b) Deuten Sie die Versuchsbeobachtungen von V2. Welche Bedeutung haben die Versuchsergebnisse für die Interpretation von B3?

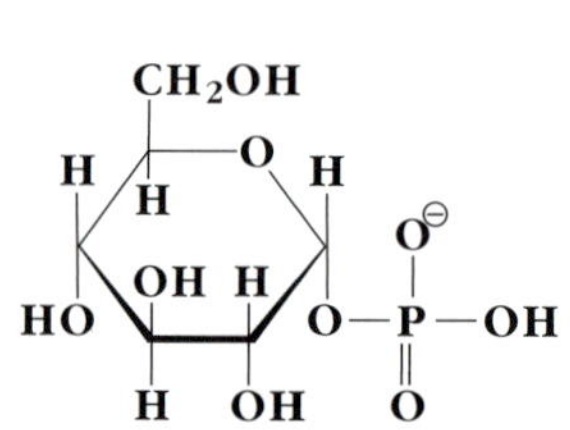

[1] Strukturformel von Glucose-1-phosphat-Monoanion

Biokatalysatoren

Von großer Bedeutung bei chemischen Reaktionen in lebenden Organismen sind **Biokatalysatoren**, auch **Enzyme**[1] genannt. Nahezu alle Reaktionen in einem Organismus, wie z. B. die Stärkesynthese in der Kartoffelknolle (V1) oder der Stärkeabbau im keimenden Getreidekorn (V2), werden durch Enzyme katalysiert. Heute kennt man für den Menschen etwa 2 000 verschiedene Enzyme und entdeckt ständig neue.

Genauso wie technische Katalysatoren fördern die Enzyme die Geschwindigkeit der Reaktionen, indem sie die **Aktivierungsenergie** herabsetzen (B4). So kann z. B. ein Enzym-Molekül des Enzyms Katalase in jeder Sekunde 40 Millionen Wasserstoffperoxid-Moleküle zerlegen (B1). Die Enzym-Moleküle besitzen eine genau festgelegte räumliche Struktur, die für die katalytische Wirkung mit entscheidend ist. Jedes Enzym-Molekül besitzt eine taschenförmige Ausbuchtung, das sog. **aktive Zentrum**, in das der Ausgangsstoff der Reaktion, das **Substrat**, gebunden wird (B5). Das aktive Zentrum ist zumeist so geformt, dass nur das entsprechende Substrat-Molekül hineinpasst wie ein Schlüssel in ein Schloss (**Schlüssel-Schloss-Prinzip**). Enzyme sind daher häufig sehr spezifisch für ein Substrat (vgl. hierzu Teilversuche 1 und 3 von V1) und eine bestimmte Reaktion. Innerhalb des aktiven Zentrums erfolgt nach Anlagerung des Substrats die Bildung des Produkts. Das fertige Produkt wird dann aus dem aktiven Zentrum freigesetzt. Die Reaktionsabfolge lässt sich folgendermaßen zusammenfassen:

$$E + S \rightleftharpoons ES \rightleftharpoons EP \rightleftharpoons E + P$$

(E = Enzym, S = Substrat, P = Produkt)

Die Aktivität von Enzymen wird durch zahlreiche Faktoren beeinflusst, wie z. B. durch die Substrat-Konzentration, die Temperatur und den *p*H-Wert (B6). Bei zu hohen Temperaturen oder extremen *p*H-Werten kann ein Enzym irreversibel **denaturiert**, d. h. zerstört werden. Die Enzymaktivität kann auch durch die Anwesenheit von Schwermetall-Ionen beeinflusst werden. Hierauf beruht z. B. die giftige Wirkung von Schwermetall-Salzen auf den menschlichen Organismus.

Die spezifische Katalysatorwirkung der Enzyme macht man sich auch außerhalb lebender Organismen zunutze. So enthalten viele Medikamente Enzyme als Wirkstoffe. Ein Haupteinsatzgebiet sind die Waschmittel, die eiweiß- (Proteasen) und fettspaltende (Lipasen) Enzyme enthalten.

Aufgaben

A1 Wodurch unterscheiden sich Biokatalysatoren von anderen Katalysatoren?

A2 Erläutern Sie das Schlüssel-Schloss-Prinzip.

A3 Warum ist das Trypsin im Magen inaktiv? (*Hinweis:* Vgl. B6.)

[1] Enzyme sind i. d. R. hochmolekulare Eiweiße.

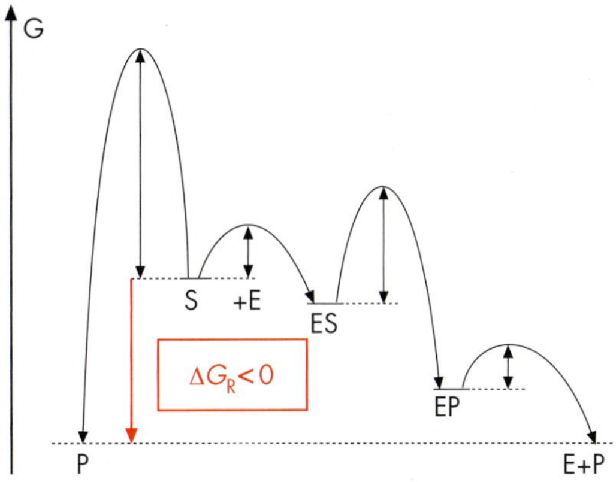

B4 *Energieschema einer Enzymreaktion.*
A: *Hat das Enzym einen Einfluss auf ΔG_R (vgl. S. 99)? Erläutern Sie.*

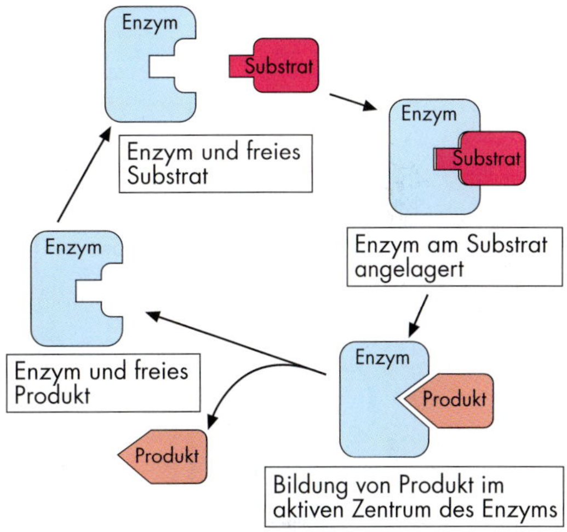

B5 *Kreislauf einer Enzymreaktion.* **A:** *Erläutern Sie den Kreislauf.*

Enzyme von	Temperatur-Optimum
Forelle	13 °C
Mensch	36 °C
Archaebakterium	85 °C
Enzym	***p*H-Optimum**
Pepsin (Magen)	2,0
Katalase (Leber)	7,6
Trypsin (Darm)	8,0

B6 *Temperatur- und pH-Optima einiger Enzyme*

Fachbegriffe

Biokatalysator (Enzym), Aktivierungsenergie, aktives Zentrum, Substrat, Schlüssel-Schloss-Prinzip, Denaturierung

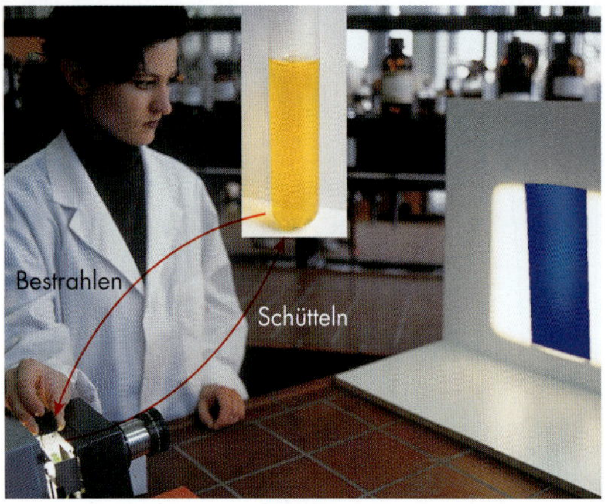

B1 *Das PBB-Experiment (V3).* **A:** *Woran erkennt man, dass hier mindestens ein Stoff „im Kreis läuft"?*
A: *Welche Energieform treibt diesen Stoffkreislauf an?*

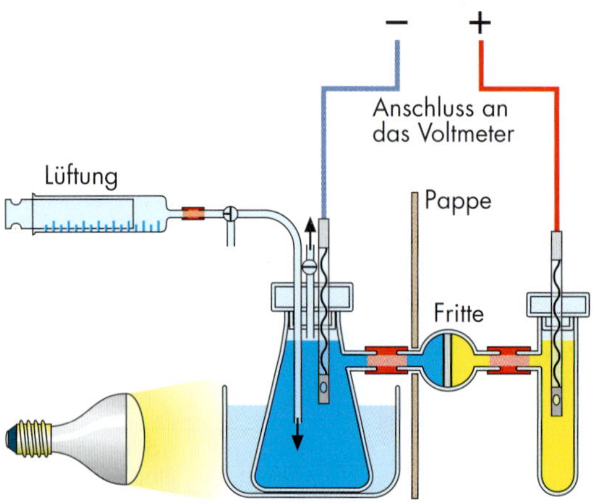

B2 *Potenzialmessung beim PBB-Experiment (V5). (Hinweise: a) Die Platin-Elektrode der bestrahlten Lösung wird mit dem Minuspol des Messgeräts verbunden; b) die nicht bestrahlte Vergleichslösung wird mit einer Pappe abgedunkelt. c) Vergleiche einfachere Anordnung mit Schnappdeckelgläsern unter Chemie 2000+ Online.)*

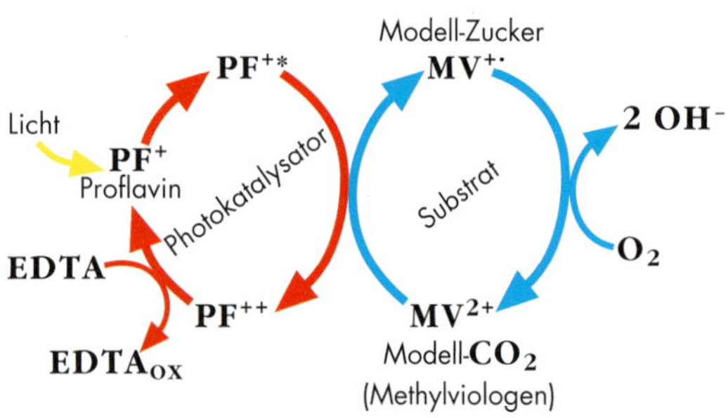

B3 *Reaktionsschema zum PBB-Experiment. (Hinweis:* PF^{+*} *ist der elektronisch angeregte Zustand von* PF^{+}*. Er bildet sich, wenn* PF^{+} *einen Lichtquant geeigneter Energie absorbiert.)*

Photosynthese und Atmung im Reagenzglas?

Modellexperiment: Photo-Blue-Bottle PBB

LV1 *Stammlösungen:* Die Lösungen I bis III werden hergestellt. Das Lösemittel ist jeweils Wasser. **I:** 2,8 g EDTA*-Dinatriumsalz (Ethylendiamintetraessigsäure-Dinatriumsalz) in 100 mL Lösung (c = 7,5 · 10^{-2} mol/L); **II:** 386 mg Methylviologen* (1,1'-Dimethyl-4,4'-bipyridiniumdichlorid) in 10 mL Lösung (c = 1,5 · 10^{-1} mol/L); **III:** 15,5 mg Proflavin*-hemisulfat (Diaminacridin-hemisulfat) in 100 mL Lösung (c = 3 · 10^{-4} mol/L). Diese Lösungen sind im Dunkeln über mehrere Monate haltbar. (*Hinweis:* Methylviologen ist **giftig**. Nach dem Hantieren mit Methylviologen sind die Geräte und die Hände gründlich mit Wasser zu spülen.)

LV2 *PBB-Lösung:* Aus den drei Stammlösungen (LV1) wird die PBB-Lösung für V3 bis V5 mit folgender Zusammensetzung hergestellt: 35 mL **I** + 10 mL **II** + 50 mL **III** + 380 mL dest. Wasser. Diese Lösung ist im Dunkeln mehrere Wochen haltbar.

V3 *PBB im Reagenzglas:* Halten Sie ein halbvoll mit PBB-Lösung gefülltes und verschlossenes Rggl. ca. 40 s lang in den Strahlengang eines Diaprojektors[1] und beobachten Sie die Farbe (B1). Entfernen Sie das Rggl. aus dem Strahlengang und beobachten Sie die Farbe ca. 30 s lang weiter. Schütteln Sie dann die Lösung kräftig. Beobachtung? Wiederholen Sie die Bestrahlung und das Schütteln einige Male.

V4 *PBB im Stehkolben:* Untersuchen Sie die Änderung des Gasvolumens beim PBB-Versuch in einem Stehkolben (V = 250 mL) mit aufgesetztem U-förmig gebogenen Glasrohr mit Sperrflüssigkeit. Führen Sie darin mit ca. 80 mL PBB-Lösung 2 bis 3 Reaktionszyklen durch, indem Sie jeweils auf dem Tageslichtprojektor[1] bestrahlen und dann schütteln. Stellen Sie das veränderte Gasvolumen erst dann fest, wenn das System auf die Ausgangstemperatur abgekühlt ist.

V5 *PBB-Potenzialmessung:* Bauen Sie eine elektrochemische Messvorrichtung aus zwei Halbzellen, die über einen Fritte verbunden sind, auf (B2). Messen und notieren Sie die Spannungsänderung[2] in dieser Vorrichtung a) während der Belichtung der linken Halbzelle bis zur vollständigen Blaufärbung, b) noch ca. 30 s lang nach dem Ausschalten der Lampe[2] und c) bei der Belüftung der blauen Lösung bis zur Gelbfärbung.

Auswertung

a) Beschreiben Sie die Beobachtungen aus V3 und beantworten Sie die beiden Fragen aus B1.

b) Untersuchen Sie mit Farbfiltern, welche Farben des Lichts beim PBB-Experiment wirksam sind.

c) Erläutern Sie die in B3 angegebenen Reaktionszyklen des Methylviologens und Proflavins als Redoxreaktionen. Was wird jeweils oxidiert und reduziert und was fungiert jeweils als Oxidations- bzw. Reduktionsmittel? (*Hinweis:* Unter der Internet-Adresse www.chemiedidaktik.uni-wuppertal.de finden Sie in der Rubrik Unterricht auch Animationen zum Photo-Blue-Bottle Experiment.)

d) Warum kann die blaue Farbe bei V3 und V4 durch Schütteln entfernt werden, bei V5 jedoch nur durch Belüftung?

e) Die Verbindung EDTA wird bei diesem Experiment als „Opfer-Donor" bezeichnet. Wofür wird das EDTA geopfert?

f) Vergleichen Sie die Änderungen der elektrischen Spannung in V5 mit a) dem Laden und Entladen eines Akkus und b) mit den Energieänderungen bei der Photosynthese (S. 95) und Atmung (S. 97). Nennen Sie Gemeinsamkeiten und Unterschiede.

---

[1] Alle Bestrahlungen können statt mit künstlichen Lichtquellen auch mit Sonnenlicht durchgeführt werden.

[2] Obwohl eine Spannung von bis zu 300 mV gemessen wird, kann kein Elektromotor angetrieben werden, weil die im PBB-Experiment umgesetzten Stoffmengen zu gering sind. Die für den Antrieb nötige Stromstärke kommt daher nicht zustande.

Modellexperiment und Wirklichkeit

Um komplexe Vorgänge in der Natur und in der Technik besser zu verstehen, können sogenannte Modellexperimente nützlich sein. Darin werden bestimmte wesentliche Merkmale eines realen Prozesses in einem einfacheren System, eben dem Modellexperiment, abgebildet. So demonstriert beispielsweise der Blue-Bottle Versuch (vgl. S. 102) die Funktion eines Elektronenvermittlers (Methylenblau) bei der Oxidation von Glucose mit Sauerstoff.

Das *Photo*-Blue-Bottle Experiment (V3 bis V5) ist ein Modell für den vollständigen Kreislauf des Kohlenstoffs bei der Photosynthese und Atmung. In einer von sichtbarem Licht angetriebenen Reaktion wird ein farbloses Edukt (Methylviologen-Dikation MV^{2+}) zu einem blauen Produkt (Methylviologen-Monokation MV^{+}) reduziert. Dieses wird anschließend mit Sauerstoff aus dem Gasraum wieder zum Ausgangsstoff zurück oxidiert. Bei der Reduktion und Blaufärbung der Lösung wird ähnlich wie bei der Photosynthese Licht in chemische Bindungsenergie umgewandelt und gespeichert. Bei der Oxidation und Rückfärbung nach Gelb wird diese Energie wieder verfügbar. Die Gemeinsamkeiten zwischen Experiment und Wirklichkeit betreffen nicht nur die gekoppelten Stoffkreisläufe, sondern auch die Energieumwandlung und die beteiligten Reaktionstypen (B5).

Ein Modellexperiment ist aber *kein vollständiges* Abbild der Wirklichkeit. Im Gegensatz zum PBB-Experiment ist in der Natur der Kohlenstoff-Kreislauf an den Sauerstoff-Kreislauf gekoppelt (B4). Der Photosyntheseapparat im Blatt und der Atmungsapparat in der Zelle bestehen jeweils aus eine Vielzahl von Stoffen, das Blatt und die Zelle sind offene Systeme (vgl. S. 69).

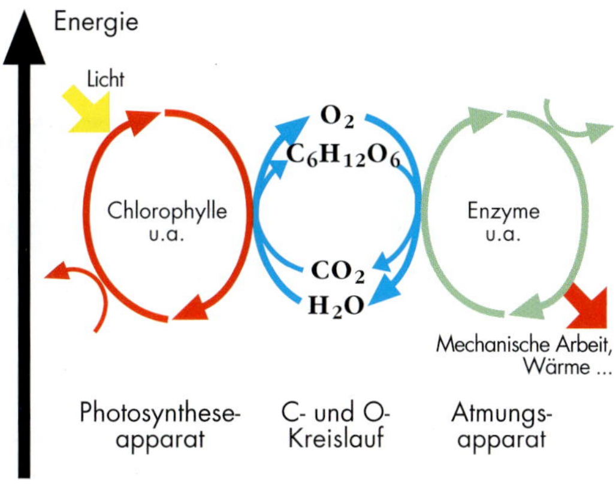

B4 *Das biochemische 1x1.* **A:** *Warum ist dies die Grundlage allen Lebens auf der Erde?*

Aufgaben

A1 Nennen Sie je zwei Gemeinsamkeiten und Unterschiede zwischen dem Blue-Bottle Experiment (S. 102) und dem Photo-Blue-Bottle Experiment (S. 108).

A2 Suchen Sie in diesem Buch zwei Modellexperimente für technische Prozesse und erläutern Sie sie.

A3 Wozu dient a) ein Modellexperiment und b) ein Atommodell? Erläutern Sie.

Modellexperiment: Photo-Blue-Bottle	**Natürliche Prozesse: Photosynthese – Atmung**
Stoffkreisläufe – Methylviologen–Kreislauf ($MV^{2+} \rightarrow MV^{+} \rightarrow MV^{2+}$) – Kreislauf des zyklisch arbeitenden Photokatalysators Proflavin (PF^{+}) – vgl. B3	**Stoffkreisläufe** – Kohlenstoff-Kreislauf ($CO_2 \rightarrow C_m(H_2O)_n \rightarrow CO_2$) – Kreisläufe der zyklisch arbeitenden Photokatalysatoren (Chlorophylle u. a.)
Energieumwandlung – Lichtenergie wird chemisch umgewandelt, gespeichert und als andere Energieform verfügbar. – Für die Lichtreaktion ist ein farbiger Photokatalysator (Proflavin) notwendig. – Die Reaktionen laufen in wässriger Lösung und an der Phasengrenze flüssig-gasförmig ab.	**Energieumwandlung** – Lichtenergie wird chemisch umgewandelt, gespeichert und als andere Energieform verfügbar. – Für die Photosynthese sind farbige Photokatalysatoren (Chlorophylle u. a.) notwendig. – Die Reaktionen laufen in wässriger Lösung und an Membranoberflächen ab.
Reaktionstypen – Der Kreislauf des Methylviologens setzt sich aus einer energiebenötigenden Reduktion ($\Delta G > 0$) und einer energieliefernden Oxidation ($\Delta G < 0$) mit Sauerstoff zusammen. – Der Kreislauf beginnt mit der Absorption von (blauem) Licht – vgl. V4. – Der Lichtabsorption folgt eine Elektronenübertragung – vgl. B3.	**Reaktionstypen** – Der Kreislauf des Kohlenstoffs setzt sich aus einer energiebenötigenden Reduktion ($\Delta G > 0$) und einer energieliefernden Oxidation ($\Delta G < 0$) mit Sauerstoff zusammen. – Der Kreislauf beginnt mit der Absorption von (blauem und rotem) Licht – vgl. B2, S. 94. – Nach der Lichtabsorption folgen (in mehreren Schritten) Elektronenübertragungen.

B5 *Vergleich Modellexperiment – Wirklichkeit.* **A:** *Nennen und erklären Sie einige Unterschiede.*

Die [^{14}C]-Kohlenstoff-Uhr

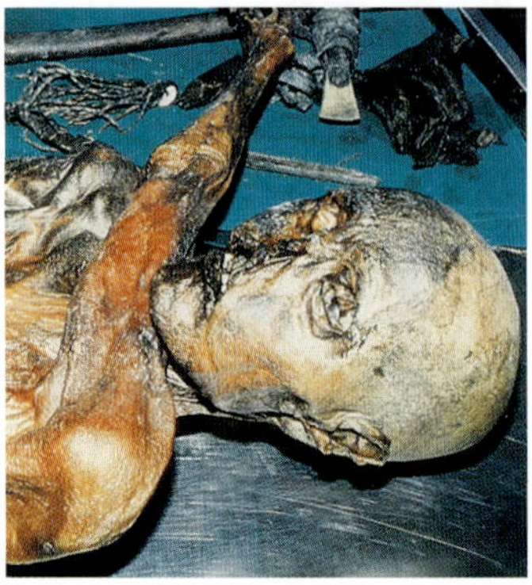

B1 *Am 19. September 1991 fanden Bergwanderer im österreichisch-italienischen Grenzgebiet im Hauslabjoch diese Gletschermumie, genannt Ötzi.*

Wie alt ist Ötzi?
Zur Datierung des Ötzi-Fundes wendete man die sogenannte Radiocarbon-Methode an.
Mit ihrer Hilfe hat man festgestellt, dass die Gletschermumie ungefähr 5000 Jahre alt ist.
Die Methode beruht auf dem radioaktiven Zerfall eines Kohlenstoff-Isotops, das in der Lufthülle der Erde durch kosmische Strahlung gebildet wird und über die Nahrungskette in Organismen gelangt.

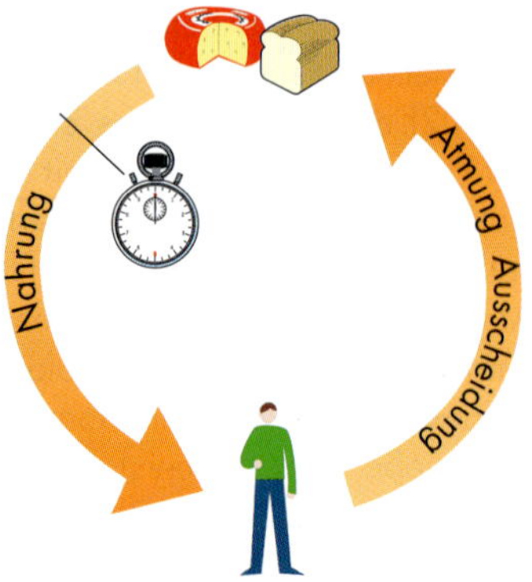

B2 *Die [^{14}C]-Kohlenstoff-Uhr startet, wenn ein Organismus stirbt, also der Organismus aus dem Kohlenstoff-Kreislauf ausgeschaltet wird.*

INFO
Isotope eines Elements sind Atome, die gleich viele Protonen, aber unterschiedlich viele Neutronen enthalten. Es handelt sich um Atome des gleichen Elements mit unterschiedlicher Massenzahl.

Isotope des Kohlenstoffs:

Symbol	Anzahl: p^+	n	abgekürzt
[$^{12}_{6}$C]	6	6	[^{12}C]
[$^{13}_{6}$C]	6	7	[^{13}C]
[$^{14}_{6}$C]	6	8	[^{14}C]

Erläuterung: [^{14}C]-Kohlenstoff gesprochen: Kohlenstoff 14

B3 *Aufbau der Kohlenstoff- Isotope.* **A:** *Erläutern Sie die Hoch- und Indexzahlen in der linken Spalte.*
A: *Erstellen Sie eine entsprechende Tabelle für die drei Wasserstoff- Isotope.*

Aufgaben
A1 Erläutern Sie das Auftreten ungerader Massenzahlen im Periodensystem.
A2 $^{222}_{86}$Rn entsteht bei einer natürlichen Zerfallsreihe über zwei β- und vier α-Zerfälle. Bestimmen Sie das Ausgangselement und das entsprechende Isotop.

Radionuklide – die strahlenden Atome
Um diese Datierungsmethode verstehen zu können, benötigen wir einige Informationen über radioaktive Strahlung:
Viele Elemente liegen in der Natur als Gemisch aus verschiedenen Isotopen vor (B3). Manche Isotope sind radioaktiv, dann spricht man von Radionukliden. Wie alle radioaktiven Atome zerfallen sie über einen oder mehrere Schritte bis zu einer stabilen Atomart. Dabei senden sie radioaktive Strahlung aus.
Bei der natürlichen radioaktiven Strahlung, die bei den Kernumwandlungen entsteht, unterscheidet man zwischen α-, β- und γ-Strahlung.
Bei der α-Strahlung handelt es sich um zweifach positiv geladene Helium-Kerne $^{4}_{2}He^{2+}$. Die β-Strahlung besteht aus schnellen Elektronen. Unter γ-Strahlung versteht man energiereiche, elektromagnetische Strahlung.
Nach Art der abgegebenen Strahlung spricht man von α- oder β-Zerfall.

Beim α-Zerfall eines Atoms verringert sich die Nukleonenzahl um vier und die Protonenzahl um zwei. Es entsteht ein Atom des Elements mit der um 2 niedrigeren Protonenzahl.
α-Zerfall: $^{A}_{B}X \rightarrow {}^{A-4}_{B-2}Y + {}^{4}_{2}He$

Beim β-Zerfall eines Atoms ändert sich die Nukleonenzahl nicht. Da ein Neutron in ein Proton und ein Elektron umgewandelt wird, entsteht ein Atom des Elements mit der um eins erhöhten Protonenzahl.
β-Zerfall: $^{A}_{B}X \rightarrow {}^{A}_{B+1}Y + {}^{0}_{-1}e$

Bei radioaktiven Zerfällen entsteht meist zusätzlich energiereiche, elektromagnetische Strahlung, die man als γ-Strahlung bezeichnet. Dabei ändert sich der Energieinhalt des Kerns. Die Protonenzahl bleibt erhalten, die chemischen Eigenschaften ändern sich nicht.

Die [^{14}C]-Kohlenstoff-Uhr

Die Radiocarbon-Methode nutzt den β-Zerfall des [^{14}C]-Kohlenstoffs. Von der Sonne und von anderen Sternen gelangt energiereiche Strahlung in die oberen Schichten der Erdatmosphäre. Diese Teilchenstrahlung besteht zu 93 % aus Protonen und zu ca. 6 % aus Helium-Kernen. Den Rest bilden schwere Atomkerne. Durch Reaktionen dieser Primärstrahlung mit Molekülen der Atmosphäre entstehen verschiedene Teilchen, wie zum Beispiel Neutronen. Diese können dann wiederum mit den Molekülen der Atmosphäre reagieren. So entsteht durch kosmische Strahlung zum Beispiel Tritium [^{3}H], das radioaktive Isotop des Wasserstoffs, und [^{22}Na]-Natrium.

Das Radionuklid [^{14}C]-Kohlenstoff entsteht in der Atmosphäre bei der Sekundärreaktion eines Neutrons mit einem Stickstoff-Kern:

$$^{14}_{7}\text{N} + {}^{1}_{0}\text{n} \rightarrow {}^{14}_{6}\text{C} + {}^{1}_{1}\text{H}$$

Der [^{14}C]-Kohlenstoff wird in der Erdatmosphäre zu Kohlenstoffdioxid oxidiert. Zusammen mit dem weit häufigeren Kohlenstoffdioxid, das „normalen" [^{12}C]-Kohlenstoff enthält, wird es von Pflanzen assimiliert und gelangt über die Nahrungskette in Tiere und Menschen. Man geht davon aus, dass sich in den letzten 100 000 Jahren der Gehalt an [^{14}C]-Kohlenstoff in der Atmosphäre nicht geändert hat.

Aufgaben

A3 Welche Faktoren führen dazu, dass der [^{14}C]-Kohlenstoff-Gehalt in der Atmosphäre in letzter Zeit leicht zunimmt?

A4 Bei der Sekundärreaktion eines Neutrons mit einem Stickstoff-Kern zu einem [^{14}C]-Kohlenstoff entsteht auch ein $^{1}_{1}$H. Worum handelt es sich bei diesem Teilchen?

Wie tickt die [^{14}C]-Kohlenstoff-Uhr?

Solange Organismen atmen oder neue kohlenstoffhaltige Nahrungsmittel aufnehmen und wieder ausscheiden, bleibt das Verhältnis zwischen [^{12}C]-Kohlenstoff und [^{14}C]-Kohlenstoff im Körper gleich.

Stirbt das Individuum, zerfällt das Radionuklid weiter, ohne dass es ersetzt wird. Die „Uhr" wird gestartet. Der Gehalt an [^{14}C]-Kohlenstoff nimmt im Laufe der Zeit ab.

Das Radionuklid [^{14}C]-Kohlenstoff besitzt eine Halbwertszeit von 5730 Jahren. Nach diesem Zeitraum ist die Hälfte der zu Beginn vorhandenen Radionuklide zerfallen:

$$^{14}_{6}\text{C} \rightarrow {}^{14}_{7}\text{N} + {}^{0}_{-1}\text{e}$$

Den zeitlichen Verlauf des Zerfalls gibt B4 wieder. Dabei ist der prozentuale Gehalt an [^{14}C]-Kohlenstoff beim Start der „Uhr" auf 100 % gesetzt.

Vergleicht man die aktuelle Konzentration an [^{14}C]-Kohlenstoff in lebender Substanz mit der in archäologischen Funden, so lässt sich bestimmen, wann die Stoffwechselprozesse des zu untersuchenden Fundes aufgehört haben.

Mithilfe der Radiocarbon-Methode können nur Datierungen von ehemals lebenden Individuen gemacht werden, deren „Uhr" noch nicht länger als ungefähr 50 000 Jahre läuft. Bei sehr alten Objekten ist die verbleibende Aktivität der Proben zu gering im Vergleich zur Umgebungsstrahlung.

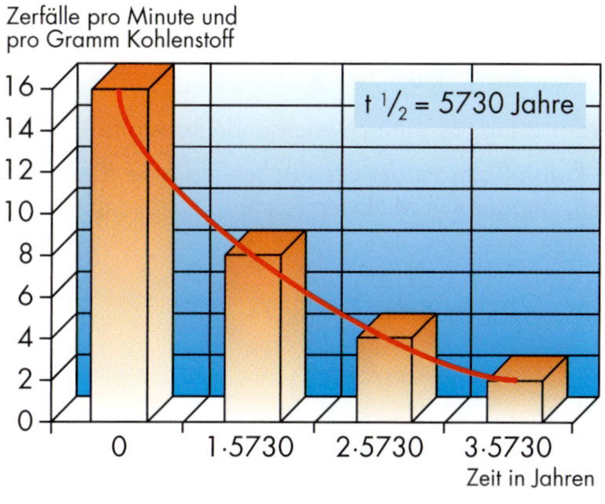

B4 *Gehalt an [^{14}C]-Kohlenstoff in Abhängigkeit von der Zerfallszeit. Unter **Halbwertszeit (t ½)** versteht man den Zeitraum, in dem statistisch betrachtet die Hälfte der ursprünglich vorhandenen Atome eines Radionuklids zerfallen ist.* **A:** *Beschreiben und interpretieren Sie den Kurvenverlauf.*

Aufgaben

A5 Nennen Sie Quellen für Umgebungsstrahlung.

A6 In einer Höhle hat man einen Bärenknochen gefunden, dessen [^{14}C]-Kohlenstoff-Konzentration auf 6,25 % abgesunken ist. Wie alt ist dieser Fund?

Aufgaben

A7 Nennen Sie Möglichkeiten, Funde zu datieren, deren Alter keinem genauen Vielfachen einer Halbwertszeit entspricht.

A8 Die Halbwertszeit von [^{14}C]-Kohlenstoff wird mit 5730 ± 40 Jahren angegeben. Suchen Sie eine Erklärung für diese Intervallangabe.

A9 Suchen Sie in der Literatur/Internet nach anderen Datierungsmethoden und erklären Sie das Prinzip, das ihnen zugrunde liegt.

Nachwachsende Rohstoffe

Einsatz nachwachsender Rohstoffe

Nachwachsende Rohstoffe sind organische Stoffe pflanzlichen oder tierischen Ursprungs, die ganz oder in Teilen als Rohstoffe für die Industrie oder als Energieträger genutzt werden. Im Gegensatz zu fossilen Rohstoffen erneuern sie sich jährlich oder in überschaubaren Zeiträumen.

Das ständige Bevölkerungswachstum und der zunehmende Verbrauch an fossilen Brennstoffen führt dazu, dass die Rohstoffreserven der Erde knapper und die Kohlenstoffdioxid-Belastung der Atmosphäre größer werden. Daher wird verstärkt der Einsatz nachwachsender Rohstoffe in der industriellen Nutzung gefördert, um fossile Roh- und Brennstoffe zu sparen und zugleich frei werdendes Kohlenstoffdioxid wieder durch Photosynthese zu binden.

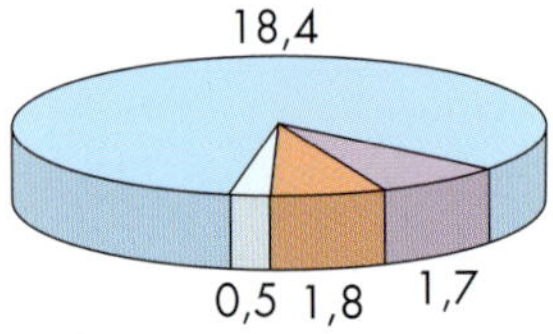

B1 *Rohstoff-Einsatz der chemischen Industrie (Deutschland), Angaben in Millionen Tonnen*

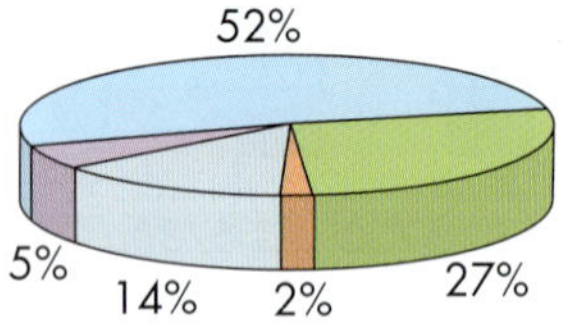

B2 *Einsatz von nachwachsenden Rohstoffen im Chemiebereich (Deutschland)*

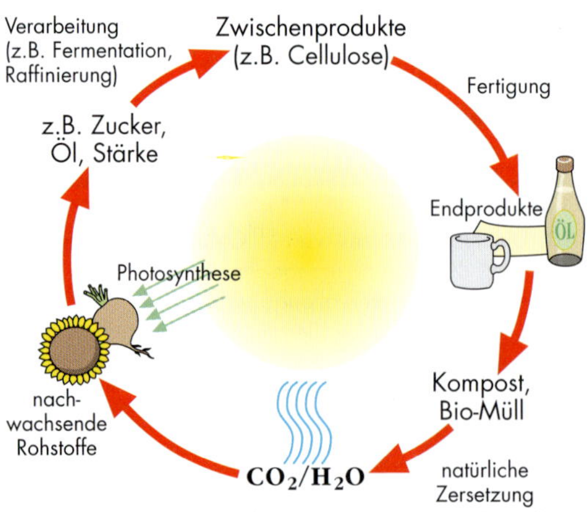

B3 *Kohlenstoff-Kreislauf bei Verwendung nachwachsender Rohstoffe*

Nachwachsende Rohstoffe lassen sich je nach Nutzung in Industrie- bzw. Energiepflanzen einteilen.

Industriepflanzen	Rohstoffe	Endprodukte
Kartoffeln, Weizen, Mais, Markerbsen	Stärke	Folien, Waschmittel
Raps, Rübsen, Sonnenblumen, Hanf	Pflanzenöl	Schmierstoffe, Motor-, Getriebeöle, Kosmetika, Wasch-, Lösemittel
Zuckerrüben, Zichorien, Topinambur	Zucker	Kunststoffe, Vitamine, Arznei- und Waschmittel
Holz, Hanf, Flachs	Cellulose	Zellstoff, Papier, Dämmstoffe, Garn
Energiepflanzen		
Zuckerrüben, Kartoffeln	Zucker, Stärke	Bioalkohol, Additive
Raps	Rapsöl	Biodiesel

B4 *Ausgewählte Pflanzen zur industriellen und energetischen Verwertung*

Stärke – ein Rohstoff nicht nur zum Essen

Bei der Herstellung von Stärkeprodukten macht man sich deren Eigenschaften wie z.B. das gute Quellvermögen, die Klebeeigenschaften oder ihre Hydrolysierbarkeit (V4, S. 104) zunutze. Stärkeprodukte lassen sich nach Gebrauch verbrennen oder kompostieren.

B5 *Ein komplettes Essgeschirr aus Stärke*

Versuch

V1 *Herstellung einer Stärkefolie:* Geben Sie in einen Rundkolben 2,5 g Kartoffelstärke und fügen Sie 25 mL dest. Wasser, 3 mL Salzsäure*, c = 0,1 mol/L, und 2 mL Glycerin-Lösung, w = 55%, hinzu. Kochen Sie die Suspension 15 min lang unter Rückfluss. Stoppen Sie die Reaktion durch Zugabe von 3 mL Natronlauge*, c = 0,1 mol/L. Dem noch heißen Reaktionsansatz kann man etwas Lebensmittelfarbstoff zusetzen, um die Folie zu färben. Verteilen Sie dann den Reaktionsansatz gleichmäßig auf einer Glas- oder Kunststoffplatte. Lassen Sie die Platte ca. 2 Tage zum Trocknen stehen, die Folie kann dann vorsichtig abgezogen werden.

Nachwachsende Rohstoffe

Pflanzenöle – Autofahren mit Biodiesel

Versuch

***V2** Herstellung von Biodiesel:* Lösen Sie 0,3 g Natriumhydroxid* in 100 mL Methanol*. Geben Sie von dieser Methanolat-Lösung* 8 mL in ein großes, trockenes Rggl. mit Rührkern. Tauchen Sie das Rggl. in ein Wasserbad, das auf 75 °C vorgeheizt ist. Fügen Sie nun 4 mL Rapsöl hinzu und erhitzen Sie unter Rückfluss und Rühren. Nach ca. 5 min sollte die Emulsion klar geworden sein. Gießen Sie dann den Ansatz ohne Abkühlen in ein weiteres Rggl. mit Wasser. Warten Sie bis zur Phasentrennung (B6).

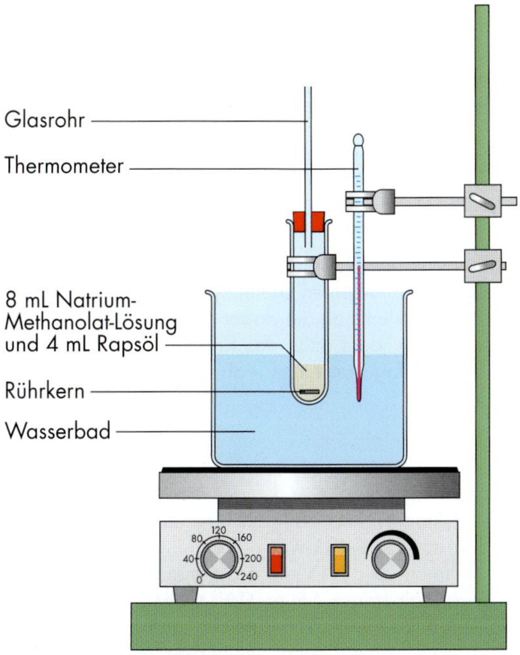

B6 *Apparatur zur Herstellung von Biodiesel*

Als Treibstoffe aus nachwachsenden Rohstoffen kommen unbehandelte (Naturdiesel) oder chemisch veränderte Pflanzenöle (Biodiesel) zum Einsatz. Biodiesel kann in herkömmlichen Dieselmotoren verwendet werden. Hierzu wird das Pflanzenöl mit Methanol umgeestert, sodass Fettsäuremethylester als Biodiesel und Glycerin als Nebenprodukt entstehen.
Eine vollständiger Ersatz von Diesel aus fossilen Brennstoffen durch Biodiesel ist auch in absehbarer Zeit nicht möglich. Optimistische Schätzungen gehen davon aus, dass Biodiesel maximal 10% des gesamten Dieselbedarfs decken könnte.

Zucker – Nährstoff für Mikroorganismen

Dass Hefen den in Früchten enthaltenen Zucker zu Alkohol vergären können, ist der Menschheit schon lange bekannt.
Mikroorganismen können aber auch andere wertvolle Produkte wie z. B. Citronensäure, Aminosäuren oder Antibiotika herstellen, indem sie Zucker als Nährstoff verwerten. Das Bakterium *Alcaligenes eutrophus* synthetisiert sogar einen kompostierbaren Kunststoff, Polyhydroxybuttersäure (PHB), aus dem man Flaschen, Folien oder auch selbstauflösende chirurgische Fäden herstellt.

B7 *Flaschen aus PHB nach steigender Kompostierungsdauer (rechts: 6 Wochen alt)*

Aufgaben

A1 Diskutieren Sie anhand von B1 bis B3 die Verwendung nachwachsender Rohstoffe.

A2 Formulieren Sie für die Umesterung eines Fett-Moleküls (Strukturformel) mit Methanol die Reaktionsgleichung.

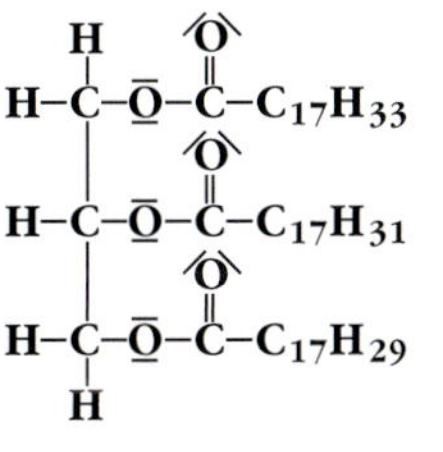

A3 Die landwirtschaftliche Nutzfläche Deutschlands beträgt ca. 18 Mio ha. Der Verbrauch an Dieselkraftstoff liegt bei ca. 23 Mio Tonnen jährlich. Der Hektar-Ertrag von Rapsöl liegt z. Zt. bei ca. 1,3 Tonnen pro Jahr. Berechnen Sie die Anbaufläche, die zur Deckung des Dieselbedarfs durch Rapsöl nötig wäre. Diskutieren Sie die sich ergebenden Nachteile.

A4 β-Hydroxybuttersäure ist die Ausgangssubstanz des Polyesters PHB.

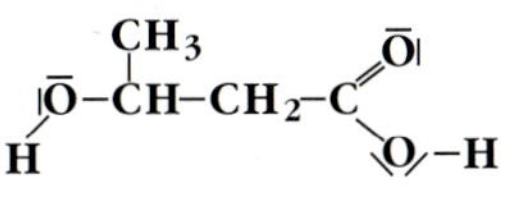

Zeichnen Sie einen Ausschnitt des PHB-Moleküls. Nennen Sie Vor- und Nachteile von PHB.

Stickstoff – elementar und gebunden

B1 *Ansicht der Erdatmosphäre.* **A:** *Was wissen Sie über die einzelnen Elemente bzw. Verbindungen in der Erdatmosphäre? Berücksichtigen Sie auch B2, S. 72.*

B2 *Blitzentladung.* **A:** *Finden Sie Gemeinsamkeiten zwischen der Luft der Atmosphäre bei einer Blitzentladung und der Luft, die im Verbrennungsmotor eines Kraftfahrzeugs reagiert.*

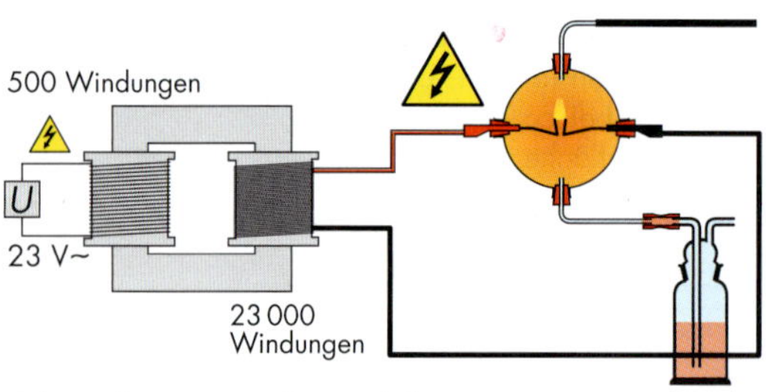

B3 *Reaktion von Luft im Lichtbogen*

Versuche

LV1 In einer Apparatur gemäß B3 wird Luft einige Minuten lang einer Funkenstrecke ausgesetzt. Nach dem Abschalten der Hochspannung werden 10 mL Wasser in den Kolben gegeben, es wird kräftig geschüttelt und die Lösung mit Indikator geprüft.

V2 Versetzen Sie in einem Reagenzglas 5 mL konz. Ammoniumchlorid-Lösung* NH_4Cl mit 2 Kaliumhydroxid-Plätzchen* und führen Sie vorsichtig eine Geruchsprobe durch. Halten Sie über die Reagenzglasöffnung ein angefeuchtetes Universal-Indikatorpapier sowie einen in konz. Salzsäure* getauchten Glasstab.

V3 Mischen Sie gleiche Anteile einer konz. Ammoniumchlorid- und einer konz. Natriumnitrit-Lösung* $NaNO_2$ und verteilen Sie diese Lösung auf zwei Reagenzgläser. Fügen Sie zu einer Probe 5 Tropfen konz. Essigsäure* und beobachten Sie beide Proben etwa 10 Minuten. Halten Sie dann in den Gasraum einen glimmenden Holzspan.

V4 (Abzug!) Übergießen Sie in einem trockenen Reagenzglas eine Spatelspitze festes Natriumnitrit* mit einigen Tropfen verd. Schwefelsäure*. Führen Sie in das Reagenzglas (ohne dabei dessen Innenwand zu berühren!) einen Glasstab ein, der mit feuchtem Indikatorpapier umwickelt ist. Tauchen Sie anschließend das Reagenzglas in eine Kältemischung (Eis/Kochsalz).

V5 Versetzen Sie a) 2 mL einer verd. Natriumnitrit-Lösung*, w = 5 %, bzw. b) 2 mL einer verd. Natriumnitrat-Lösung*, w = 5 %, mit wenigen Tropfen einer Kaliumpermanganat-Lösung*. Säuern Sie mit verd. Schwefelsäure* an.

V6 Füllen Sie eine Mischung aus Gartenerde und einem Teelöffel Harnstoff $CO(NH_2)_2$ etwa 4 cm hoch in einen Erlenmeyerkolben. Verschließen Sie ihn mit einem Stopfen und klemmen Sie dabei einen feuchten Streifen Universalindikatorpapier so ein, dass er in das Kolbeninnere hängt. Der Kolben wird für zwei bis drei Tage an einen warmen (20 bis 30 °C) Ort gestellt (vgl. mit V2).

Auswertung

a) Ordnen Sie die folgenden Moleküle und Ionen nach steigender Oxidationszahl des Stickstoff-Atoms: NO, NO_2, N_2O_3, N_2O_4, N_2O, N_2, NO_2^-, NO_3^-, NH_3, Harnstoff $H_2N\text{-}CO\text{-}NH_2$, NH_4^+.

b) In LV1 entsteht Stickstoffmonooxid NO und gasförmiges Stickstoffdioxid NO_2, das mit Wasser zu salpetriger Säure HNO_2 und Salpetersäure HNO_3 reagiert. Formulieren Sie die Reaktionsgleichungen. Geben Sie die Oxidationszahlen des Stickstoff-Atoms in den jeweils auftretenden Verbindungen an. Zu welchem Reaktionstyp gehört die Reaktion von Stickstoffdioxid mit Wasser?

c) Formulieren Sie die Reaktionsgleichungen für V2 bis V4. Wenn Sie in V3 anstelle der Natriumnitrit- eine Natriumnitrat-Lösung einsetzen, entsteht Distickstoffmonooxid N_2O. Formulieren Sie auch hierfür die Reaktionsgleichung. In V4 entstehen zunächst Stickstoffmonooxid und Stickstoffdioxid, die in der Kälte im Wesentlichen zu Distickstofftetraoxid N_2O_4 reagieren. Welches Oxid wird als Nebenprodukt gebildet? Was geschieht, wenn das Reagenzglas wieder aus der Kältemischung genommen wird?

d) In V5 reagieren Permanganat-Ionen MnO_4^- zu Mangan(II)-Ionen Mn^{2+}. Formulieren Sie die Redoxgleichungen.

e) Welche wichtige Reaktion des Stickstoff-Kreislaufs in der Natur (B4) wird durch V6 dargestellt?

Der Stickstoff-Kreislauf in der Natur

Elementarer Stickstoff N_2 ist mit 78 Vol.-% der Hauptbestandteil der Atmosphäre. Er ist sehr reaktionsträge und reagiert beispielsweise mit Sauerstoff erst bei elektrischen Entladungen in der Atmosphäre, wenn es blitzt. Dabei bilden sich die Stickstoffoxide NO und NO_2, die mit dem Regen aus der Atmosphäre ausgewaschen werden (vgl. LV1). Verbindungen des Stickstoffs sind in der Regel wesentlich reaktiver als Stickstoff. Einige davon sind am natürlichen Kreislauf dieses Elements beteiligt (B4), ihr Anteil ist jedoch lediglich 1 % der Masse des gesamten, auf unserer Erde vorkommenden Stickstoffs, obwohl jede lebende Zelle Stickstoffverbindungen enthält. Tiere und Menschen können das riesige Stickstoffreservoir aus der Luft nicht nutzen. Unter den Pflanzen gibt es nur wenige, die dazu in der Lage sind. In den Wurzelknöllchen von Bohnen, Klee und anderen Schmetterlingsblütern (*Leguminosen*) leben Bakterien (*Rhizobium-Arten*), die Luftstickstoff binden[1] und der Pflanze als Nitrat-Ionen NO_3^- zur Verfügung stellen. Dieser Prozess wird als **Stickstoff-Fixierung** bezeichnet.
Eine andere nutzbare Form des Stickstoffs liegt im Ammonium-Ion NH_4^+ vor, das beim Abbau von Eiweißen und Aminosäuren aus abgestorbenen Tier- und Pflanzenteilen entsteht. Dieser Abbau wird von Mikroorganismen im Boden durchgeführt. Sie wandeln die organischen Substanzen in mineralische Nährstoffe um (**Mineralisierung**). Stickstoff tritt dabei zunächst als Ammoniak NH_3 auf, das mit dem Bodenwasser zu Ammonium-Ionen NH_4^+ reagiert. In gut durchlüfteten Böden unterliegen die Ammonium-Ionen der **Nitrifikation**. Durch die nitrifizierenden Bakterien *Nitrosomonas* und *Nitrobacter* werden Ammonium-Ionen innerhalb weniger Tage über Nitrit-Ionen NO_2^- zu Nitrat-Ionen NO_3^- umgewandelt. Die Pflanze nimmt die Nitrat-Ionen auf.
Ammonium-Ionen können aufgrund ihrer positiven elektrischen Ladung an die elektrisch negativ aufgeladenen Bodenkolloide[2] angelagert werden und sind so vor Auswaschung geschützt. Dagegen werden Nitrat-Ionen nicht an die Bodenkolloide angelagert, sind also in der Bodenlösung frei beweglich und unterliegen verstärkt der Auswaschung. Daher können sich Nitrat-Ionen im Grundwasser anreichern. Liegen Nitrat-Ionen unter Sauerstoffabschluss vor, was im Boden durch Staunässe oder durch Verdichtung hervorgerufen werden kann, so nutzen manche Bakterien den im Nitrat-Ion gebundenen Sauerstoff für ihre Stoffwechselvorgänge[3]. Dabei wird Stickstoff gebildet. Diesen Vorgang bezeichnet man als **Denitrifikation**. Da nicht alle denitrifizierenden Bakterien Nitrat-Ionen bis zu elementarem Stickstoff reduzieren, tritt auch das flüchtige Gas Distickstoffmonooxid N_2O auf. Es entweicht wie der Stickstoff aus dem Boden. Stickstoff-Verluste des Bodens an die Atmosphäre können beträchtlich sein[4]. Bei hohen Boden-*p*H-Werten kann auch gasförmiges Ammoniak NH_3 entweichen.

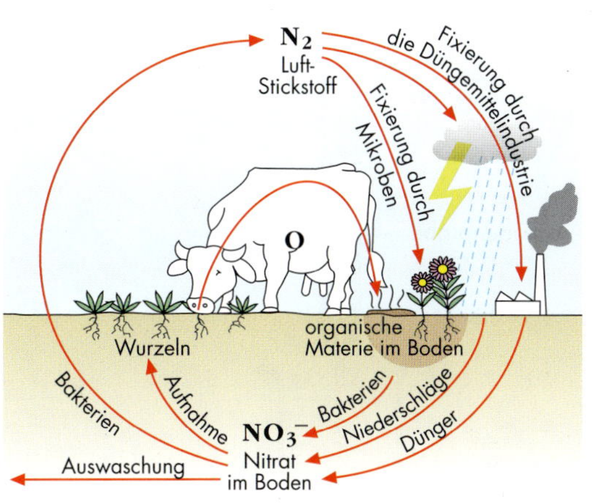

B4 *Stickstoff-Kreislauf in der Natur*

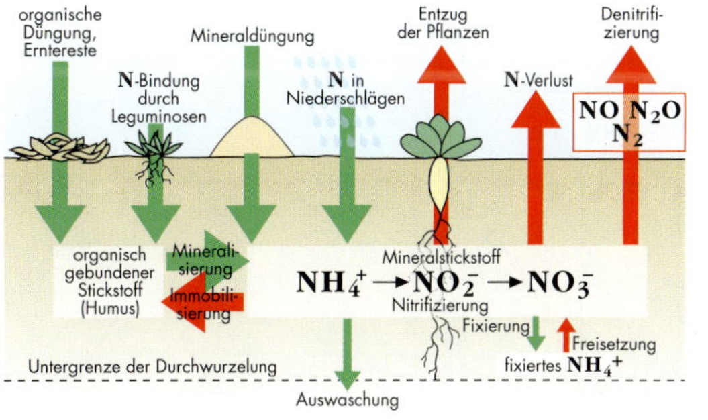

B5 *Stickstoffhaushalt des Bodens*

[1] Auf diese Weise werden 100 bis 300 kg N pro ha und Jahr fixiert.
[2] Kolloid (griech.) = nicht kristalliner, leimartiger Stoff
vereinfacht: aufgeladene Bodenpartikel
[3] auch als Nitratatmung bezeichnet
[4] Aus Böden können etwa ein Drittel des gedüngten Stickstoffs entweichen.

Fachbegriffe
Stickstoff-Fixierung, Mineralisierung, Nitrifikation, Denitrifikation

Blick hinter die Kulissen: Boden und Stickstoffdünger

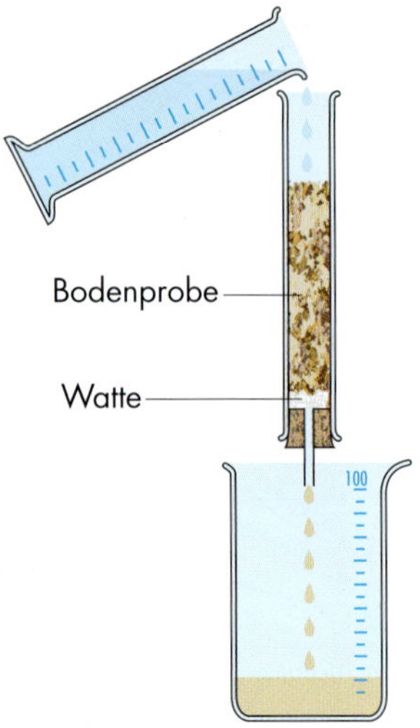

B1 *Aufbau von LV1*

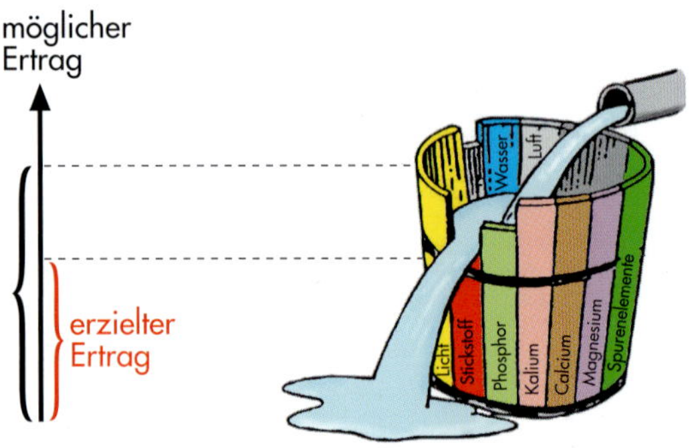

B2 *Das „LIEBIGSCHE Minimumfass". Hier begrenzt der im Minimum vorhandene Stickstoff den Ertrag. JUSTUS VON LIEBIG (1803 bis 1873) formulierte in seinem „Gesetz vom Minimum", dass die Höhe des Ertrags einer Kulturpflanze von dem Nährstoff bestimmt wird, der im Boden am wenigsten (= im Minimum) vorliegt.*

Versuche

LV1 Ein 30 bis 50 cm langes Glasrohr mit 2 bis 3 cm Durchmesser wird gemäß B1 auf einer Seite mit einem durchbohrten Gummistopfen mit Glasröhrchen versehen und senkrecht eingespannt. Bevor das Glasrohr mit locker geschichteter Erde, die mit Styropor versetzt ist, befüllt wird, bedeckt man den Gummistopfen mit etwas Watte. Die in der Erde vorhandenen Nitrat-Ionen werden so lange mit destilliertem Wasser ausgewaschen, bis sie sich in der im Becherglas aufgefangenen Lösung mit Teststäbchen nicht mehr nachweisen lassen. Nun wird so lange Ammoniumchlorid-Lösung*, $w = 0{,}1\,\%$, zugetropft, bis sie durch die Erde gesickert ist und in der heraustropfenden Lösung nachgewiesen werden kann (Teststäbchen). Nach drei Tagen wird die Erde im Glasrohr erneut mit destilliertem Wasser durchgespült und die aufgefangene Lösung mit Nitrat- und Ammonium-Teststäbchen untersucht.
Man wiederholt den Versuch unter Verwendung von Sand statt Erde.

V2 Füllen Sie in einen 1-Liter-Erlenmeyerkolben etwas Erde und geben sie dann folgende Lösung aus 1 g Kaliumnitrat*, 0,5 g Kaliumdihydrogenphosphat und 5 g Weinsäure in 500 mL Leitungswasser hinzu. Setzen Sie auf den Erlenmeyerkolben einen durchbohrten Stopfen mit Gärröhrchen und lassen sie den Kolben drei Tage bei etwa 30 °C stehen. Bestimmen Sie mit Teststäbchen die Nitrat-Ionenkonzentration.

V3 Setzen Sie in mehreren Petrischalen jeweils 50 Kressesamen auf einer dünnen Watteschicht zum Keimen an. Tränken Sie die Watte mit jeweils 10 mL folgender Flüssigkeiten: a) Leitungswasser, b) Ammoniumnitrat-Lösung*, $w = 1\,\%$, und c) Ammoniumnitrat-Lösung*, $w = 0{,}01\,\%$.

Auswertung

a) Werden Ammonium- oder Nitrat-Ionen (LV1) leichter ausgewaschen? Begründen Sie.
b) Welche wichtigen Reaktionen des natürlichen Stickstoff-Kreislaufs werden durch LV1 und V2 dargestellt?
c) Von welchen Faktoren hängt die Menge eines ausgewaschenen Stickstoffdüngers ab?
d) Erklären Sie die Unterschiede im Wuchsverhalten der Kresse.

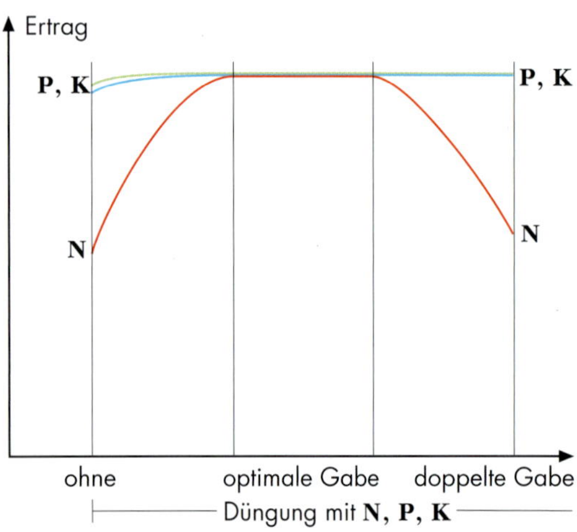

B3 *Einfluss der Düngung mit N, P oder K auf den Ertrag bei Kulturböden.* **A:** *Warum führen schon geringe Fehler bei der N-Düngung zu Ertragseinbußen (vgl. B2)?*

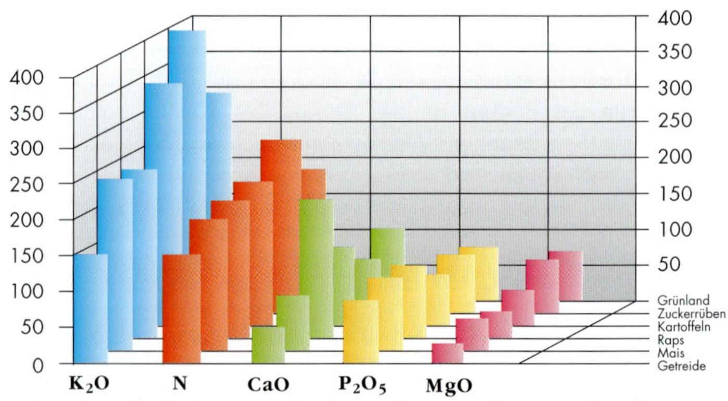

B4 *Nährstoffaufnahme verschiedener Pflanzen in kg pro Hektar bei durchschnittlicher Ernte.* **A:** *Welche der hier aufgeführten Pflanzen ist die „anspruchsvollste" und welche die „bescheidenste"? Begründen Sie.*

Nährstoffbilanz des Bodens und Düngung

Bereits vor 10 000 Jahren wurde in den Flussniederungen von Euphrat, Tigris und Nil zwei- bis dreimal im Jahr geerntet. Neben günstigen klimatischen Verhältnissen sorgte der bei Hochwasser mitgeführte fruchtbare Schlamm für eine optimale Nährstoffversorgung des Bodens. Heutzutage muss der Landwirt gezielt analysieren, welche Nährstoffe der (Acker-)Boden enthält, welche und wie viel Nährstoffe die bevorstehende Ernte benötigt (B4) und inwieweit die Fruchtfolge die **Nährstoffbilanz** des Bodens beeinflusst. Durch Zufuhr von organischen und/oder mineralischen Düngern kann dann die Differenz zwischen dem Nährstoffbedarf für die angestrebte Ernte und dem Nährstoffgehalt des Bodens ausgeglichen werden.

Das Element Stickstoff gilt als „Motor" des Pflanzenwachstums, weil es zum Aufbau von Aminosäuren, Proteinen, Desoxyribonucleinsäure und Chlorophyllen benötigt wird. Sowohl ein Mangel als auch ein Überangebot an Nährstoffen mit Stickstoff wirken sich auf die Ernte negativ aus. Bei Stickstoffmangel (vgl. B2, B3) kommt es zu Vergilbungen (*Chlorosen*) der Blätter. Da Stickstoffverbindungen in der Pflanze gut transportiert werden, erfolgt bei nicht ausreichender Stickstoffernährung eine Verlagerung aus den älteren in die jüngeren Blätter, sodass die Mangelsymptome zuerst an den älteren Blättern auftreten. Die mangelhafte Chlorophyllbildung führt zu einer Hemmung der Photosynthese und damit zu Kümmerwuchs und schlechter Blüte (Notblüte). Ein überhöhtes Stickstoffangebot ist an üppigem Wachstum, der Bildung von dunkel- bis schmutzig grünen, großen Blättern mit weichem, schwammigem Blattgewebe zu erkennen. Dabei kommt es zu einer erhöhten Anfälligkeit gegenüber Pilzkrankheiten und saugenden Insekten. Das im Überschuss aufgenommene Element Stickstoff kann nicht mehr in Proteine umgesetzt werden, sodass die Pflanzen einen stark erhöhten Gehalt an Nitrat-Ionen aufweisen.

Neben den **organischen Wirtschaftsdüngern** (Gülle, Stallmist, Jauche, Kompost und Gründüngung) werden auch **mineralische Düngemittel** (B5) eingesetzt. Es handelt sich hierbei entweder um Reinstoffe wie Ammoniumnitrat NH_4NO_3, Natriumnitrat $NaNO_3$, Kaliumchlorid KCl, Ammoniak NH_3 oder um Stoffgemische, die in großen Mengen industriell hergestellt werden. Darin sind die drei Hauptelemente Stickstoff, Phosphor und Kalium (B6) enthalten. Die Zusammensetzung des jeweiligen Düngemittels wird gewöhnlich durch drei Zahlen auf der Verpackung angegeben[1]. Sie entsprechen dem prozentualen Massenanteil dieser drei Elemente, berechnet als Stickstoff N, Phosphor(V)-oxid P_4O_{10} und Kaliumoxid K_2O im jeweiligen Düngemittel. Den Handelsdüngern werden in der Regel Zusatzstoffe zur Verbesserung der physikalischen Eigenschaften (Rieselfähigkeit), Füllstoffe (zur Herabsetzung der Nährstoffkonzentration des Düngers) und mitunter Pflanzenschutzmittel zugesetzt. Außerdem enthalten einige mineralische Düngemittel sekundäre Elemente für das Pflanzenwachstum (Calcium, Magnesium, Schwefel) sowie Spurenelemente (Kupfer, Eisen, Zink, Molybdän).

Fachbegriffe

Nährstoffbilanz, organische Wirtschaftsdünger, mineralische Düngemittel

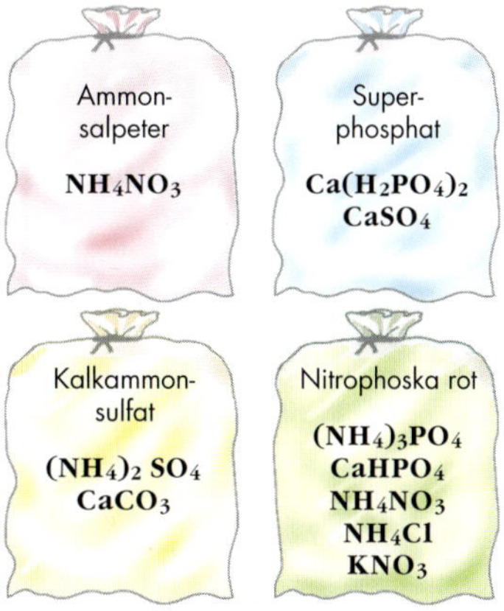

B5 *Handelsübliche mineralische Düngemittel.*
A: *Warum wird Ammonsalpeter als Einzeldünger und Nitrophoska als Volldünger bezeichnet?* **A:** *Erkundigen Sie sich im Fachhandel nach wichtigen Stickstoffdüngern, ihren Inhaltsstoffen und ihrem Verhalten im Boden.*

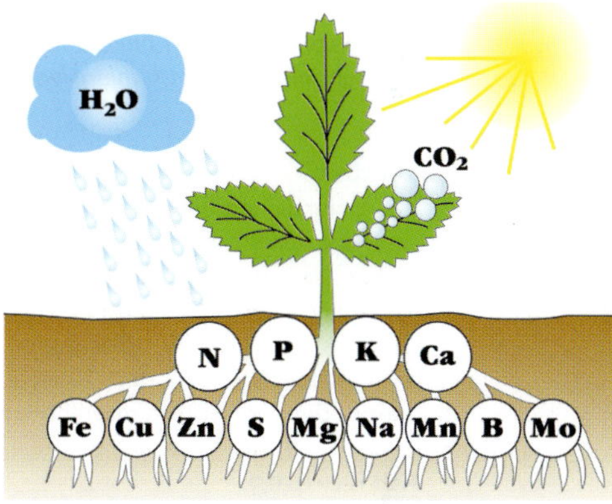

B6 *Neben Licht, Wasser und Kohlenstoffdioxid benötigt die Pflanze auch Nährstoffe, in denen diese Elemente enthalten sind.*

Aufgaben

A1 Mit welchen Zahlen müsste ein Düngemittel aus reinem Ammoniumsulfat $(NH_4)_2SO_4$ charakterisiert werden?

A2 Welche Aufschrift findet man auf der Verpackung eines Düngemittels, das 20,0 g $(NH_4)_2SO_4$, 10,0 g $Ca(H_2PO_4)_2$ und 10,0 g KCl zusammen mit 100 g Füllstoffen und Beimengungen enthält?

A3 Warum dürfen Kalkdünger und ammoniumhaltige Dünger nicht miteinander gemischt werden?

A4 Warum wirken Nitratdünger schnell und Ammoniumdünger langsamer?

A5 Informieren Sie sich im Internet über industrielle Düngemittel (Einstiegsmöglichkeit: www.basf.de).

[1] Ein Düngemittel mit der Aufschrift **18–18–5** enthält 18 % N, 18 % P_4O_{10} und 5 % K_2O.

Düngung und Grundwasser

Nitrat-Ionen im Grundwasser

In Deutschland werden 62 % des Trinkwassers aus Grundwasser gewonnen. Um gesundheitlichen Gefahren vorzubeugen (vgl. S. 124), legt die **Trinkwasserverordnung** einen **Grenzwert** von **50 mg** Nitrat-Ionen pro Liter fest, Weltgesundheitsorganisation (WHO) und EU geben als **Richtwert** sogar **25 mg/L** vor.

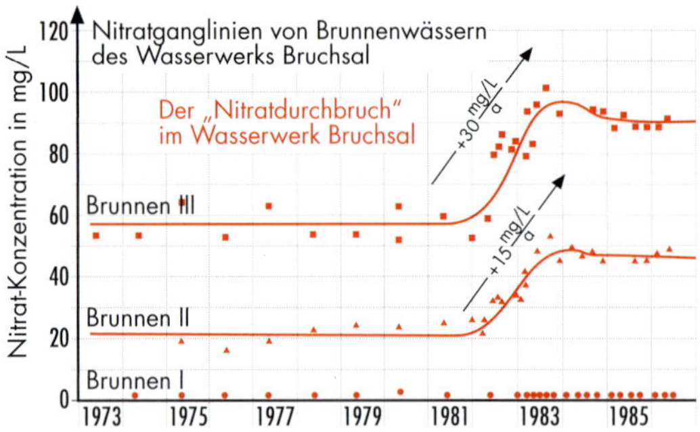

B1 *Konzentration von Nitrat-Ionen in Trinkwasserbrunnen im Bereich von intensivem Spargelanbau*

Versuch

V1 Untersuchen Sie mit Teststäbchen oder Testreagenzien colorimetrisch oder photometrisch verschiedene (Acker-)Bodenproben, auch aus verschiedenen Tiefen, auf Ammonium-, Nitrit- und Nitrat-Ionen sowie auf den Gesamtstickstoffgehalt. Beachten Sie die Hinweise bzw. Anleitungen zu den Testsätzen, die in Umwelt- oder Bodenanalytikkoffern enthalten sind.

Auswertung

Vergleichen und interpretieren Sie ihre Messergebnisse. Lassen sich Nitrat-Verlagerungen in die Tiefe feststellen?

Aufgaben

A1 Warum ist bei hoher organischer Düngung in den Anbauphasen mit Nitratsickerungen in das Grundwasser zu rechnen?

A2 Warum erhöht sich die Nitrat-Konzentration im Boden, wenn Gülle im Winter aufgebracht wird?

A3 Erläutern Sie die nachfolgende Behauptung: „Die Nitrat-Auswaschung hängt weniger von der Höhe der Düngung als von der Konkurrenz zwischen pflanzlichem Entzug und Auswaschung von Nitrat aus der Ackerkrume in der Zeit der Mineralisation des organisch gebundenen Bodenstickstoffs in den Monaten Mai/Juni ab!"

Entscheidungshilfe für Düngung

In Gebieten ohne landwirtschaftliche Nutzung und ohne Industrieeinflüsse sowie außerhalb von Ballungszentren liegt die Konzentration an Nitrat-Ionen vielfach unter 10 mg/L. Werden Flächen dagegen gedüngt, so können die Konzentrationen bis auf mehrere 100 mg/L Nitrat steigen (B1). Hohe Gehalte an Nitrat-Ionen im Grundwasser und im Boden sind vorwiegend die Folge von

- Verunreinigungen des Untergrunds durch Abwässer im Bereich von Siedlungen oder feste organische Abfälle,
- organischen Substanzen im Zusammenhang mit landwirtschaftlichen Betrieben z. B. Massentierhaltung mit hohen Stalldüngermengen und verstärktem Gülleeintrag (B2),
- intensiven Sonderkulturen und Gemüseanbau (B1),
- unsachgemäßer (überhöhter) Stickstoffdüngung der landwirtschaftlichen Flächen, insbesondere auf leichten, durchlässigen Böden,
- großflächigem Grünlandumbruch mit erhöhter langanhaltender Mineralisierung (B2),
- flächenhafter landwirtschaftlicher Nutzung insgesamt,
- Böden mit geringem oder fehlendem Pflanzenbestand.

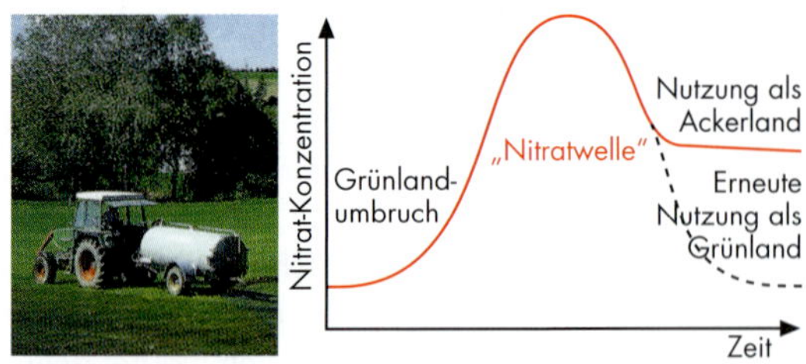

B2 *Organische Düngung mit Gülle (links) und „Nitratwelle" nach Grünlandumbruch (rechts)*

Als Entscheidungshilfe für eine angemessene Düngung ist die Gewinnung analytischer Daten direkt vor Ort notwendig. Dabei sind folgende Erfahrungstatsachen von Nutzen:

1. Beregnungsgebiete fallen nicht selten durch hohe Werte aus der Reihe.
2. In Gebieten mit normaler landwirtschaftlicher Nutzung scheinen die Nitratgehalte überwiegend einschätzbar zu sein. Solange Pflanzen den Boden bedecken, versickert nach Stickstoff-Düngung das nitrathaltige Wasser kaum. Es wird in der Regel zunächst im Boden festgehalten und trägt so zur Bildung organischer Substanzen bei. Eine Auswaschung erfolgt erst später als Folge intensiver Bodenbearbeitung, also mit erheblicher zeitlicher Verzögerung. Die Sickerung beginnt mit dem Regen nach der Ernte.
3. Sandige Böden sind im Hinblick auf eine mögliche Grundwasserbelastung erfahrungsgemäß besonders problematisch. Sie sind meist gut wasserdurchlässig und haben ein geringes Wasserrückhaltevermögen, sodass der vertikale Stofftransport relativ schnell ohne stärkere Verdünnungsmöglichkeit erfolgt.

Reduzierung des Gehalts an Nitrat-Ionen im Wasser

Wasserwirtschaftliche Verfahren

Um den Gehalt an Nitrat-Ionen im Wasser zu reduzieren, „verschneidet", d.h. vermischt man hochbelastetes Wasser mit gering belastetem. Auch die Neuerschließung von gering belasteten Wasservorkommen ist nicht selten.

Physikalisch-chemische Verfahren

Beim **Ionenaustausch** werden Nitrat-Ionen an Ionenaustauschern (vgl. S. 93) gegen Chlorid- oder wie beim CARIX-Verfahren (B3) gegen Hydrogencarbonat-Ionen ausgetauscht. Dabei werden auch Sulfat-Ionen entfernt. Bei der Regeneration der Austauscherharze entsteht Abwasser, das die ausgetauschten Nitrat-Ionen enthält. Bei der **Umkehrosmose** (B4) wird das nitrathaltige Rohwasser unter Druck durch eine für Ionen schwer durchlässige, semipermeable Membran gedrückt und dadurch in ein salzhaltiges Konzentrat und ein praktisch salzfreies Permeat aufgetrennt. Dieses vollentsalzte Wasser ist als Trinkwasser nicht geeignet und wird mit Rohwasser verschnitten. Ähnlich funktioniert das Aufbereitungsprinzip bei der **Elektrodialyse**, mit dem Unterschied, dass statt des Drucks das Anlegen eines elektrischen Felds zur Trennung in Konzentrat und Permeat verwendet wird.

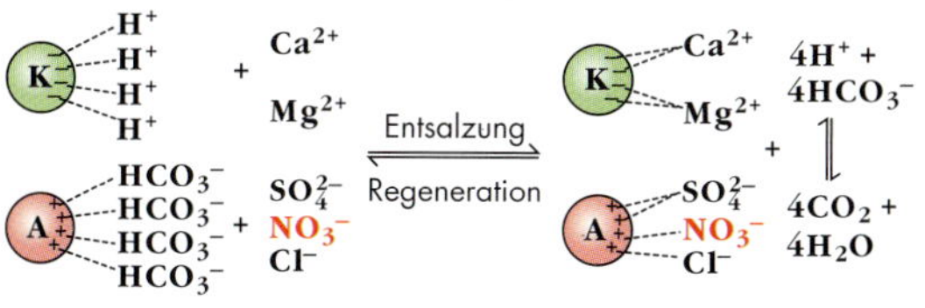

B1 *Ionenaustausch nach dem CARIX-Verfahren*

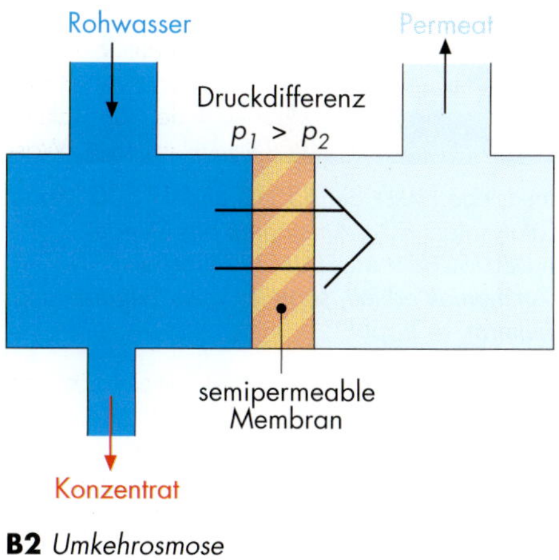

B2 *Umkehrosmose*

Biologische Verfahren

Nitrat-Ionen werden von diversen denitrifizierenden Mikroorganismen unter anaeroben (sauerstofffreien) Bedingungen zu elementarem Stickstoff reduziert (vgl. S. 115). In Kläranlagen findet dieser Prozess im Denitrifikationsbecken statt. Denitrifizierende Bakterien für die Regulierung des Stickstoffgehalts von Gartenteichen oder Aquarien sind auch im Handel erhältlich. Mithilfe von Teststäbchen lässt sich die Denitrifikation leicht nachvollziehen. Für die Trinkwasseraufbereitung gibt es verschiedene biologische Denitrifikationsverfahren, die sich in den verwendeten Bioreaktoren (Fixierung der Bakterien) oder der Art des Substrats unterscheiden. Für eine optimale Denitrifikation ist ein hoher Mess- und Regelaufwand nötig, da Mikroorganismen sehr empfindlich auf Veränderungen der Reaktionsbedingungen wie z.B. *p*H-Wert, Temperatur oder Substratkonzentration reagieren. Bei Störungen in der Denitrifikationsanlage können unerwünschte Zwischenprodukte wie Distickstoffmonooxid oder Nitrit-Ionen freigesetzt werden. Das denitrifizierte Wasser muss schließlich aufwendig gereinigt werden, da es Mikroorganismen enthält.

Katalytische Verfahren: KNR-Verfahren

Das KNR-Verfahren (Katalytische-Nitrat-Reduktion) ist das bislang einzige für die Trinkwasseraufbereitung geeignete katalytische Verfahren. Nitrat-Ionen oder auch Nitrit-Ionen werden mit Wasserstoff an einem Edelmetall-Trägerkatalysator (**Pd/Cu** an Al_2O_3) zu elementarem Stickstoff reduziert (B3). Die entstehenden Hydroxid-Ionen müssen neutralisiert werden. Problematisch ist allerdings die Bildung von Ammonium-Ionen in einer Nebenreaktion. Die Trinkwasserverordnung gibt für Ammonium-Ionen einen Grenzwert von 0,5 mg/L vor.

$$\begin{aligned}
2\,NO_3^- + 2\,H_2 &\xrightarrow{Pd/Cu} 2\,NO_2^- + 2\,H_2O\\
2\,NO_2^- + H_2 &\xrightarrow{Pd} 2\,NO + 2\,OH^-\\
2\,NO + H_2 &\xrightarrow{Pd} N_2O + H_2O\\
N_2O + H_2 &\xrightarrow{Pd} N_2 + H_2O\\
\hline
2\,NO_3^- + 5\,H_2 &\xrightarrow{Pd/Cu} N_2 + 2\,OH^- + 4\,H_2O
\end{aligned}$$

Nebenreaktion:

$$2\,NO_3^- + 8\,H_2 \xrightarrow{Pd/Cu} 2\,NH_4^+ + 4\,OH^- + 2\,H_2O$$

B3 *Reaktionsgleichungen der katalytischen Nitratreduktion*

Ammoniaksynthese im Labor

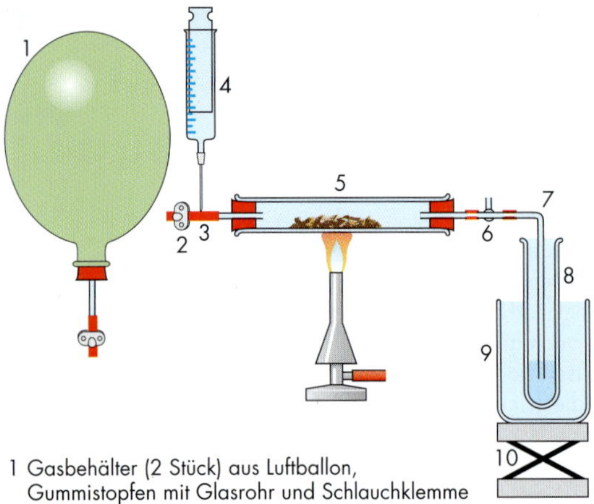

1 Gasbehälter (2 Stück) aus Luftballon, Gummistopfen mit Glasrohr und Schlauchklemme
2 Schlauchklemme
3 Gummischlauch
4 Spritze (50 mL) mit Kanüle
5 Quarzrohr mit Katalysator
6 Dreiwegehahn
7 Gasableitungsrohr gewinkelt
8 Rggl. mit Indikatorlösung
9 Becherglas
10 Laborboy

B1 *Versuchsaufbau für den Modellversuch zum Haber-Bosch-Verfahren nach LV2*

Auswertung

a) Notieren Sie jeweils Ihre Beobachtungen und beschreiben Sie die Reaktionsprodukte.
b) Formulieren Sie die Reaktionsgleichung der Ammoniaksynthese (LV2). Vergleichen Sie mit LV3.
c) Welche Funktion hat ein Katalysator?
d) Formulieren Sie die Reaktionsgleichung der Bildung von Magnesiumnitrid Mg_3N_2 (LV3) und Lithiumnitrid Li_3N (vgl. Text S. 121).

Versuche

LV1 *Herstellung des Katalysators:* 2 g Eisenpulver (reinst, reduziert), 0,5 g Aluminiumoxid, 0,25 g Calciumoxid* und 0,75 g Kaliumnitrat* werden im Mörser gründlich verrieben und in einem schwer schmelzbaren Reagenzglas erhitzt. Nach kurzem Aufglühen soll das Gemenge noch einige Minuten lang glühen. Nach dem Erkalten wird das grauschwarze Reaktionsprodukt mit einem Spatel herausgekratzt und im Mörser zu groben Körnern zerkleinert.

LV2 *Ammoniak-Synthese im Schulversuch:* Vorsicht! Um Knallgasexplosionen im gläsernen Reaktionsraum zu vermeiden, muss die gesamte Apparatur sorgfältig von Sauerstoff befreit werden. Dazu wird der nach B1 zusammengebaute Reaktionsraum vor dem Einfüllen des Synthesegas-Gemisches mit Stickstoff gespült.

Der in LV1 hergestellte Katalysator wird in das Quarzrohr zwischen Quarzwolle gefüllt (B1). Wenn die beiden Gasvorratsbehälter (Ballons) aus den Gasdruckflaschen mit Stickstoff bzw. Wasserstoff* befüllt sind, kann der Hauptversuch beginnen.

In einem kleinen Reagenzglas wird Wasser mit Phenolphthalein-Lösung* versetzt. Am Dreiwegehahn wird die Verbindung zwischen Indikator-Lösung und dem Reaktionsrohr hergestellt und die Apparatur mit mindestens 50 mL Stickstoff aus der Spritze gespült. Der Katalysator im Quarzrohr wird kräftig erhitzt. Das Reaktionsgemisch aus 10 mL Stickstoff und 30 mL Wasserstoff wird langsam über den Katalysator geleitet. Wenn der Indikator eine Reaktion anzeigt, wird der Brenner entfernt und der Dreiwegehahn auf Belüftung gestellt.

LV3 Fünf Löffel Magnesiumpulver* werden auf eine Eisenplatte gehäuft, entzündet und mit einem 1-L-Becherglas abgedeckt. Nach der Reaktion wird das Reaktionsprodukt mit einem Spatel aufgebrochen und in einen 100-mL-Erlenmeyerkolben gegeben. Auf diesen setzt man einen durchbohrten Gummistopfen, in den ein Kolbenprober mit Hahn eingebaut ist. Nun gibt man 7 ml Wasser auf das Produkt. Zu dem entstandenen Gas werden 10 mL Wasser eingesaugt, der Hahn geschlossen und geschüttelt. Diese Lösung wird mit dem Indikator Phenolphthalein* geprüft.

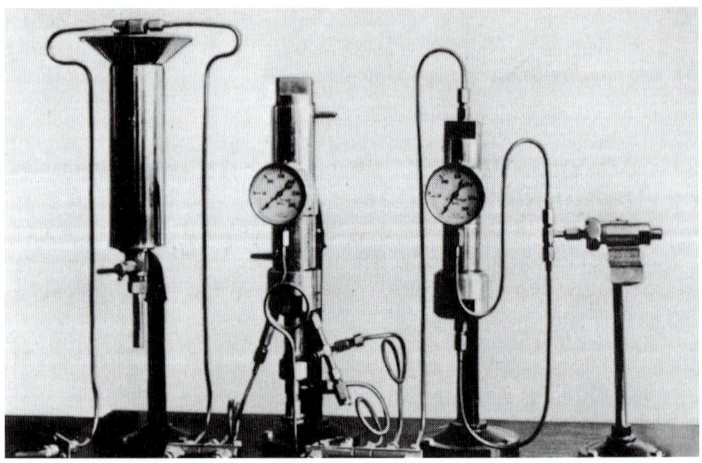

B2 *In dieser Apparatur synthetisierte Haber bei 550 °C und 17 500 hPa in Gegenwart eines Osmium-Katalysators 80 g Ammoniak pro Stunde. Die Apparatur steht heute im Deutschen Museum in München. Als Haber das erste flüssige Ammoniak erhielt, sagte er voller Begeisterung zu seinem Lehrer: „Herr Geheimrat, es tropft!"*

Geschichte der Ammoniaksynthese

Im Jahr 1889 schrieb der englische Chemiker SIR WILLIAM CROOKS:
„Es ist klar, dass wir hier einem Riesenproblem gegenüberstehen, das den Scharfsinn der Klügsten herausfordert .... Die Bindung des atmosphärischen Stickstoffs ist eine der großen Entdeckungen, die auf die Genialität der Chemiker warten."

Bereits im 19. Jahrhundert wurden Stickstoffverbindungen als Dünger verwendet. In Europa düngte man mit dem aus Chile importierten *Chilesalpeter* (Natriumnitrat $\mathbf{NaNO_3}$). Um den teuren Import der knappen Ressourcen zu vermeiden, wurde intensiv nach Alternativen geforscht. Die Chemie stand vor der Herausforderung, Wege zu finden, um das Stickstoffreservoir in der Atmosphäre zu nutzen (vgl. obiges Zitat und S. 115). Um 1890 war das ein riesiges Problem, denn elementarer Stickstoff ist äußerst reaktionsträge. Er reagiert erst oberhalb von 500 °C mit einer Reihe von Metallen (LV3). Man kennt auch heute nur wenige Reaktionen des elementaren Stickstoffs bei Raumtemperatur: Die Bildung von Lithiumnitrid $\mathbf{Li_3N}$ (vgl. LV3) die Bildung gewisser Komplexverbindungen mit Übergangsmetallen, z. B. $[Ru(NH_3)_5(N_2)]Cl_2$, sowie die Bindung des Luftstickstoffs und seine anschließende Überführung in Aminosäuren durch die Bakterien der Wurzelknöllchen von Leguminosen (vgl. S. 115) und durch einige Cyanophyceen (Blaualgen).
Daher war eine der größten Errungenschaften der Chemie vollbracht, als es am 2. Juli 1909 dem jungen Karlsruher Professor FRITZ HABER (B3) gelang, in Gegenwart eines Osmium-Katalysators Ammoniak aus Stickstoff und Wasserstoff zu erzeugen (B2). Er stellte seine Entdeckung den Leitern der *Badischen Anilin- und Sodafabrik* (BASF) vor. Die BASF beauftragte den 35-jährigen CARL BOSCH (B3), das von HABER entdeckte Verfahren im Industriemaßstab umzusetzen. Zur gleichen Zeit suchten PAUL ALWIN MITTASCH und seine Mitarbeiter unter ca. 3 000 Stoffen in über 20 000 Versuchen nach einem geeigneten Katalysator, der vor allem billiger sein musste als der von HABER im Laborversuch benutzte Osmium-Katalysator. Im Jahr 1913 konnte die erste Industrieanlage der Welt bei BASF die Ammoniakproduktion aufnehmen. Bei diesem ursprünglichen *HABER-BOSCH-Verfahren* wurde die Synthese bei 500 °C und 200 bar in 12 m hohen Stahlrohren (B4) in Gegenwart eines Katalysators aus hochreinem Eisen mit Zusätzen aus Aluminium- und Alkalihydroxid (LV1) durchgeführt. Die Tagesproduktion betrug 30 Tonnen Ammoniak. Daraus konnten Düngemittel hergestellt werden.
Während des 1. Weltkriegs wurden allerdings auch große Mengen synthetischen Ammoniaks zur Herstellung von Schießpulver verwendet. Sogar Reiz- und Kampfstoffe sind unter der Leitung von HABER entwickelt und auch eingesetzt worden.

Aufgabe

A1 Erläutern Sie die Zwiespältigkeit eines wichtigen technischen Fortschritts am Beispiel des HABER-BOSCH-Verfahrens und eines anderen, von Ihnen auszusuchenden Beispiels.

B3 *(links) FRITZ HABER (1868 bis 1934, Nobelpreis für Chemie 1918) und (rechts) CARL BOSCH (1874 bis 1940, Nobelpreis für Chemie 1931)*

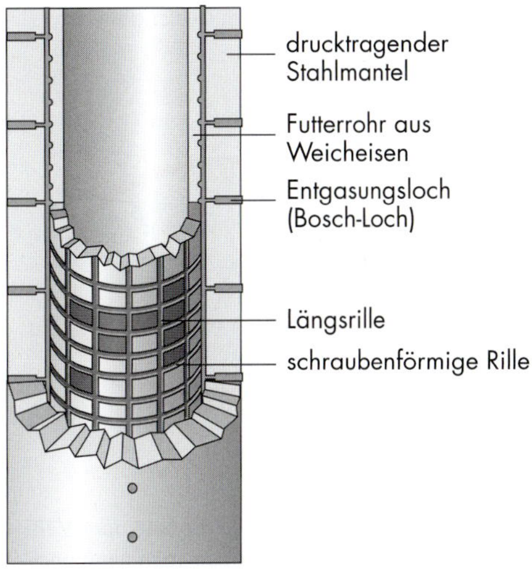

B4 *Ammoniak-Hochdruckrohr im Schnitt. Unter den Bedingungen der Ammoniaksynthese wird der Kohlenstoff des Stahls durch Wasserstoff in Form gasförmiger Kohlenwasserstoffverbindungen aus dem Stahl herausgelöst, sodass dieses spröde wird und den Druck nur für kurze Zeit aushalten kann.*
Die Röhren, mit denen BOSCH und seine Mitarbeiter experimentierten, platzten. Sie mussten deshalb die Druckrohre innen mit einem Mantel aus kohlenstofffreiem Weicheisen versehen, in das Rillen gedreht und kleine Löcher in den Stahlmantel gebohrt wurden. Dadurch konnten geringe Mengen diffundierenden Wasserstoffs entweichen. Heute werden die Ammoniak-Druckreaktoren aus speziellen Stählen hergestellt, die das Eisenfutter und die BOSCH-Löcher überflüssig machen.

Ammoniak – der Katalysator macht's möglich

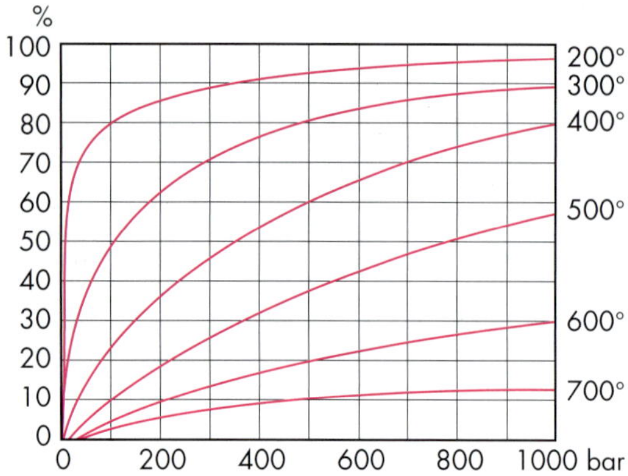

B1 *Einfluss von Druck und Temperatur auf den Ammoniak-Anteil im Gasgemisch beim Gleichgewicht*

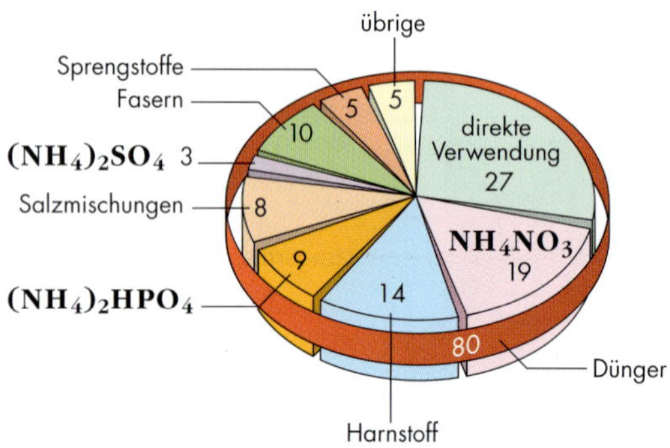

B2 *Verwendung von Ammoniak (in Prozent der Weltproduktion); 80 % werden direkt oder nach Umwandlung in andere Verbindungen als Dünger eingesetzt.*
A: *Formulieren Sie die Reaktionsgleichungen für die Synthesen der angegebenen Stickstoffdünger.*

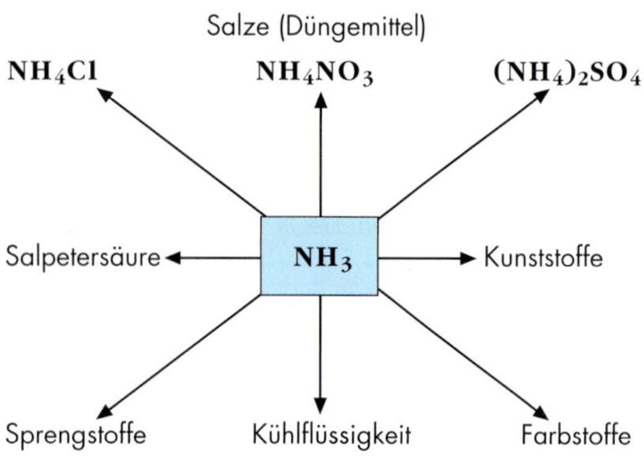

B3 *Wichtige Produkte aus Ammoniak.*
A: *Warum wird Ammoniak als Grundchemikalie bezeichnet?*

INFO

Die Ammoniaksynthese hat große wirtschaftliche Bedeutung. Gemessen an der Menge der erzeugten Produkte (B2, B3) bildet sie einen der wichtigsten technischen Prozesse überhaupt. Die Überführung von Stickstoff in Ammoniak ist heute die einzig bedeutende Methode, den extrem reaktionsträgen elementaren Stickstoff verwertbar zu machen. Nur über den „Umweg" Ammoniak lassen sich aus Luftstickstoff Stickstoffverbindungen gewinnen, die weiter verarbeitet werden können, beispielsweise zu mineralischen Düngemitteln (S. 117). Ohne die Entwicklung der Ammoniaksynthese wären globale Hungersnöte unvermeidbar.

Obwohl die Ammoniaksynthese nach dem HABER-BOSCH-Verfahren seit 1913 industriell durchgeführt wird, gelang es erst viel später (nach 1960), die Reaktionsschritte am Katalysator, den sog. Mechanismus der Reaktion, aufzuklären. Entscheidend für den Reaktionsablauf ist die Zusammensetzung und die Oberflächenstruktur des Katalysators. Durch einen hohen Zerteilungsgrad erhält der Katalysator eine sehr große Oberfläche. Auf ihr bilden sich durch die Reaktion des Wasserstoffs aus dem Eduktgemisch mit dem Eisenoxid (des Katalysators) kleine „Eisen-Inseln", die eigentlich katalytisch wirksamen Zentren. Daran adsorbieren zunächst die Stickstoff- und Wasserstoff-Moleküle. Die Wasserstoff-Moleküle werden dabei unmittelbar in Wasserstoff-Atome getrennt. In den Stickstoff-Molekülen wird die Dreifachbindung zwischen den Atomen zwar gelockert, aber nicht ganz aufgetrennt. Die adsorbierten Atome sind auf der Oberfläche der „Eisen-Inseln" beweglich. Über mehrere instabile Zwischenstufen gruppieren sich die adsorbierten Teilchen zu Ammoniak-Molekülen um (B4), die schließlich von den Eisen-Inseln desorbieren.

Der Katalysator setzt die Aktivierungsenergie bei der Ammoniaksynthese von E_a = 230 kJ auf E_a = 10 kJ herab. Dadurch nimmt sowohl die Geschwindigkeit der Ammoniaksynthese als auch die der Rückreaktion, also des Ammoniakzerfalls in Elemente, stark zu.

Aufgaben

A1 Aus B4 geht hervor, dass Wasserstoff-Moleküle bereits bei der Adsorption in Atome getrennt werden, Stickstoff-Moleküle jedoch erst im adsorbierten Zustand. Wie lässt sich das erklären?

A2 Beschreiben Sie das Diagramm in B1. Ermitteln Sie die theoretisch günstigsten Reaktionsbedingungen für die Ammoniaksynthese. Warum führt man die technische Ammoniaksynthese nach dem HABER-BOSCH-Verfahren bei Drücken von 200 bis 300 bar und Temperaturen von 450 bis 500 °C durch? Die LONZA-Werke verwenden 750 bar und 500 °C (Verfahren von CASALE). Vergleichen Sie und diskutieren Sie unter wirtschaftlichen Aspekten. (*Hinweis:* Vgl. auch S. 124.)

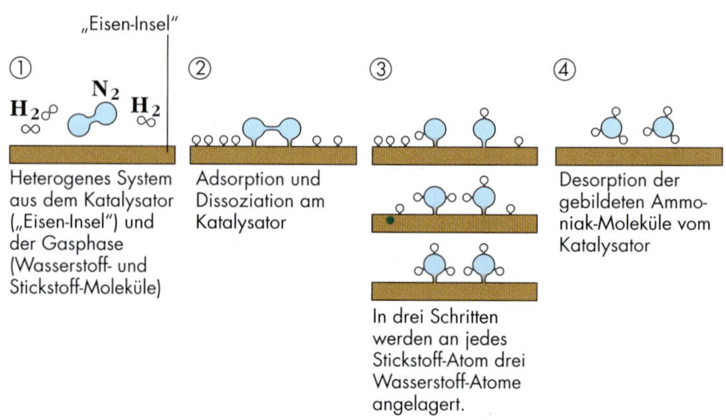

B4 *Modell der heterogenen Katalyse bei der Ammoniaksynthese*

Technische Ammoniaksynthese

Die Bildung von Ammoniak aus Stickstoff und Wasserstoff verläuft nach folgender Gleichgewichtsreaktion:

$$\underbrace{\underset{\text{1 Raumteil}}{N_2} + \underset{\text{3 Raumteile}}{3\,H_2}}_{\text{4 Raumteile}} \rightleftarrows \underbrace{\underset{\text{2 Raumteile}}{2\,NH_3}}_{\text{2 Raumteile}}\ ;\ \Delta H^\circ_R = -93\ \text{kJ},\ \Delta G^\circ = -39\ \text{kJ}$$

Die Hinreaktion (Ammoniaksynthese) verläuft exotherm und unter Volumenverringerung. Gemäß dem Prinzip von Le Chatelier (S. 55) wird die Bildung von Ammoniak durch hohen Druck und niedrige Temperatur begünstigt. Bei Raumtemperatur ist die Reaktionsgeschwindigkeit aber sehr gering und selbst in Gegenwart von Katalysatoren nimmt sie erst ab 400 °C akzeptable Werte an. Der Druck in der Industrieanlage muss so gewählt werden, dass die Materialien, aus denen sie besteht, diesem Druck bei Dauerbetrieb standhalten. Beim Haber-Bosch Verfahren arbeitet man im Ammoniak-Synthesereaktor bei Temperaturen von 400 °C bis 500 °C und bei Drücken von 200 bar bis 300 bar in Gegenwart eines **Katalysatorsystems**, das im Wesentlichen aus Eisen(II)-Eisen(III)oxid Fe_3O_4 besteht (Zusätze: ca. 2 % Aluminiumoxid Al_2O_3, ca. 0,5 % Kaliumoxid K_2O, etwas Calciumoxid CaO und Siliciumoxid SiO_2). Durchströmt das Eduktgemisch aus Stickstoff und Wasserstoff unter diesen Bedingungen den Synthesereaktor, so enthält das Gasgemisch beim Austritt einen Anteil von lediglich 15 bis 25 Vol.-% Ammoniak. Der Rest besteht aus nicht umgesetzten Edukten. Dieser Nachteil wird in der großtechnischen Anlage durch eine kontinuierliche Reaktionsführung aufgehoben (B6).

Weltweit werden jedes Jahr ca. 100 Mio Tonnen Stickstoff zu Ammoniak umgesetzt. Die **Rohstoffe** sind Wasser, Luft und Erdgas (Methan CH_4). Erdgas kann durch Erdöl oder Kohle ersetzt werden. Das Gasgemisch $3H_2 + N_2$ für den eigentlichen Synthesereaktor wird in anderen Teilen der Anlage vorbereitet, in denen folgende Reaktionen ablaufen:

Wassergasprozess (Dampf-Reformierung)

$$CH_4 + H_2O \rightleftarrows CO + 3\,H_2\ ;\ \Delta H^\circ_R = +206\ \text{kJ}$$

Generatorprozess

$$2\,CH_4 + \underbrace{O_2 + 4\,N_2}_{\text{Luft}} \rightleftarrows 2\,CO + 4\,H_2 + 4\,N_2\ ;\ \Delta H^\circ_R = -71\ \text{kJ}$$

Konvertierung von Kohlenstoffmonooxid

$$CO + H_2O \rightleftarrows CO_2 + H_2\ ;\ \Delta H^\circ_R = -41\ \text{kJ}$$

Das Kohlenstoffdioxid wird aus diesem Gasgemisch durch sog. Druckwäsche, d.h. Lösen in Wasser entfernt.

Aufgabe

A3 Erläutern Sie, warum der Preis von Agrarprodukten vom Ölpreis abhängig ist.

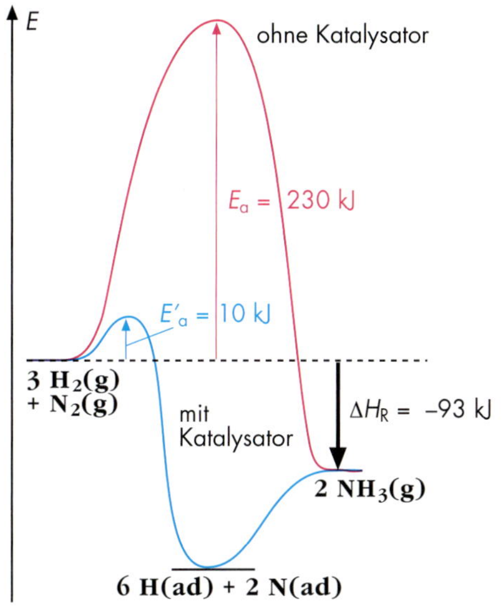

B5 *Aktivierungsenergien bei der nicht katalysierten und bei der katalysierten Ammoniaksynthese.*
A: *Erklären Sie den Unterschied: Wegen der großen Dissoziationsenergie des Stickstoff-Moleküls bilden sich Stickstoffoxide endergonisch; die bekannte Reaktionsträgheit von Stickstoff gegenüber Wasserstoff ist jedoch ein kinetischer Effekt (vgl. S. 114, LV1, B3).*

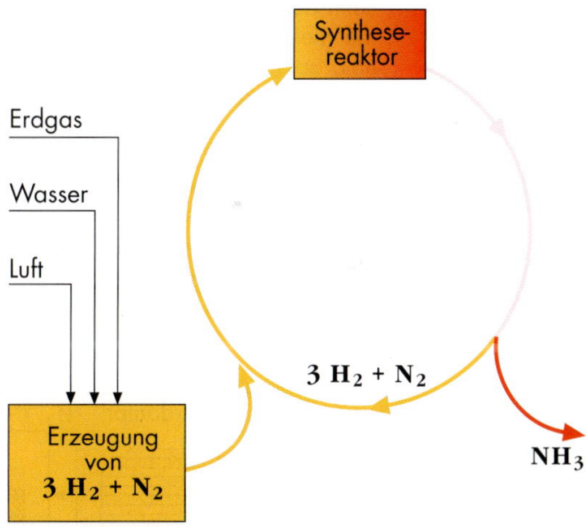

B6 *Die Industrieanlagen für die Ammoniaksynthese arbeiten nach dem kontinuierlichen Verfahren: Die Rohstoffe werden ständig eingespeist und die Anlagen liefern ständig Ammoniak. Die Edukte (N_2 und H_2), die nicht reagiert haben, werden nach Abtrennen des Produkts (NH_3) dem Kreislauf erneut zugeführt (vgl. auch B 1, S. 124).*

Fachbegriffe

Nitride, Aktivierungsenergie, heterogene Katalyse, Prinzip von Le Chatelier, kontinuierliches Verfahren

ERWEITERUNG · VERTIEFUNG · ANWENDUNG

Industrieanlage für die Ammoniaksynthese

Eine großtechnische Anlage muss kostengünstig produzieren und sollte die Umwelt möglichst wenig belasten. Dabei sind besonders zwei Faktoren von entscheidender Bedeutung:

1. Der *input* an Stoffen und Energie muss billig sein.
2. Der *output* an Stoffen und Energie muss möglichst vollständig verwertbar sein.

Ausgehend von den Rohstoffen Methan, Wasser und Luft können die auf S. 123 formulierten Reaktionen in der in B1 skizzierten Industrieanlage verwirklicht werden.

Die Stoffbilanz der Anlage zeigt, dass die drei Rohstoffe zugeführt und das Hauptprodukt Ammoniak und das Kopplungsprodukt Kohlensäure abgeführt werden.

Da bei den exothermen Prozessen mehr Energie verfügbar wird als bei den endothermen benötigt wird (vgl. Reaktionsgleichungen auf S. 123), sollte man meinen, dass in der Anlage ein Energieüberschuss zustande kommt. In der Praxis muss aber eine Energie von ca. 600 kWh/t Ammoniak zugeführt werden, weil für den Antrieb der Kompressoren große Mengen „hochwertiger" elektrischer Energie benötigt werden, während aus den exothermen Reaktionen die „minderwertige" Energieform Wärme verfügbar wird.

Durch die Entwicklung von neuen Katalysatoren auf der Basis von Ruthenium auf Magnesiumoxid als Träger kann der Energieaufwand stark reduziert werden. Für die gleiche Ausbeute an Ammoniak ist ein etwa nur halb so hoher Druck nötig wie beim herkömmlichen Eisen-Katalysator.

Aufgaben

A1 Erläutern Sie die Funktionen der im Fließschema dargestellten Teile der Anlage aus B1 und ordnen Sie ihnen die Reaktionen von S. 123 zu.

A2 Womit belastet eine Ammoniak-Anlage die Umwelt (denken Sie an Stoffe und Energie)? Erläutern Sie.

B2 *Hochdruckreaktoren für die Ammoniaksynthese bei der BASF. Ein Reaktor wiegt fast 400 t, ist 22 m lang und hat einen Durchmesser von 2 m. Er ist aus über 8500 Teilen zusammengesetzt, von der 10-mm-Schraube bis zum 60-t-Rohr; in ihm können 50 t Ammoniak pro Stunde produziert werden.*

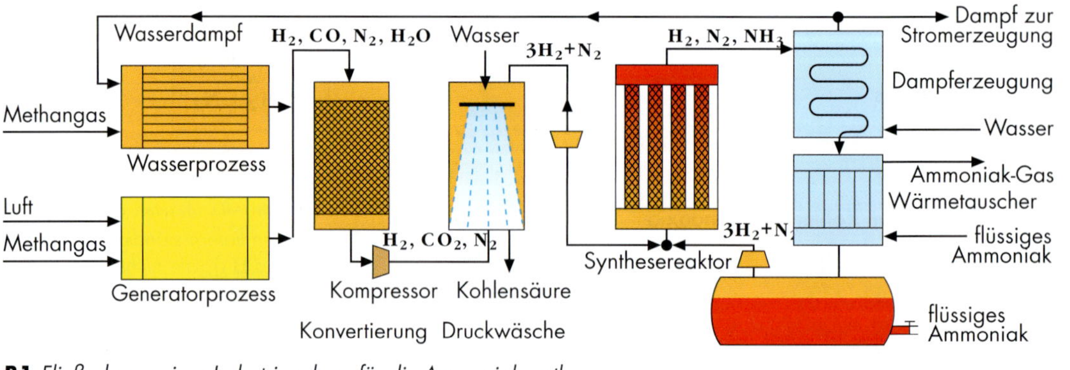

B1 *Fließschema einer Industrieanlage für die Ammoniaksynthese*

Stickstoffverbindungen im Stoffwechsel

Nitrat- und Nitrit-Ionen im Stoffwechsel

Versuch

V1 Zerkleinern Sie mit einem Mixgerät 50 g Spinat bzw. verschiedene Gemüse. Wiegen Sie je 10 g des Breis in zwei Bechergläser ein, füllen Sie jeweils mit Wasser zur 100-mL-Marke auf und rühren Sie die Mischung gut um. Ermitteln Sie mit einem Teststäbchen den Gehalt an Nitrat-Ionen unter Berücksichtigung der Verdünnung. Die zweite Probe bleibt einen Tag offen bei Raumtemperatur stehen, Nitrat- und Nitritgehalt werden dann ebenfalls mit Teststäbchen bestimmt.

Auswertung

Stellen Sie die Ergebnisse tabellarisch zusammen. Wie verändert sich der Gehalt an Nitrat- bzw. Nitrit-Ionen beim Stehenlassen?

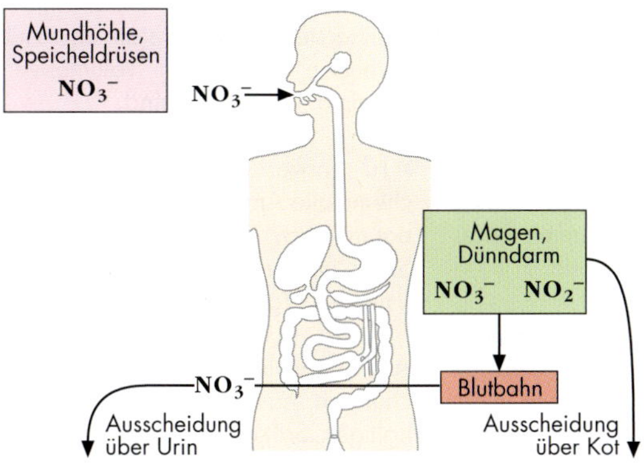

B1 *Wege der Nitrat-Ionen im Organismus*

Nitrat-Ionen selbst sind für den Menschen harmlos. 80 % bis 90 % der Nitrat-Ionen werden ausgeschieden. Ein Teil der aufgenommenen Nitrat-Ionen wird im Körper durch Bakterien in der Mundhöhle bzw. im Darm reduziert. Bis zu 10 % der Nitrat-Ionen werden bereits im Speichel zu Nitrit-Ionen reduziert. Nitrit-Ionen werden über die Nahrung aufgenommen. Sie sind z. B. als Konservierungsmittel (Pökelsalz) in Wurstwaren enthalten. Sie können auch bei mehrmaligem Erwärmen von Speisen, z. B. Spinat, entstehen, bei denen durch Vermehrung von Bakterien Nitrat-Ionen zu Nitrit-Ionen reduziert werden.

Aus den Nitrit-Ionen können sich Nitrosyl-Ionen NO^+ bilden, die die Sauerstoffaufnahme des Hämoglobins stören. Von dem dadurch bedingten Sauerstoffmangel sind vor allem Säuglinge betroffen, die an Blausucht erkranken können.

Im sauren Milieu des Magens können aus Nitrit-Ionen und Aminen aus eiweißreicher Nahrung krebserzeugende Nitrosamine $R_2N{-}N{=}O$ gebildet werden. Vitamin C (vgl. S. 27) reduziert Nitrit-Ionen zu Stickstoffoxid und verhindert dadurch die Nitrosamin-Bildung.

Ammoniak und Harnstoff im Stoffwechsel

Beim Stoffwechsel lebender Organismen unterscheidet man zwischen Auf- und Abbauprozessen organischer Substanzen. Beim Abbau von Proteinen und Aminosäuren entsteht Ammoniak, das in den meisten höheren Organismen weiter im Stoffwechsel verwertet wird. Als Stoffwechselprodukt wird entweder Ammoniak selbst oder *Harnstoff* oder *Harnsäure* ausgeschieden.

Tipps für das Aquarium

Wenn die sog. **Stickstoff-Parameter** eines Gewässers, „Ammonium", „Nitrit" und „Nitrat" hohe Werte annehmen, wird die Gewässergüte negativ beeinflusst. Für Fischgewässer sind insbesondere die Ammonium-Ionen NH_4^+ ein wichtiger Verschmutzungsindikator. In Abhängigkeit vom *p*H-Wert des Gewässers können sich Ammonium-Ionen in Ammoniak umwandeln, das leicht in die Zellen eindringt und lebenswichtige Funktionen im Stoffwechsel der Fische blockiert.

Fische scheiden täglich etwa 0,03 % ihres Gewichts an Ammoniak aus, für Wasserpflanzen eine wertvolle Stickstoffquelle. Oft fällt jedoch mehr Ammoniak an, als die Pflanzen verarbeiten können. Normalerweise, d. h. wenn genügend Sauerstoff vorhanden ist, wird dieser Ammoniak-Anteil durch Bakterien über Nitrit-Ionen zu Nitrat-Ionen oxidiert.

Im Aquarium gelten etwa 0,1 bis 0,5 mg/L Gesamtgehalt NH_4^+ *plus* NH_3 als normal. Höhere Werte weisen auf ungenügende Filterung oder überbesetzte Aquarien/Gartenteiche hin. Gefährlich ist Ammoniak. Ab 0,02 mg/L Ammoniak muss mit Schädigungen der Fische gerechnet werden. Ab 0,20 mg/L Ammoniak sind schon nach wenigen Tagen Todesfälle zu erwarten.

Da jede Messung stets Ammonium-Ionen *und* Ammoniak gemeinsam erfasst, kann das Messergebnis erst nach einer zusätzlichen *p*H-Messung beurteilt werden. Ein zu hoher Ammonium/Ammoniak-Gesamtgehalt bei einem hohen *p*H-Wert wird in einem Aquarium einfach durch einen Wasserwechsel behoben.

NH_4^+/NH_3 Gesamtgehalt (mg/L)	Anteil des giftigen Ammoniak (mg/L) bei *p*H-Wert 6,0	6,5	7,0	7,5	8,0	Bewertung
0,1	<0,001	<0,001	0,001	0,002	0,006	harmlos
0,3	<0,001	0,001	0,002	0,006	0,017	
0,5	<0,001	0,001	0,003	0,010	0,029	kritisch
1,0	<0,001	0,001	0,006	0,019	0,057	
1,5	<0,001	0,003	0,009	0,029	0,086	
4,0	0,002	0,008	0,024	0,076	0,229	akut gefährlich
8,0	0,004	0,015	0,048	0,152	0,458	

B2 *Ammoniak-Anteile bei bestimmten pH-Werten.* **A:** *Erläutern Sie den in der Tabelle angegebenen Zusammenhang mithilfe des MWG.*

TRAINING

A1 Berechnen Sie mithilfe der Angaben auf S. 85 den Zeitraum, innerhalb dessen die Landpflanzen den in der Atmosphäre als Kohlenstoffdioxid gebundenen Kohlenstoff durch Photosynthese umgesetzt haben.

A2 Der Abbau von Fettsäuren im Körper erfolgt in mehreren Oxidationsschritten. Exemplarisch soll hier von folgender Fettsäure ausgegangen werden:

Fettsäure (Octansäure):

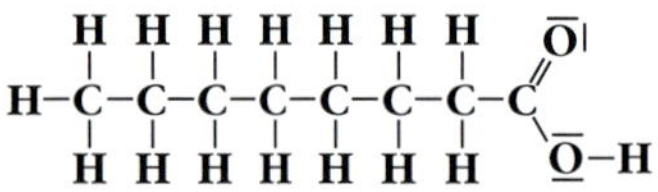

Der Abbauweg dieser Fettsäure liefert neben Essigsäure zunächst die in B1 angegebenen weiteren Verbindungen, die hier ungeordnet dargestellt sind.

a) Bestimmen Sie in den Verbindungen A bis D jeweils die Oxidationszahlen der ersten drei C-Atome (jeweils von rechts gesehen).

b) Ordnen Sie die Verbindungen A bis D sinnvoll zu einem oxidativen Abbauweg der Fettsäure.

c) Äußern Sie eine Hypothese, wie der vollständige Fettsäure-Abbau weiter ablaufen könnte.

A3 Beim Keimungsprozess von Getreidekörnern (B2) entsteht aus Stärke Maltose (Malzzucker). Um die Summenformel von Maltose zu ermitteln, wird folgender Versuch durchgeführt: Man löst 36,7 g Maltose in 200 mL Wasser und misst den Gefrierpunkt der Lösung. Er liegt bei −1,0 °C.

a) Berechnen Sie die molare Masse von Maltose und schlagen Sie eine Summenformel vor.

b) Maltose lässt sich in Monosaccharide hydrolysieren. Formulieren Sie die Reaktionsgleichung der Hydrolyse.

A4 Nach einer kohlenhydrathaltigen Mahlzeit steigt der Blutzuckerspiegel an. Für einen Diabetiker ist es jedoch nicht gleichgültig, ob er jeweils gleiche Portionen Stärke oder Glucose zu sich nimmt. Erläutern Sie diesen Sachverhalt.

A5 Menschen, die sich längere Zeit in großen Höhen im Gebirge aufgehalten haben, besitzen mehr Hämoglobin im Blut als Menschen im Flachland.

a) Begründen Sie, weshalb man die erhöhte Hämoglobin-Konzentration als eine Anpassung an den geringeren Sauerstoffgehalt der Höhenluft bezeichnen kann.

b) Manche Leistungssportler trainieren in großen Höhen, um ihre Leistungsfähigkeit zu steigern. Wie ließe sich dieser Trainingseffekt begründen?

A6 Welche Verbindung ist an allen in diesem Kapitel diskutierten Kohlenstoff-Kreisläufen beteiligt? Erläutern Sie ausführlich.

A7 Inwiefern ist das SOLVAY-Verfahren zur Herstellung von Soda mit dem technischen Kalk-Kreislauf gekoppelt?

A8 Welche theoretischen Erkenntnisse über chemische Gleichgewichte konnten bei der Entwicklung der technischen Ammoniaksynthese genutzt werden? Erläutern Sie ausführlich.

A9 Formulieren Sie die drei Reaktionsgleichungen von S. 123 mit passenden Koeffizienten so, dass Wasserstoff und Stickstoff im resultierenden Gemisch im Volumenverhältnis 3 : 1 enthalten sind.

A10 Entwerfen Sie für die Grundchemikalie Ammoniak einen Stammbaum nach dem Muster aus B3, S. 71, und erläutern Sie ihn. (*Hinweis:* Vgl. B3, S. 122.)

A11 Formulieren Sie Reaktionsgleichungen, nach denen die stickstoffhaltigen Salze aus B5, S. 117, gebildet werden können.

A12 Nennen und erläutern Sie Gemeinsamkeiten und Unterschiede zwischen dem Kreislauf des Wassers in der Natur und dem Kreislauf des Kohlenstoffs beim Zyklus Photosynthese-Atmung.

A:

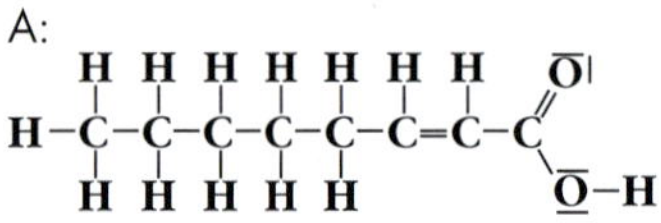

B:

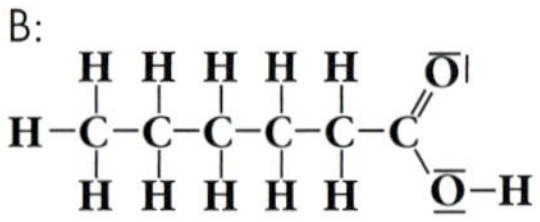

C:

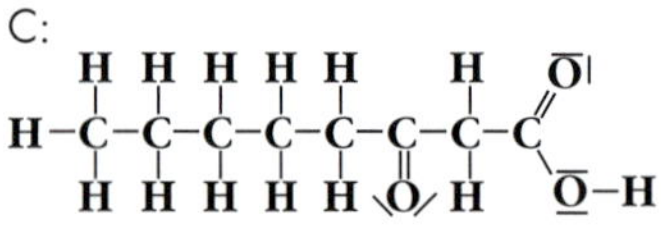

D:

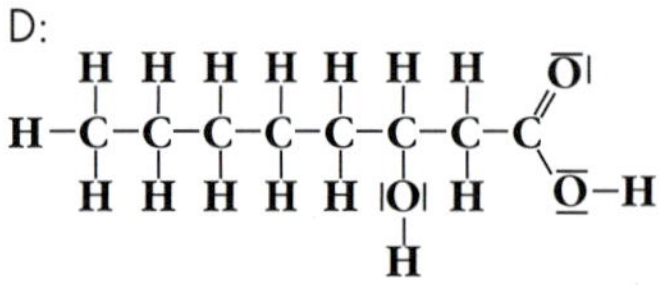

B1 *Abbauprodukte der Octansäure*

B2 *Getreidekeimlinge nutzen ihren Stärkevorrat.*

B3 *Wasser ist überall.*

Angabe einer Größe

Zur genauen Angabe einer Größe schreibt man **das Produkt aus dem Zahlenwert und der Einheit** auf.

Beispiele:

$m(\mathrm{Fe}) = 5 \cdot 1\ \mathrm{kg} = 5\ \mathrm{kg}$

$n(\mathrm{NaOH}) = 2\ \mathrm{mol}$

$c(\mathrm{HCl}) = 0{,}01\ \mathrm{mol/L}$

Dezimale Teile/Vielfache

Potenz	Vorsilbe	Symbol
10^{-1}	Dezi	d
10^{-2}	Zenti	c
10^{-3}	Milli	m
10^{-6}	Mikro	µ
10^{-9}	Nano	n
10^{-12}	Piko	p
10^{-15}	Femto	f
10^{-18}	Atto	a
10	Deka	da
10^{2}	Hekto	h
10^{3}	Kilo	k
10^{6}	Mega	M
10^{9}	Giga	G
10^{12}	Tera	T
10^{15}	Peta	P
10^{18}	Exa	E

Griechisches Alphabet (gekürzt)

Buchstabe klein	Buchstabe groß	Name
α	Α	alpha
β	Β	beta
γ	Γ	gamma
δ	Δ	delta
ε	Ε	epsilon
η	Η	eta
ϑ	Θ	theta
λ	Λ	lambda
μ	Μ	mü
υ	Ν	nü
π	Π	pi
ϱ	Ρ	rho
σ	Σ	sigma
τ	Τ	tau
φ	Φ	phi
κ	Κ	kappa
ψ	Ψ	psi
ω	Ω	omega

Auswahl einiger Größen und ihre SI-Einheiten

a) Basisgrößen

Größe	Symbol	mögliche Einheiten (unvollständig; SI-Basiseinheiten an erster Stelle)
Länge	l	m, dm, cm, mm
Masse	m	kg, g, mg
Zeit	t	s, min, h
Stromstärke	I	A (Ampere)
Temperatur	T	K (Kelvin), °C
Stoffmenge	n	mol

b) abgeleitete Größen und Einheiten

Größe	Symbol	Größengleichung	mögliche Einheiten (unvollständig)
Dichte	ϱ	$\varrho = \frac{m}{V}$	$\frac{\mathrm{kg}}{\mathrm{dm^3}}, \frac{\mathrm{g}}{\mathrm{cm^3}}, \frac{\mathrm{g}}{\mathrm{mL}}$
Druck	P	$p = \frac{F}{A}$	1 Pa (Pascal) = $1\frac{\mathrm{N}}{\mathrm{m^2}}$; 1 bar = 10^5 Pa
Energie	E, W		1 J = 1 Nm = 1 Ws
Volumenanteil	φ	$\varphi = \frac{V}{V_{Ls}}$	1, %
molare Masse	M	$M = \frac{m}{n}$	$\frac{\mathrm{kg}}{\mathrm{mol}}, \frac{\mathrm{g}}{\mathrm{mol}}$
molares Volumen	V_m	$V_m = \frac{V}{n}$	$\frac{\mathrm{L}}{\mathrm{mol}}$
Massenanteil	w	$w = \frac{m}{m_{Ls}}$	1, %, ppm
Massenkonzentration	β	$\beta = \frac{m}{V_{Ls}}$	$\frac{\mathrm{g}}{\mathrm{L}}, \frac{\mathrm{kg}}{\mathrm{dm^3}}$
Stoffmengenkonzentration	c	$c = \frac{n}{V_{Ls}}$	$\frac{\mathrm{mol}}{\mathrm{L}}$
Teilchenanzahl	N		1

Grundkonstanten

Atomare Masseneinheit u	$1{,}660 \cdot 10^{-27}$ kg
AVOGADRO-Konstante N_A	$6{,}022 \cdot 10^{23} \frac{1}{\mathrm{mol}}$
Molares Volumen eines idealen Gases V_m (bei 1013 hPa und 0 °C)	$22{,}414 \frac{\mathrm{L}}{\mathrm{mol}}$
Ladung eines Elektrons e	$1{,}602 \cdot 10^{-19}$ C
Masse eines Elektrons m_e	$9{,}109 \cdot 10^{-31}$ kg
Masse eines Protons m_p	$1{,}673 \cdot 10^{-27}$ kg
Masse eines Neutrons m_n	$1{,}675 \cdot 10^{-27}$ kg

Abkürzungen in der Analytik

% (Prozent)	entspricht	$1:10^2$
‰ (Promille)	entspricht	$1:10^3$
ppm (parts per milllion)	entspricht	$1:10^6$
ppb (parts per billion)	entspricht	$1:10^9$
ppt (parts per trillion)	entspricht	$1:10^{12}$

Stoffkonstanten einiger Gase (vgl. Stoffkonstanten der Elemente über dem Periodensystem im hinteren Einbanddeckel)

Stoffname, Formel	Dichte bei 20 °C (1013 hPa) in $\frac{g}{l}$	Siedetemperatur in °C (1013 hPa)	Löslichkeit in 1 l Wasser in g	in l
Ammoniak NH_3	0,71	– 33	480	680
Chlorwasserstoff HCl	1,52	– 85	700	466
Schwefelwasserstoff H_2S	1,42	– 62	3,38	2,41
Schwefeldioxid SO_2	2,67	– 10	94	35
Kohlenstoffmonooxid CO	1,17	– 190	0,026	0,023
Kohlenstoffdioxid CO_2	1,83	– 78	1,45	0,80
Methan CH_4	0,67	– 162	0,021	0,032
Ethan C_2H_6	1,25	– 89	0,054	0,043
Propan C_3H_8	1,84	– 42	0,11	0,06
n-Butan C_4H_{10}	2,47	– 1	0,34	0,14
Ethen C_2H_4	1,17	– 104	0,11	0,13

Dichten einiger Lösungen (bei 20 °C)

Lösung, Formel	verdünnt Massenanteil w in % (c in mol/L)	verdünnt Dichte bei 20 °C in g/cm³	konzentriert Massenanteil w in %	konzentriert Dichte bei 20 °C in g/cm³
Salzsäure $HCl(aq)$	7 % (2)	1,033	36 %	1,17 g
Schwefelsäure $H_2SO_4(aq)$	9 % (1)	1,059	96 %	1,836
Salpetersäure $HNO_3(aq)$	12 % (2)	1,066	65 %	1,391
Phosphorsäure $H_3PO_4(aq)$	10% (1)	1,05	85 %	1,71
Essigsäure $CH_3COOH(aq)$	12 % (2)	1,015	99 %	1,052
Natronlauge $NaOH(aq)$	8 % (2)	1,087	30 %	1,328
Kalilauge $KOH(aq)$	11 % (2)	1,100	27 %	1,256
Kalkwasser $Ca(OH)_2(aq)$	0,16 %*	1,001*	*Angaben f. gesättigte Lösungen	
Ammoniak-Lösung $NH_3(aq)$	3 % (2)	0,981	25 %	0,907
Ethanol $C_2H_5OH(aq)$	6 % (1)	0,988	99 %	0,792
Natriumchlorid $NaCl(aq)$	6 % (1)	1,041	26 %	1,197
Natriumcarbonat $Na_2CO_3(aq)$	5 % (0,2)	1,050	13 %	1,135

Schmelztemperaturen einiger Salze

Salz, Formel	Schmelztemperatur in °C
Bleichlorid, $PbCl_2$	501
Bleibromid, $PbBr_2$	488
Bleiiiodid, PbI_2	412
Eisen(II)chlorid, $FeCl_2$	677
Eisen(III)chlorid, $FeCl_3$	304
Kaliumchlorid, KCl	770
Kaliumbromid, KBr	742
Kaliumiodid, KI	682
Kupferchlorid, $CuCl_2$	620
Lithiumchlorid, $LiCl$	605
Magnesiumchlorid, $MgCl_2$	712
Natriumchlorid, $NaCl$	801
Natriumbromid, $NaBr$	747
Natriumiodid, NaI	662
Natriumcarbonat, Na_2CO_3	852
Natriumnitrat, $NaNO_3$	310
Silberchlorid, $AgCl$	455
Zinkchlorid, $ZnCl_2$	313
Zinkbromid, $ZnBr_2$	394
Zinkiodid, ZnI_2	446

Siedetemperaturen einiger Flüssigkeiten

Stoff, Formel	Siedetemperatur in °C
Wasser, H_2O	100
Kohlenstoffdisulfid, CS_2	46
Salpetersäure, HNO_3	86
Ethanol, C_2H_5OH	78,4
Methanol, CH_3OH	65
i-Propanol, C_3H_7OH	92
Glycol, $C_2H_4(OH)_2$	197
Essigsäure, H_3CCOOH	118
Schwefelsäure, H_2SO_4	>200 (Zersetzung)
Diethylether, $(C_2H_5)_2O$	35
Aceton, $(CH_3)_2CO$	56
n-Pentan, C_5H_{12}	36
n-Heptan, C_7H_{16}	98

Die nachfolgende Liste enthält Gefahrenhinweise,

R- und **S-**Sätze und **Ents**orgungsempfehlungen. Die hier nicht angegebenen Stoffe sind entweder so harmlos, dass für sie keine Gefahrensymbole und R- und S-Sätze vorgesehen sind, oder werden in nur ganz winzigen Mengen benutzt, z. B. als Indikatoren.

T⁺ Sehr giftig
T Giftig
(t = toxic)
Erhebliche Gesundheitsgefährdung, keine Schülerübungen zulässig!

Xn Gesundheitsschädlich
(n = noxious)
beim Einatmen, Verschlucken, und bei Berührung mit der Haut.

Xi Reizend
(i = irritating)
auf Haut, Augen und Atmungsorgane.

F⁺ Hochentzündlich
(f = flammable)
F Leicht entzündlich
Kann sich von selbst entzünden oder mit Wasser entzündliche Gase bilden.

E Explosionsgefährlich
(e = explosive)
Kann explodieren, keine Schülerübungen zulässig!

C Ätzend
(c = corrosive)
Zerstört lebendes Gewebe, wie z. B. Haut oder Auge.

O Brandfördernd
(o = oxidizing)
Kann Brände fördern oder verursachen, Feuer- und Explosionsgefahr bei Mischung mit brennbaren Stoffen.

N Umweltgefährlich
(n = nature)
Giftig für Pflanzen und Tiere in aquatischen und nicht aquatischen Lebensräumen, gefährlich für die Ozonschicht.

Acetessigsäureethylester, $CH_3COCH_2COOC_2H_5$, Ents. 1

Aceton, C_3H_6O, **F, Xi,** R: 11 – 36 – 66 – 67, S: 2 – 9 – 16 – 26, Ents. 1

Alkohol – vgl. Ethanol

Aluminiumchlorid, wasserfrei, $AlCl_3$, **C,** R: 34, S: 1/2 – 7/8 – 28 – 45

Ameisensäure – vgl. Methansäure

Ammoniak-Lösung NH_3 (aq), **C** *(w=25%),* R: 36/37/38, S: 1/2 – 26 – 36/37/39 – 45 – 61, Ents. 13

Ammoniumnitrat, NH_4NO_3, **O,** R: 8 – 9, S: 1/2 – 15 – 16 – 41, Ents. 14

Ammoniumthiocyanat, NH_4SCN, **Xn,** R: 20/21/22 – 32, S: 2 – 13, Ents. 12

Bariumhydroxid, $Ba(OH)_2 \cdot 8H_2O$, **C,** R: 20/22 – 34, S: 2 – 26 – 36/37/39 – 45, Ents. 13

Benzin, **F,** R: 11, S: 9 – 16 – 29 – 33, Ents. 13

Benzoesäure, C_6H_5COOH, **Xn,** R: 22 – 36, S: 24/25, Ents. 12

Branntkalk – vgl. Calciumoxid

Braunstein – vgl. Mangan(IV)-oxid

Brennspiritus – vgl. Ethanol

Brom, Br_2, **T⁺, C, N,** R: 26 – 35 – 50, S: 1/2 – 7/9 – 26 – 45 – 61, Ents. 22

Bromwasser – Bromwasser ist eine verdünnte Bromlösung in Wasser – *vgl. Brom*

Butan, C_4H_{10}, **F⁺,** R: 12, S: 2 – 9 – 16 – 33

1-Butanol, C_4H_9OH, **Xn,** R: 10 – 22 – 37/38 – 41 – 67, S: 2 – 7/9 – 13 – 26 – 37/39 – 46, Ents. 1

2-Butanol, $C_3H_6(OH)CH_3$, **Xn,** R: 10 – 36/37 – 67, S: 2 – 7/9 – 13 – 24/25 – 26 – 46, Ents. 1

tert. Butanol – vgl. 2-Methyl-2-propanol

Butansäure, C_3H_7COOH, **C,** R: 34, S: 1/2 – 26 – 36 – 45, Ents. 1

Calciumchlorid, $CaCl_2$, **Xi,** R: 36, S: 2 – 22 – 24, Ents. 14

Calciumhydroxid, $Ca(OH)_2$, **C,** R: 34, S: 26 – 36/37/39 – 45, Ents. 13

Calciumoxid, CaO, **C,** R: 14 – 34, S: 22 – 26 – 36/37/39 – 45, Ents. 14

Cyclohexan, C_6H_{12}, **F, Xn, N,** R: 11 – 38 – 50/53 – 65 – 67 S: 9 – 16 – 33 – 60 – 61 – 62, Ents. 1

Cyclohexen, C_6H_{10}, **Xn, F,** R: 11 – 22, S: 9 – 16 – 23 – 33, Ents. 1

Dichlormethan, CH_2Cl_2, **Xn,** R: 40, S: 2 – 23 – 24/25 – 36/37, Ents. 2

Dieselöl, Dieselkraftstoff – Kohlenwasserstoffgemisch, **F,** Ents. 1

Diethylether (Ether), $C_4H_{10}O$, **F⁺, Xn,** R: 12 – 19 – 22 – 66 – 67, S: 2 – 9 – 16 – 29 – 33, Ents. 1

Eisen(II)-sulfat $FeSO_4 \cdot 7H_2O$, **Xn,** R: 22 – 41, S: 26, Ents. 15

Eisen(III)-chlorid $FeCl_3 \cdot 6H_2O$, **Xn,** R: 22 – 38 – 41, S: 2 – 26 – 39, Ents. 15

Erdgas – vgl. Methan

Essigsäure – vgl. Ethansäure

Essigsäureethylester – vgl. Ethansäureethylester

Ethanal (Acetaldehyd), CH_3CHO, **Xn, F⁺,** R: 12 – 36/37 – 40, S: 9 – 16 – 29 – 33, Ents. 1 (vorher mit Natriumhydrogensulfat versetzen)

Ethandiol (Glycol), $HOCH_2CH_2OH$, **Xn,** R: 22, S: 2, Ents. 1

Ethanol, C_2H_6O, **F, Xn,** R: 12 – 36/37 – 40, S: 2 – 16 – 33 – 36/37

Ethansäure (Essigsäure), CH_3COOH, **C,** R: 10 – 35, S: 1/2 – 23 – 26 – 45, Ents. 12

Ethen (Ethylen), C_2H_4, **F⁺,** R: 13, S: 2 – 9 – 16 – 33

Ethylendiamintetraessigsäure-Dinatriumsalz (EDTA di-Natriumsalz), $C_{10}H_{14}N_2Na_2O_8 \cdot 2H_2O$, **Xn,** R: 22, Ents. 1

Fehling I – vgl. Kupfersulfat

Fehling II – vgl. Ammoniak und Kaliumnatriumtartrat

Feuerzeuggas – vgl. Butan

Fluoreszein-Natriumsalz, $C_{20}H_{10}Na_2O_5$, Ents. 14

gebrannter Kalk – vgl. Calciumoxid

gelöschter Kalk – vgl. Calciumhydroxid

Heizöl – vgl. Dieselöl

Heptan $\mathbf{C_7H_{16}}$, **F, Xn, N,** R: 11 – 38 – 50/53 – 65 – 67, S: 9 – 16 – 29 – 33 – 60 – 61 – 62, Ents. 1

Hexadecanol (Cetylalkohol), $\mathbf{C_{16}H_{33}OH}$, Ents. 1

Hexan, $\mathbf{C_6H_{14}}$, **F, Xn,** R: 11– 48/21, S: 9 – 16 – 25 – 29 – 51, Ents. 1

Hexandiamin (1,6-Diaminohexan), $\mathbf{C_6H_{16}N_2}$, **C,** R: 21/22 – 34 – 37, S: 1/2 – 22 – 26 – 36/37/39 – 45, Ents. 1

Hexen, $\mathbf{C_4H_{12}}$, **F,** R: 11, S: 9 – 16 – 23 – 29 – 33, Ents. 1

Indigocarmin, $\mathbf{C_{16}H_8N_2Na_2O_8S_2}$, **Xn,** R: 22, Ents. 1

Iod, $\mathbf{I_2}$, **Xn, N,** R: 20/21 – 50, S: 23 – 25 – 61, Ents. 22

Iodwasser – ist eine stark verdünnte Lösung von Iod in Wasser – *vgl. Iod*

Isobuten (Methylpropen), $\mathbf{C_4H_8}$, **F+,** R: 12, S: 2 – 9 – 16 – 33

Isooctan (2,2,4-Trimethylpentan), $\mathbf{C_8H_{18}}$, **F,** R: 11, S: 9 – 16 – 29 – 33, Ents. 1

Kaliumhydroxid, $\mathbf{KOH}$, **C,** R: 22 – 35, S: 2 – 26 – 36/37/39 – 45, Ents. 13

Kaliumiodid, $\mathbf{KI}$, Ents. 14

Kaliumnatriumtartrat, $\mathbf{C_4H_4KNaO_5}$, Ents. 14

Kaliumnitrat, $\mathbf{KNO_3}$, **O,** R: 8, S: 16 – 41, Ents. 14

Kaliumpermanganat, $\mathbf{KMnO_4}$, **O, Xn, N,** R: 8 – 22 – 50/53, S: 2 – 60 – 61, Ents. 22

Kalkwasser, $\mathbf{Ca(OH)_2}$, **C,** R: 34, S: 26 – 36, Ents. 14

Kupfer(II)-oxid, $\mathbf{CuO}$, **Xn,** R: 22, S: 2 – 22, Ents. 15

Kupfer(II)-sulfat, $\mathbf{CuSO_4 \cdot 5H_2O}$, **Xn,** R: 22 – 36/38, S: 2 – 22, Ents. 15

Löschkalk – vgl. Calciumhydroxid

Magnesium-Band, $\mathbf{Mg}$, **F,** R: 15 – 17, S. 7/8 – 43

Magnesium-Pulver, $\mathbf{Mg}$, **F,** R: 15 – 17, S: 7/8 – 43

Magnesium-Späne, $\mathbf{Mg}$, **F,** R: 15 – 17, S: 7/8 – 43

Mangan(II)-sulfat, $\mathbf{MnSO_4}$, Ents. 15

Mangan(IV)-oxid (Mangandioxid), $\mathbf{MnO_2}$, **Xn,** R: 20/22, S: 25, Ents. 15

Methan, $\mathbf{CH_4}$, **F+,** R: 12, S: 2 – 9 – 16 – 33

Methanal, $\mathbf{CH_2O}$, **T,** R: 23/24/25 – 34 – 40 – 43, S: 26 – 36/37 – 41 – 51, Ents. 1 (vorher mit Natriumhydrogensulfit-Lsg. versetzen)

Methanol, $\mathbf{CH_3OH}$, **F, T,** R: 11 – 39/23/24/25, S: 1/2 – 7 – 16 – 36/37 – 45, Ents. 1

Methansäure (Ameisensäure), $\mathbf{HCOOH}$, **C,** R: 35, S: 2 – 23 – 26 – 45, Ents. 12

2-Methyl-2-propanol (tert. Butanol), $\mathbf{(CH_3)_3COH}$, **Xn, F,** R: 11 – 20, S: 2 – 9 – 16, Ents. 1

Methyl-tert.-butylether, $\mathbf{(CH_3)_3COCH_3}$, **F, Xi,** R: 11 – 36/37/38, S: 9 – 16 – 26 – 29 – 33 – 36, Ents. 1

Methylviologen (1,1'-Dimethyl-4,4'-bipyridinium-dichlorid), $\mathbf{C_{12}H_{14}Cl_2N_2}$, **T,** R: 24/25 – 36/37/38, S: 22 – 36/37/39 – 45/28

Natrium, $\mathbf{Na}$, **F, C,** R: 14/15 – 34, S: 1/2 – 5 – 8 – 43 – 45, Ents. 26

Natriumcarbonat, $\mathbf{Na_2CO_3 \cdot 10H_2O}$, **Xi,** R: 36, S: 2 – 22 – 26, Ents. 14

Natriumdithionit, $\mathbf{Na_2S_2O_4}$, **Xn,** R: 7 – 22 – 31, S: 2 – 7/8 – 26 – 28 – 43, Ents. 14

Natriumhydroxid, $\mathbf{NaOH}$, **C,** R: 35, S: 1/2 – 26 – 37/39 – 45, Ents. 13

Natriumnitrat, $\mathbf{NaNO_3}$, **O,** R: 8, S: 16 – 41, Ents. 14

Natriumnitrit, $\mathbf{NaNO_2}$, **T, O, N,** R: 8 – 25 – 50, S: 1/2 – 45 – 61, Ents. 14

Natronlauge, $\mathbf{NaOH(aq)}$, **C,** R: 35, S: 1/2 – 26 – 36/37/39 – 45, Ents. 13

Oxalsäure (Ethandisäure), $\mathbf{HOOCCOOH}$, **Xn,** R: 21/22, S: 2 – 24/25, Ents. 12

Ozon, $\mathbf{O_3}$, **O, T,** R: 34 – 36/37/38

Paraffinöl, Ents. 1

Pentan, $\mathbf{C_5H_{12}}$, **F+, Xn, N,** R: 12 – 51/53 – 65 – 66 – 67, S: 2 – 9 – 16 – 29 – 33 – 61 – 62, Ents. 1

Pentanol $\mathbf{C_5H_{11}OH}$, **Xn,** R: 10 – 20, S: 2 – 24/25, Ents. 1

Petrolether, **F+,** R: 11, S: 9 – 16 – 29 – 33, Ents. 1

Phosphorsäure, $\mathbf{H_3PO_4}$, **C,** R: 35, S: 26, Ents. 12

Phthalsäureanhydrid, $\mathbf{C_8H_4O_3}$, **Xn,** R: 36/37/38, Ents. 1

Propan, $\mathbf{C_3H_8}$, **F+,** R: 12, S: 9 – 16 – 33

Propanal, $\mathbf{C_2H_5CHO}$, **F, Xi,** R: 11 – 36/37/38, S: 2 – 9 – 16 – 29

1-Propanol, $\mathbf{C_3H_7OH}$, **F, Xi,** R: 11 – 47 – 67, S: 2 – 7 – 16 – 24 – 26 – 39, Ents. 1

2-Propanol, $\mathbf{CH_3CH(OH)CH_3}$, **F, Xi,** R: 11 – 36 – 37, S: 2 – 7 – 16 – 24/25 – 26, Ents. 1

Propanon – vgl. Aceton

2-Propansäure, $\mathbf{C_2H_5COOH}$, **C,** R: 34, S: 1/2 – 23 – 36 – 45, Ents. 12

Resorcin, $\mathbf{C_6H_4(OH)_2}$, **Xn, N,** R: 22 – 36/38 – 50, S: 2 – 26 – 61, Ents. 1

Safranin T, $\mathbf{C_{20}H_{19}ClN_4}$, S: 22 – 24/25

Salicylsäure, $\mathbf{C_6H_4(OH)COOH}$, **Xn,** R: 22 – 36/38, S: 22, Ents. 12

Salpetersäure (w=65%), $\mathbf{HNO_3(aq)}$, **C,** R: 35, S: 1/2 – 23 – 26 – 36 – 45, Ents. 12 (Die Angaben gelten auch für geringere Konzentrationen.)

Salzsäure rauchend (w=37%), $\mathbf{HCl(aq)}$, **C,** R: 34 – 37, S: 2 – 26 – 45, Ents. 12 (Die Angaben gelten auch für geringere Konzentrationen.)

SALTZMANN-Reagenz, **Xn,** R: 20/21/22, S: 25 – 28, Ents. 1

Sauerstoff, $\mathbf{O_2}$, **O,** R: 8, S: 17

Schwefel, $\mathbf{S}$, – ist brennbar, hat jedoch eine relativ hohe Entzündungstemperatur (225 °C), dabei bildet sich giftiges Schwefeldioxid (vgl. dort).

Schwefeldioxid, $\mathbf{SO_2}$, **T, N,** R: 23 – 36/37, S: 1/2 – 9 – 26 – 36/37/39 – 45

Schwefelsäure (w=98 %), $\mathbf{H_2SO_4}$, **C,** R: 35, S: 2 – 26 – 30 – 45, Ents. 12 (Die Angaben gelten auch für geringe Konzentrationen.)

Sebacinsäuredichlorid (Decansäuredichlorid), $\mathbf{C_{10}H_{16}Cl_2O_2}$, **C,** R: 34, S: 1/2 – 26 – 28 – 36/37/39 – 45, Ents. 2 (vorher mit Methanol versetzen)

Silbernitrat-Lösung (w=2%), $\mathbf{AgNO_3(aq)}$, **Xi,** R: 36/38, Ents. 27

Soda – vgl. Natriumcarbonat

Stickstoffdioxid, $\mathbf{NO_2}$, **T+, N,** R: 26 – 34, S: 9 – 26 – 28 – 36/37/39 – 45

Stickstoffmonooxid, $\mathbf{NO}$, **T+, N,** R: 26/27, S: 45

Strontiumchlorid, $\mathbf{SrCl_2}$, Ents. 14

Styrol, $\mathbf{C_6H_5CHCH_2}$, **Xi,** R: 10 – 36/37, Ents. 1

Testbenzin – vgl. Benzin

Tetrachlorethen (Perchlorethylen), $\mathbf{C_2Cl_4}$, **Xn, N,** R: 20/22 – 40, S: 2 – 25, Ents. 2

Tetrakis(dimethylamino)ethylen, $\mathbf{C_{10}H_{24}N_4}$, **Xn,** R: 20/21/ 22, S: 36/39, Ents. 28

UV-Licht – verursacht beim Hineinschauen Bindehautentzündung; starke UV-Lichtquellen sind daher mit Aluminiumfolie abzuschirmen.

Waschbenzin – vgl. Benzin

Wasserstoff, $\mathbf{H_2}$, **F+,** R: 12, S: 9 – 16 – 33

Wasserstoffperoxid-Lösung (w=30%), $\mathbf{H_2O_2(aq)}$, **O, C,** R: 34, S: 3 – 28 – 36/39 – 45, Ents. 22

Weinsäure (Dihydroxybutansäure), $\mathbf{OOCCH(OH)CH(OH)COOH}$, **Xi,** R: 36/37/38, S: 2 – 26 – 36, Ents. 12

R-Sätze[1]

[1] von *risque* (franz.) = Risiko

R 1 In trockenem Zustand explosionsfähig.
R 2 Durch Schlag, Reibung, Feuer oder andere Zündquellen explosionsfähig.
R 3 Durch Schlag, Reibung, Feuer oder andere Zündquellen leicht explosionsfähig.
R 4 Bildet hochempfindliche explosionsfähige Metallverbindungen.
R 5 Beim Erwärmen explosionsfähig.
R 6 Mit und ohne Luft explosionsfähig.
R 7 Kann Brand verursachen.
R 8 Feuergefahr bei Berührung mit brennbaren Stoffen.
R 9 Explosionsgefahr bei Mischung mit brennbaren Stoffen.
R 10 Entzündlich.
R 11 Leichtentzündlich.
R 12 Hochentzündlich.
R 13 Hochentzündliches Flüssiggas.
R 14 Reagiert heftig mit Wasser.
R 15 Reagiert mit Wasser unter Bildung leicht entzündlicher Gase.
R 16 Explosionsfähig in Mischung mit brandfördernden Stoffen.
R 17 Selbstentzündlich an der Luft.
R 18 Bei Gebrauch Bildung explosiver/leicht entzündlicher Dampf-Luftgemische möglich.
R 19 Kann explosionsfähige Peroxide bilden.
R 20 Gesundheitsschädlich beim Einatmen.
R 21 Gesundheitsschädlich bei Berührung mit der Haut.
R 22 Gesundheitsschädlich beim Verschlucken.
R 23 Giftig beim Einatmen.
R 24 Giftig bei Berührung mit der Haut.
R 25 Giftig beim Verschlucken.
R 26 Sehr giftig beim Einatmen.
R 27 Sehr giftig bei Berührung mit der Haut.
R 28 Sehr giftig beim Verschlucken.
R 29 Entwickelt bei Berührung mit Wasser giftige Gase.
R 30 Kann bei Gebrauch leicht entzündlich werden.
R 31 Entwickelt bei Berührung mit Säure giftige Gase.
R 32 Entwickelt bei Berührung mit Säure hochgiftige Gase.
R 33 Gefahr kumulativer Wirkungen.
R 34 Verursacht Verätzungen.
R 35 Verursacht schwere Verätzungen.
R 36 Reizt die Augen.
R 37 Reizt die Atmungsorgane.
R 38 Reizt die Haut.
R 39 Ernste Gefahr irreversiblen Schadens.
R 40 Irreversibler Schaden möglich.
R 41 Gefahr ernster Augenschäden
R 42 Sensibilisierung durch Einatmen möglich.
R 43 Sensibilisierung durch Hautkontakt möglich.
R 44 Explosionsgefahr bei Erhitzen unter Einschluss.
R 45 Kann Krebs erzeugen.
R 46 Kann vererbbare Schäden verursachen.
R 47 Kann Missbildungen verursachen.
R 48 Gefahr ernster Gesundheitsschäden bei längerer Exposition.
R 49 Kann Krebs erzeugen beim Einatmen.
R 50 Sehr giftig für Wasserorganismen.
R 51 Giftig für Wasserorganismen.
R 52 Schädlich für Wasserorganismen.
R 53 Kann in Gewässern längerfristig schädliche Wirkungen haben.
R 54 Giftig für Pflanzen.
R 55 Giftig für Tiere.
R 56 Giftig für Bodenorganismen.
R 57 Giftig für Bienen.
R 58 Kann längerfristig schädliche Wirkungen auf die Umwelt haben.
R 59 Gefährlich für die Ozonschicht.
R 60 Kann die Fortpflanzungsfähigkeit beeinträchtigen.
R 61 Kann das Kind im Mutterleib schädigen.
R 62 Kann möglicherweise die Fortpflanzungsfähigkeit beeinträchtigen.
R 63 Kann möglicherweise das Kind im Mutterleib schädigen.
R 64 Kann Säuglinge über die Muttermilch schädigen.
R 65 Gesundheitsschädlich: Kann beim Verschlucken Lungenschäden verursachen
R 66 Wiederholter Kontakt kann zu spröder und rissiger Haut führen
R 67 Dämpfe können Schläfrigkeit und Benommenheit verursachen

R 14/15 Reagiert heftig mit Wasser unter Bildung leicht entzündlicher Gase.
R 15/29 Reagiert mit Wasser unter Bildung giftiger und leicht entzündlicher Gase.
R 20/21 Gesundheitsschädlich beim Einatmen und bei Berührung mit der Haut.
R 20/22 Gesundheitsschädlich
R 20/21/22 Gesundheitsschädlich beim Einatmen, Verschlucken und Berührung mit der Haut.
R 21/22 Gesundheitsschädlich bei Berührung mit der Haut und beim Verschlucken.
R 23/24 Giftig beim Einatmen und bei Berührung mit der Haut.
R 24/25 Giftig beim Einatmen und Verschlucken.
R 23/24/25 Giftig beim Einatmen, Verschlucken und Berührung mit der Haut.
R 23/24 Giftig bei Berührung mit der Haut und beim Verschlucken.
R 26/27 Sehr giftig beim Einatmen und bei Berührung mit der Haut.
R 26/28 Sehr giftig beim Einatmen und Verschlucken.
R 26/27/28 Sehr giftig beim Einatmen, Verschlucken und Berührung mit der Haut.
R 27/28 Sehr giftig bei Berührung mit der Haut und beim Verschlucken.
R 36/37 Reizt die Augen und die Atmungsorgane.
R 36/38 Reizt die Augen und die Haut.
R 36/37/38 Reizt die Augen, Atmungsorgane und die Haut.
R 37/38 Reizt die Atmungsorgane und die Haut.
R 39/23 Giftig: ernste Gefahr irreversiblen Schadens durch Einatmen.
R 39/24 Giftig: ernste Gefahr irreversiblen Schadens bei Berührung mit der Haut.
R 39/25 Giftig: ernste Gefahr irreversiblen Schadens durch Verschlucken.
R 39/23/24 Giftig: ernste Gefahr irreversiblen Schadens durch Einatmen und bei Berührung mit der Haut.
R 39/23/25 Giftig: ernste Gefahr irreversiblen Schadens durch Einatmen und durch Verschlucken.
R 39/24/25 Giftig: ernste Gefahr irreversiblen Schadens bei Berührung mit der Haut und durch Verschlucken.
R 39/23/24/25 Giftig: ernste Gefahr irreversiblen Schadens durch Einatmen, bei Berührung mit der Haut und durch Verschlucken.
R 39/26 Sehr giftig: ernste Gefahr irreversiblen Schadens durch Einatmen.
R 39/27 Sehr giftig: ernste Gefahr irreversiblen Schadens bei Berührung mit der Haut.
R 39/28 Sehr giftig: ernste Gefahr irreversiblen Schadens durch Verschlucken.
R 39/26/27 Sehr giftig: ernste Gefahr irreversiblen Schadens durch Einatmen und bei Berührung mit der Haut.
R 39/26/28 Sehr giftig: ernste Gefahr irreversiblen Schadens durch Einatmen und durch Verschlucken.
R 39/27/28 Sehr giftig: ernste Gefahr irreversiblen Schadens bei Berührung mit der Haut und durch Verschlucken.
R 39/26/27/28 Sehr giftig: ernste Gefahr irreversiblen Schadens durch Einatmen, bei Berührung mit der Haut und durch Verschlucken.
R 40/20 Gesundheitsschädlich: Möglichkeit irreversiblen Schadens durch Einatmen.
R 40/21 Gesundheitsschädlich: Möglichkeit irreversiblen Schadens bei Berührung mit der Haut.
R 40/22 Gesundheitsschädlich: Möglichkeit irreversiblen Schadens durch Verschlucken.
R 40/20/21 Gesundheitsschädlich: Möglichkeit irreversiblen Schadens durch Einatmen und bei Berührung mit der Haut.
R 40/20/22 Gesundheitsschädlich: Möglichkeit irreversiblen Schadens durch Einatmen und durch Verschlucken.
R 40/21/22 Gesundheitsschädlich: Möglichkeit irreversiblen Schadens bei Berührung mit der Haut und durch Verschlucken.
R 40/20/21/22 Gesundheitsschädlich: Möglichkeit irreversiblen Schadens durch Einatmen, bei Berührung mit der Haut und durch Verschlucken.
R 42/43 Sensibilisierung durch Einatmen und Hautkontakt möglich.
R 48/20 Gesundheitsschädlich: Gefahr ernster Gesundheitsschäden bei längerer Exposition durch Einatmen.
R 48/21 Gesundheitsschädlich: Gefahr ernster Gesundheitsschäden bei längerer Exposition durch Berührung mit der Haut.
R 48/22 Gesundheitsschädlich: Gefahr ernster Gesundheitsschäden bei längerer Exposition durch Verschlucken.
R 48/20/21 Gesundheitsschädlich: Gefahr ernster Gesundheitschäden bei längerer Exposition durch Einatmen und bei Berührung mit der Haut.
R 48/20/22 Gesundheitsschädlich: Gefahr ernster Gesundheitsschäden bei längerer Exposition durch Einatmen und durch Verschlucken.
R 48/21/22 Gesundheitsschädlich: Gefahr ernster Gesundheitsschäden bei längerer Exposition bei Berührung mit der Haut und durch Verschlucken.
R 48/20/21/22 Gesundheitsschädlich: Gefahr ernster Gesundheitsschäden bei längerer Exposition durch Einatmen, bei Berührung mit der Haut und durch Verschlucken.
R 48/23 Giftig: Gefahr ernster Gesundheitsschäden bei längerer Exposition durch Einatmen.
R 48/24 Giftig: Gefahr ernster Gesundheits-schäden bei längerer Exposition durch Berührung mit der Haut.
R 48/25 Giftig: Gefahr ernster Gesundheitsschäden bei längerer Exposition durch Verschlucken.
R 48/23/24 Giftig: Gefahr ernster Gesundheitsschäden bei längerer Exposition durch Einatmen und durch Berührung mit der Haut.
R 48/23/25 Giftig: Gefahr ernster Gesund-heitsschäden bei längerer Exposition durch Einatmen und durch Verschlucken.
R 48/24/25 Giftig: Gefahr ernster Gesund-heitsschäden bei längerer Exposition durch Berührung mit der Haut und durch Verschlucken.
R 48/23/24/25 Giftig: Gefahr ernster Gesundheitsschäden bei längerer Exposition durch Einatmen, Berührung mit der Haut und durch Verschlucken.
R 50/53 Sehr giftig für Wasserorganismen, kann in Gewässern längerfristig schädliche Wirkungen haben.
R 51/53 Giftig für Wasserorganismen, kann in Gewässern längerfristig schädliche Wirkungen haben.
R 52/53 Schädlich für Wasserorganismen, kann in Gewässern längerfristig schädliche Wirkungen haben.

S-Sätze[2]

[2]von *sécurité* (franz.) = Sicherheit

S 1 Unter Verschluss aufbewahren.
S 2 Darf nicht in die Hände von Kindern gelangen.
S 3 Kühl aufbewahren.
S 4 Von Wohnplätzen fernhalten.
S 5 Unter ... aufbewahren (geeignete Flüssigkeit vom Hersteller anzugeben).
S 6 Unter ... aufbewahren (inertes Gas vom Hersteller anzugeben).
S 7 Behälter dicht geschlossen halten.
S 8 Behälter trocken halten.
S 9 Behälter an einem gut gelüfteten Raum aufbewahren.
S 10 Inhalt feucht halten.
S 11 Zutritt von Luft verhindern.
S 11 Behälter nicht gasdicht verschließen.
S 13 Von Nahrungsmitteln, Getränken und Futtermitteln fernhalten.
S 14 Von ... fernhalten (inkompatible Substanzen sind vom Hersteller anzugeben).
S 15 Vor Hitze schützen.
S 16 Von Zündquellen fernhalten – Nicht rauchen.
S 17 Von brennbaren Stoffen fernhalten.
S 18 Behälter mit Vorsicht öffnen und handhaben.
S 20 Bei der Arbeit nicht essen und trinken.
S 21 Bei der Arbeit nicht rauchen.
S 22 Staub nicht einatmen.
S 23 Gas/Rauch/Dampf/Aerosol nicht einatmen.
S 24 Berührung mit der Haut vermeiden.
S 25 Berührung mit den Augen vermeiden.
S 26 Bei Berührung mit den Augen gründlich mit Wasser spülen und Arzt konsultieren.
S 27 Beschmutzte getränkte Kleidung sofort ausziehen.
S 28 Bei Berührung mit der Haut sofort abwaschen mit viel ... (vom Hersteller anzugeben).
S 29 Nicht in die Kanalisation gelangen lassen.
S 30 Niemals Wasser hinzugießen.
S 31 Von explosionsfähigen Stoffen fernhalten.
S 33 Maßnahmen gegen elektrostatische Aufladungen treffen.
S 34 Schlag und Reibung vermeiden.
S 35 Abfälle und Behälter müssen in gesicherter Weise beseitigt werden.
S 36 Bei der Arbeit geeignete Schutzkleidung tragen.
S 37 Geeignete Schutzhandschuhe tragen.
S 38 Bei unzureichender Belüftung Atemschutzgerät anlegen.
S 39 Schutzbrille/Gesichtsschutz tragen.
S 40 Fußboden und verunreinigte Gegenstände mit ... reinigen (Material vom Hersteller anzugeben).
S 41 Explosions- und Brandgase nicht einatmen.
S 42 Bei Räuchern/Versprühen geeignetes Atemschutzgerät anlegen.
S 43 Zum Löschen ... (vom Hersteller anzugeben) verwenden (wenn Wasser die Gefahr erhöht, anfügen: „Kein Wasser verwenden").
S 44 Bei Unwohlsein ärztlichen Rat einholen (wenn möglich dieses Etikett vorzeigen).
S 45 Bei Unfall oder Unwohlsein sofort Arzt hinzuziehen (wenn möglich dieses Etikett vorzeigen).
S 46 Bei Verschlucken sofort ärztlichen Rat ein holen und Verpackung oder Etikett vorzeigen.
S 47 Nicht bei Temperaturen über ... °C aufbewahren (vom Hersteller anzuge-ben).
S 48 Feucht halten mit ... (geeignetes Mittel vom Hersteller anzugeben).
S 49 Nur im Originalbehälter aufbewahren.
S 50 Nicht mischen mit ... (vom Hersteller anzugeben).
S 51 Nur in gut gelüfteten Bereichen verwenden.
S 52 Nicht großflächig in Wohn- und Aufenthaltsräumen zu verwenden.
S 53 Exposition vermeiden – vor Gebrauch besondere Anweisungen einholen.
S 56 Diesen Stoff und seinen Behälter der Problemabfallentsorgung zuführen.
S 57 Zur Vermeidung einer Kontamination der Umwelt geeigneten Behälter verwenden.
S 59 Information zur Wiederverwendung/Wiederverwertung beim Hersteller/Lieferanten erfragen.
S 60 Dieser Stoff und sein Behälter sind als gefährlicher Abfall zu entsorgen.
S 61 Freisetzung in der Umwelt vermeiden. Besondere Anweisungen einholen/Sicherheitsdatenblatt zu Rate ziehen.
S 62 Bei Verschlucken kein Erbrechen herbeiführen. Sofort ärztlichen Rat einholen und Verpackung oder dieses Etikett vorzeigen.
S 63 Bei Unfall durch Einatmen: Verunfallten an die frische Luft bringen und ruhig stellen
S 64 Bei Verschlucken Mund ausspülen (nur wenn Verunfalter bei Bewusstsein ist)

S 1/2 Unter Verschluss und für Kinder unzugänglich aufbewahren.
S 3/7 Behälter dicht geschlossen halten und an einem kühlen Ort aufbewahren.
S 3/7/9 Behälter dicht geschlossen halten und an einem kühlen, gut gelüfteten Ort aufbewahren.
S 3/9 Behälter an einem kühlen, gut gelüfteten Ort aufbewahren.
S 3/9/14 An einem kühlen, gut gelüfteten Ort, entfernt von ... aufbewahren (die Stoffe, mit denen Kontakt vermieden werden muss, sind vom Hersteller anzugeben).
S 3/9/14/49 Nur im Originalbehälter an einem kühlen, gut gelüfteten Ort, entfernt von ... aufbewahren (die Stoffe, mit denen Kontakt vermieden werden muss, sind vom Hersteller anzugeben).
S 3/9/49 Nur im Originalbehälter an einem kühlen, gut gelüfteten Ort aufbewahren.
S 3/14 An einem kühlen, von ... entfernten Ort aufbewahren (die Stoffe, mit denen Kontakt vermieden werden muss, sind vom Hersteller anzugeben).
S 7/8 Behälter trocken und dicht geschlossen halten.
S 7/9 Behälter dicht geschlossen an einem gut gelüfteten Ort aufbewahren.
S 7/47 Behälter dicht geschlossen und nicht bei Temperaturen über ... °C aufbewahren (vom Hersteller anzugeben).
S 20/21 Bei der Arbeit nicht essen, trinken, rauchen.
S 24/25 Berührung mit den Augen und der Haut vermeiden.
S 29/56 Nicht in die Kanalisation gelangen lassen.
S 36/37 Bei der Arbeit geeignete Schutzhandschuhe und Schutzkleidung tragen.
S 36/37/39 Bei der Arbeit geeignete Schutzkleidung, Schutzhandschuhe und Schutzbrille/ Gesichtsschutz tragen.
S 36/39 Bei der Arbeit geeignete Schutzkleidung und Schutzbrille/Gesichtsschutz tragen.
S 37/39 Bei der Arbeit geeignete Schutzhandschuhe und Schutzbrille/Gesichtsschutz tragen.
S 47/49 Nur im Originalbehälter bei einer Temperatur von nicht über ... °C aufbewahren (vom Hersteller anzugeben).

Entsorgungsempfehlungen

1: Organische halogenfreie Lösemittel werden in einem Sammelgefäß A gesammelt.
2: Organische halogenhaltige Lösemittel werden in einem Sammelgefäß B gesammelt.
9: Krebserregende und giftige bzw. sehr giftige brennbare Verbindungen werden im Sammelgefäß C gesammelt.
12: Säuren und Säure-Lösungen werden mit viel Wasser verdünnt, mit Natronlauge neutrali-siert und dann in den Abguss gegossen. Bei geringen Säure-Mengen wird nur stark verdünnt und in den Abguss gegossen.
13: Hydroxide werden in viel Wasser aufgelöst,Laugen werden mit viel Wasser verdünnt, gegebenenfalls mit verdünnter Schwefelsäure neutralisiert und in den Abguss gegossen.
14: Die Lösungen dieser Salze können stark verdünnt in den Abguss gegossen werden.
15: Schwermetallhaltige Lösungen und Feststoffe werden in einem Sammelgefäß D gesammelt. Ist das Gefäß voll, so kann man die Ionen mit Hydrogensulfid als Sulfide ausfällen, abfiltrieren und das Filtrat weggießen.Die festen Rückstände werden in einem Gefäß E gesammelt.
22: Peroxide, Brom und Iod werden mit Natriumthiosulfat-Lösung zu gefahrlosen Folgeprodukten reduziert, verdünnt und weggegossen.
26: Alkalimetall-Rückstände werden mit 2-Propanol zersetzt. Am nächsten Tag wird mit Wasser verdünnt. Die stark verdünnte Lösung wird weggegossen.
27: Wertvolle Metalle (in der Schule insbesondere Silber) sollten der Wiederverwertung zugeführt werden. Silberionenhaltige Lösungen werden also in einem Gefäß F gesammelt; wenn das Gefäß voll ist, kann Silberchlorid ausgefällt werden.
28: Reaktionsprodukte mit sehr viel Wasser verdünnen und wegspülen.

A

Abbauweg, oxidativer, von Glucose 103
Abgase 78
Abgaskatalysator 75
Acetaldehyd 27
Acetate 29
Aceton 26, 27
Acetylsalicylsäure 38
Addition 49, 55
– von Wasser an Isobuten 55
Äpfelsäure 30, 31, 103
aktives Zentrum 107
Aktivierungsenergie 107, 122, 123
Alcoteströhrchen, Alkoholtest 24
Aldehyd 19, 22, 24, 26
Aldehyd-Gruppe 19
Aldose 105
Alkanale 19, 51
– homologe Reihe 51
Alkane 19, 20, 48, 49
– homologe Reihe 51
Alkanole 19, 50, 51
– homologe Reihe 50, 51
Alkanone 19, 51
– homologe Reihe 51
Alkansäuren 19, 28, 51
– homologe Reihe 51
Alkene 19, 20, 48, 49
– homologe Reihe 51
Alkohole 10f, 22, 23, 35, 50f
– einwertige 12
– Gärung 16, 17
– Stoffklasse der 13
– als Droge 17
– primärer 22, 24, 50
– sekundärer 22, 24, 50
– tertiärer 22, 24, 50
– Oxidationsreihe 24
– homologe Reihe 50, 51
Alkyl-Gruppe 13
Alkoxy-Gruppe 19
Aluminiumoxid 14
Amino-Gruppe 27
Aminosäuren 115, 121, 125
Ammoniak 21, 117f, 120f, 125
Ammoniakproduktion 121
Ammoniaksynthese 120f
– im Labor 120
– Geschichte der 121
– technisch 123
Ammonium-Ion 115f, 125
Ammonsalpeter 117
Anisöl 8
anthropogen 73
Antioxidationsmittel 27
Anwendungsprodukte 41f, 47, 63, 70, 71
Aquarium 125
Aromastoff 1f, 3, 5, 9, 11, 18
– Isolierung von 5
– Lösemittel für 11
Parfum 1f, 3, 8, 10
arterielles Blut 100
Ascorbinsäure 27
asymmetrisches C-Atom 31
Atemluft 21
Atomgruppierungen 18, 19
Atmosphäre 72, 80, 81, 114, 115
Atmosphärendruck 5
Atmung 96, 97, 108, 109
Atomkerne, schwere 111
Atomzahlverhaltnisformel 57
Austauscherharz 119
Autokatalysator 75
AVOGADRO, AMEDEO 57, 68
azeotropes Gemisch 9

B

Backpulver 88, 89
Bakelit 64, 70
Bakterien, denitrifizierende 119
Bakterienkultur 8
BASF, Badische Anilin- und Sodafabrik 121, 124
BAYERSCHE Probe 46
Benzaldehyd 18, 19
Benzin 5, 47f, 67
Benzoesäure 31, 34
Benzoesäurementhylester 38
Bernsteinsäure 103
BERTHELOTSCHES Prinzip 98
Beton 87
Bier 16, 17
Bildungsenthalpie, molare 98
Bindungselektronen 10, 25
Biodiesel 113
Biokatalysatoren 107
Biomasse 95
Blattfarbstoffe 95
Blitzentladung 114, 115
Blue-Bottle-Versuch 102
Blut 100, 101
Blutalkoholgehalt 17
Blutfarbstoff 101
Blutkörperchen, rote 101
Blutkreislauf 101
Blutzuckerspiegel 100, 101
BOSCH, CARL 121
Branntkalk 87
Brennwert 97
Brenztraubensäure 103
Brom 20
– Addition an Ethen 49
– Substitution an Ethan 49
Bromwasser-Probe 14, 20, 46, 48, 49, 54
Butanol 12
tert.-Butanol (2-Methyl-2-Propanol) 58, 60
Butanole, Isomere 13, 49, 54
Butansäureethylester 18, 19
Butene 54, 55
– Isomere 54, 58, 59
Butyl-Gruppe 13
Butylkautschuk 64

C

C_4-Körper 103
C_4-Schnitt 55
Calciumcarbonat 32, 86f, 92, 93
Carbonathärte 93
Carbonsäure 19, 24, 29, 30, 35
Carbonsäureester 34, 35
Carbonyl-Gruppe 19, 28, 29
Carbonylverbindung 19, 28, 29
Carboxy-Gruppe 19, 25, 28, 29
CARIX-Verfahren 119
Carotin 20
Carotinoide 20
Carvon 31
Cellulose 105
Chemische Industrie 112
Chemische Oszillation 69
Chemische Veredlung 46
Chemische Verschiebung 59
Chemisches Gleichgewicht 35, 36, 37, 55, 68, 69, 101
Chilesalpeter, Natriumnitrat 121
chirales C-Atom 31, 38
Chlor-Katalyse-Zyklus 81
Chlorophylle 94, 95, 117
cis-trans-Isomerie 53
Citronellal 18, 19
Citronensäure 30, 103
Citronensäurezyklus 103
Coenzym A, Trägermolekül 103
Copolymerisation 64
Cracken 47
Cyclobutan 58
Cyclohexan 20, 58

D

DALTON, J. 57
Dampf 7, 9
Dampfdruck 7
– Dampfdruck, Gesamt- 7
Dampfdruck, Partial- 7
Dampf-Reforming 123
Darrmalz 16
Datierungsmethode 110, 111
Decarboxylierung 103
Deformationsschwingungen 53
Dehydratisierung (Dehydratation) 55
Dehydrierung 26
– von Alkoholen, von Ethanol 26
Dehydroascorbinsäure 27
Denaturierung 107
Denitrifikation 115f, 119
Derivate 11, 20
Destillat 16
Destillation 4, 5f, 16, 17
– von Erdöl 44
– fraktionierte 45
– Vakuumdestillation 4, 5, 7
Destillationsapparatur 16
Destillationsanlage 5
Destillationskolonne 63
Detektor 6, 15
Diabetes 100
Diagramm, Zeit-Masse 32
– Zeit-Weg 33
1,6-Diaminohexan 65
Diamminsilber-Komplex 24
Dicarbonsäure 65
Diesel 44, 45
Diesel, Naturdiesel 113
Diisobuten 67
Dimere 29
Dimethylether 14, 67
Dimethylsulfid 21
Dipol, elektrischer 10
Dipol-Dipol-Wechselwirkungen 11
Disaccharide 105
Distickstoffmonooxid 114, 115
Distickstofftetraoxid 114f
Doppelbindungen 19
Druck 7
Druckverminderung 5
Duftfamilien 9
Duftkreis 9
Duftmoleküle 21
Duftnuancen 9, 21
Duftstoffe 4f, 9, 10, 21
Duftwässer 10, 11
Düngemittel, mineralische 117, 122
Düngung 116, 117f
Durchflussreaktor 67
Duroplaste 64
dynamisches Gleichgewicht 39

E

Eau de Cologne, de Parfum, de Toilette 10
EDTA, Ethylendiamintetraessigsäure 108
Edukte 98, 99
Einfachbindungen 19
Eisen 23
Eisen-Katalysator 120f, 122
Eisenoxid 23
Eisessig 28, 29
Eiweiße 107, 115
Elastizität 64
Elektrodialyse 119
Elektronegativität 10, 29, 49
Elektronen, schnelle 110, 111
Elektronenabgabe 23
Elektronen-Akzeptor 23
Elektronenaufnahme 23
Elektronen-Donator 23
Elektronenpaarbindung 10
Elektronen-Strom 15
Elektonenübertragungen 23
Elektronenvermittler 102, 103
Elementaranalyse 57
Eliminierung 55, 58
Emission 73, 74, 75
Enantiomere 31, 38
endergonisch 99
endotherme Reaktion 98,99
Energieänderung 98,99
Energieträger 112
Energieumwandlung 109
Enol-Form 40
Enthalpie 98, 99
Enthalpieänderung 99
Entropie 98,99
Entzündungstemperatur 44, 45
Enzyme 17, 106, 107
Enzymreaktion, Energieschema 107
– Kreislauf 107
Erdgas 43f
Erdöl 41f, 63, 70, 71
Erdölfraktionen 45
Essigsäure 28, 29, 30, 31
Ester 19, 34, 35, 33, 38, 39
Ester-Gruppe 19, 34, 35
Esterhydrolyse 35, 36, 37
Ethan 11,19
Ethanal 19, 22, 23, 27
Ethandiol 13, 15
Ethanol 9, 10, 11, 12f, 16, 17, 19, 23
– Strukturaufklärung 14, 15
Ethanolat-Ion 14
Ethansäure 19, 59
Ethansäureethylester 19
Ethansäurebenzylester 18, 19
Ethen 19, 71
Ether 19, 67
etherische Öle 5, 6, 7, 8, 9, 19
Ethyl-Gruppe 11
Eugenol 8, 18
Eukalyptusöl 8
exergonisch 99
exotherme Reaktion 98, 99

Explosionsgemisch . . . 44, 45
Extraktion . . . 4,5

F
Fahrverbot . . . 17
FCKW, Fluorchlorkohlenwasserstoffe . . . 81
FEHLING-Probe . . . 24, 26, 29, 100
Fettsäuremethylester . . . 113
Fettsäuren . . . 53
Fichtennadelöl . . . 8
Fischer-Projektionsformeln . . . 31
Flammtemperatur . . . 44, 45
Fließgleichgewicht . . . 69
Fließschema . . . 124
Florentiner Flaschen . . . 5
Fondnote . . . 9
Formaldehyd . . . 26, 27
Formalin . . . 27
Formeleditor . . . 52
Formeln . . . 52
Formiate . . . 29
fossile Brennstoffe . . . 73, 112, 113
fossile Rohstoffe . . . 112, 113
Fragment-Ion . . . 15
Fraktionen . . . 45 f
Freie Enthalpie . . . 99
Freie Reaktionsenthalpie . . . 99
Fructose . . . 16, 104, 105
Fumarsäure . . . 53, 103
funktionelle Gruppen . . . 19, 53
funktionelle Isomerie . . . 51

G
Gärlösung . . . 16
Gärung, alkoholische . . . 16, 17
Gaschromatogramm . . . 6
– von Lavendelöl . . . 6
– von Eau de Parfum . . . 7
– von Carvon . . . 31
– von Feuerzeuggas . . . 46
Gaschromatograph, schematisch . . . 6
– für Schulversuche . . . 46
Gaschromatographie . . . 6, 15, 46
Gefriertemperatur . . . 104
Generatorprozess . . . 123
Genfer Nomenklatur . . . 22
Geraniol . . . 9, 18
Geruch . . . 21
Gerste . . . 16, 17
Gerüstisomere . . . 49, 51
Gesamtdampfdruck . . . 7
geschlossenes System . . . 35, 68, 69
Geschwindigkeit . . . 33
– mittlere . . . 33
– momentane . . . 33
Geschwindigkeitskonstante . . . 33
GIBBS, J. W. . . . 99
Gleichgewicht . . . 68, 69
– chemisches . . . 68, 69
– dynamisches . . . 39
– Lage . . . 68, 69
– ökologisches . . . 69
– Fließ- . . . 69
– Einfluss von Druck, Temperatur, Konzentration . . 68, 69
Gleichgewichtskonstante . . . 37, 68
Gleichgewichtsverschiebung . . . 68
Gleichgewichtszustand . . . 37, 39, 68, 69
Gletschermumie . . . 110
Globalisierung . . . 71
Glucagon . . . 101
Gluconsäure . . . 102
Glucose . . . 16, 17, 24, 95 f, 96, 97, 100, 101, 102, 103, 104, 105
– Abbau . . . 102, 103
– α-, β-Glucose . . . 105
Glucose-1-phosphat . . . 106
Glycerin . . . 12,13, 27, 65, 113
Glycogen . . . 105
Glycolyse . . . 103
Glykol . . . 12, 13
Grenzwert . . . 118
Grünmalz . . . 16
Grundchemikalie . . . 47, 55, 70, 71
Grundwasser . . . 118, 119
GULDBERG, C. M. . . . 37
Gummi . . . 64

H
HABER, FRITZ . . . 120 f
HABER-BOSCH-Verfahren . . . 120, 121 f
Halbstrukturformel . . . 12
Halbwertszeit . . . 111
Hämoglobin . . . 101
Harnsäure . . . 125
Harnstoff . . . 125
Härtebereich . . . 92
Harze . . . 8
HAWORTH-Projektion . . . 105
Hefe . . . 16, 17
Helium . . . 6
Helium-Kerne . . . 110, 111
2-Heptanon . . . 18, 19
Herznote . . . 9
Hexanal . . . 22
2-Hexenal . . . 22
Hexanhexol . . . 13
Hexanol . . . 13
HFKW . . . 81
Hin- und Rückreaktion . . . 35, 36, 37, 39
Hochdruckreaktoren . . . 124
HOFFMANN, F. . . . 38
Homologe Reihe . . . 51
Hopfen . . . 16, 17
Hornblatt . . . 94
Hydrogencarbonat . . . 101
Hydrolyse . . . 35
Hydrophil . . . 11, 13, 21, 29
Hydrophob . . . 11, 13, 29, 49
Hydroxybuttersäure . . . 113
Hydroxy-Gruppe . . . 11, 13, 19, 28, 29

I
Identifizierung . . . 15
Immission . . . 73
Industrieanlage . . . 62, 63, 123
– Ammoniaksynthese . . . 124
Insulin . . . 101
Iod-Kaliumiodid-Lösung . . . 95
Ionenaustausch . . . 93, 119
Ionenaustauscher . . . 55
Ionenaustauscherharz, saures . . . 67
Ionisationskammer . . . 15
Ionon . . . 18
IR-Spektroskopie . . . 53
Isoamylacetat . . . 18
Isobuten (2-Methylpropen) . . . 54, 55 f, 70, 71
– NMR-Spektrum . . . 59
– Herstellung, Eigenschaften . . . 54
– Summenformel . . . 56
– Molare Masse . . . 57
– Valenzstrichformel . . . 58, 59
– Hydrierung . . . 58
– Polymerisation . . . 60, 61
– Super-Benzin . . . 66, 67
Isoliertes System . . . 69
Isomere . . . 13, 14
Isomere, Alkane . . . 48
– Butanole . . . 13
– Ketten- . . . 49
– Gerüst- . . . 49
Isomerie . . . 51, 53
Isopren . . . 22
Isopren-Einheiten . . . 22
Isotope . . . 15, 110, 111

J
Jasminöl . . . 8
JOULE, J. P. . . . 97

K
Kalk . . . 32
Kalkammonsulfat . . . 117
Kalkmörtel . . . 86, 87
Kalkreislauf, technisch . . . 87
– natürlich . . . 87
Kalkstein . . . 86, 87, 92, 93
Kalorien . . . 97
Kalorimeter . . . 97
Kalotten-Modell . . .
– Ethanol . . . 11
– Dimethylether . . . 14
– 2-Heptanon . . . 19
– Butansäureethylester . . . 19
– Vanillin . . . 19
Kapillartrennsäule . . . 6
Karies . . . 13
Karotten . . . 20
Katalase . . . 106, 107
Katalysator . . .
– Aluminiumoxid . . . 14
– Perl- . . . 46
Katalysator, Ammoniak-Synthese . . . 120, 121, 122, 123
Katalysator, Schwefelsäure . . . 55, 62, 63, 75
– Palladium . . . 58
– Aluminiumtrichlorid . . . 62, 63
– Bortrifluorid . . . 62, 63
– Amberlyst 15 . . . 66, 67
– Platin . . . 69
– Autokatalysator . . . 75
– Ammoniaksynthese . . . 122
Katalyse, heterogene . . . 122
Katalysezyklus . . . 79
KEKULÉ, A. F. . . . 58
Kernumwandlungen . . . 110, 111
Kerosin . . . 47
Keto-Form . . . 40
Ketoglutarsäure . . . 103
Keto-Gruppe . . . 19
Keton . . . 19, 22, 24
Ketose . . . 105
Kettenisomere . . . 49, 51
Kettenstruktur . . . 105
Kinetik . . . 123
Klebstoff . . . 60, 61
Klopffestigkeit . . . 47, 67
Knallgasprobe . . . 26, 46
KNR-Verfahren, Katalytische-Nitrat-Reduktion . . . 119
Kohlenstoffdioxid-Gleichgewicht im Blut . . . 101
Kohlenhydrate . . . 104, 105
Kohlensäure . . . 92, 101
Kohlenstoffdioxid . . . 17, 74 f, 92, 96, 97, 100, 101, 112, 113
Kohlenstoffdioxid-Belastung . . . 112
Kohlenstoffhydride . . . 51
Kohlenstoff-Isotope . . . 110, 111
Kohlenstoff-Kreislauf, nachwachsende Rohstoffe . . . 112
Kohlenstoffmonooxid . . . 74, 75
Kohlenstoff-Speicher . . . 85
^{14}C-Kohlenstoff-Uhr . . . 110, 111
Kohlenwasserstoffe . . . 48, 49, 51
– gesättigte . . . 48, 49
– ungesättigte . . . 48, 49
Kohlenwasserstoff-Gruppe . . . 13
Komponenten . . . 6, 9
Kondensat . . . 7
Kondensation . . . 35
Kondensationskurve . . . 9
Konformationsisomerie . . . 53
Konservierungsstoffe . . . 31
Kontinuierliches Verfahren . . . 123
Konvertierung, von Kohlenmonooxid . . . 123
Kopfnote . . . 9
Kopplungsprodukt . . . 124
Kreislauf, Kohlenstoff . . . 85, 95, 109, 110
– Kalk- . . . 87, 93
– Stickstoff-Kreislauf . . . 114, 115 f
Kryoskopie . . . 104
Kupfer . . . 23
Kupferoxid . . . 22, 23
Kugelstäbchen-Modell, Ethanol . . . 11
Kunststoff, kompostierbarer . . . 113
Kunststoffe . . . 61, 64 f
Kunststoff-Kreislauf . . . 82

L
Ladung . . . 15
Latex . . . 64
Lavendelöl . . . 4, 5, 7, 8,18
LEBLANC-Verfahren . . . 90, 91
Leitfähigkeit . . . 14
Licht, polarisiertes . . . 31, 38
Lichtabsorption . . . 94, 108, 109
Lichtbogen . . . 114
Lichtintensität . . . 95
LIEBIGSCHES Minimumfass . . . 116
Limonen . . . 9, 18
Linalool . . . 6, 18, 19
Linalylacetat . . . 5, 6, 7, 18, 19
lipophil . . . 11, 13
lipophob . . . 11
Lithiumnitrid . . . 120, 121
Löschkalk . . . 87
Löslichkeit . . . 11, 12, 13, 90
Löslichkeitsgleichgewicht . . . 90
Lösungsenthalpie, molare . . . 98
Luft, Zusammensetzung . . . 72
Luftmörtel . . . 87
Lycopin . . . 20

M
Magnetfeld . . . 15
Magnesium . . . 23
Magnesiumchlorid . . . 23
Maische . . . 16

Makromoleküle 64, 65, 67
MAK-Wert 27
Maleinsäure 53
Manometer 7
Marmor 86
Masse 15
Massenanteil 6, 9, 30
Massenspektrometer, schematisch 15
Massenspektrometrie 15
Massenspektrum, Ethanol 15
– Methanol 15
– Ethandiol 15
Massenwirkungsgesetz 37, 68
Massenwirkungsquotient 37, 68
Massenzahl 110, 111
Membran 119
Menthol 38
Methan 77, 123
Methanal 26, 27
Methanol 12, 13, 15
Methanolat-Ion 66, 67
Methylcyclopropan 58
Methylenblau 102
Methylen-Gruppe 51
Methyl-Gruppe 15, 52
Methylviologen 108, 109
Mikroorganismen 113
Milchsäure 30, 31
Mineralisierung 115 f
Mineralwasser 92
MITTASCH, PAUL ALWIN 121
Modell, räumliches 48
Modellexperiment 109
Modellversuch 39, 102
Modellversuch, Blue-Bottle 102
Molecular Modelling 52
Molekül-Ion 15
Molekülformel 52
Molekülgerüst 49
Molekül-Modelle 12, 13, 52, 53
Monomer 61, 62, 63
Monosaccharide 105
MTBE, Methyl-*tert.*-butylether 55, 66, 67, 68, 69
Multiplizität 59
Myrrhe 8

N
Nachwachsende Rohstoffe 112, 113
NAD[+] 103
Nährstoffbilanz 117
Nährstoffe 97
Nahrungskette 110
Nährwerttabelle 97
Natriumbicarbonat 88, 89
Natriumcarbonat 88, 89, 90, 91
Natriumhydrogencarbonat 88, 89, 90, 91
Natron 88, 89, 90, 91
naturidentisch 34, 35, 38
Naturkautschuk 64
Nelkenöl 4, 8, 18
Netzwerk 70
Neutronen 110, 111
Neutronenzahl 110, 111
Nitrat-Ion 115f, 118, 119
– im Stoffwechsel 125
Nitride 123
Nitrifikation 115 f
Nitrit-Ion 115 f
– im Stoffwechsel 125
Nitrophoska rot 117
Nitrosamine 125
Nitrosyl-Ion 125
NMR-Signale 59
NMR-Spektroskopie 50, 59
NMR-Spektrum, Isobuten, Ethanol, Ethansäure 59
Nomenklaturregeln 13
– Alkohole 13
– Genfer 22
– Alkane 49
Nonanal 22
Normdruck 7
Normvolumen 57
Nukleonen 110, 111
Nukleonenzahl 110, 111
Nutzenergien 43
Nylon 65

O
Oberflächenstruktur 122
Octanzahl 47
offenes System 69
Öle 4, 5, 8
– etherische 4, 5 f, 19
– Trennung von 6
– Vorkommen, Gewinnung 8
– physiologische Wirkung 8
Olibanumöl 8
Oligomer 61
Optische Aktivität 31
Optische Isomere 31
Orangenöl 4, 8, 18
Organische Düngung 118
Osmiumkatalysator 121
Ötzi 110
Oxalsäure 30
Oxalessigsäure 103
Oxidation 23, 25
Oxidation, Glucose 102, 103
Oxidationsmittel 23
Oxidationszahl 25
Oxidationszahlen 102, 103
Ozon 77, 78, 79, 80, 81
Ozonloch 81
Ozon-Profil 80
Ozon-Senke 81

P
Paraffin 6, 46, 48
Parfum 1 f, 9, 10
Partialdampfdruck 7
Partialladung 10, 49
PBB-Experiment, Photo-Blue-Bottle 108, 109
Peak 6, 15
Pentan 4, 5, 10, 11, 12, 13
Pentan-Molekül 10, 11
Pentanol 12
Periodensystem 10, 110
Perlkatalysator 46
Permeat 119
PET, Polyethylentherephthalat 65
Petrochemie 43
Pfefferminzöl 8
Pflanzenöle 113
Phase, mobile 6
Phase, stationäre 6
*p*H-Optimum 107
Photo-Blue-Bottle-Experiment 108, 109
Photochemie 80
Photokatalysator 108, 109
Photooxidantien 79
Photoreaktor 79, 80
Photosmog 78, 79
photostationäres Gleichgewicht 80
Photosynthese 73, 94, 95f, 108, 109
physiologische Wirkung 8
Platforming 47
Polar 10, 11
PMMA, Polymethylmethacrylat 64
Polyacrylate 70
Polyamide 65
Polycarbonat 65, 70
Polyester 113
Polyester 65
Polyethen 61, 63,
Polyhydroxybuttersäure, PHB 113
Polyisobuten 60, 61, 62, 63, 70
Polykondensation 65
Polymer 61, 62, 63
Polymerisation 60, 61, 62, 63
Polymerisationgrad n 61
Polymerisationsreaktor 62
Polyolefine 63
Polypropen 61, 63
Polysaccharide 105
Polystyrol 64
Positionsisomerie 51
Primärenergien 43
Primärstrahlung 111
Prinzip vom Enthalpieminimum 98
Prinzip vom Entropiemaximum 99
Prinzip von LE CHATELIER 55, 123
Produkte 71, 91
Produkte 98, 99
Proflavin 108, 109
Promille 17
Propanol 12
Propanon 19, 26, 27
Propantriol 13
Proportionalitätsfaktor 37
Proteine 117, 125
Protonen 110, 111
Protonenzahl 110, 111
PVC, Polyvinylchlorid 64, 71
Pyrolyse 63
Pyrolyse 82

R
Racemat 31, 38
Radioaktiver Zerfall 110, 111
Radioaktivität 110, 111
Radiocarbon-Methode 110, 111
Radiofrequenzen 59
Radionuklide 110, 111
Radiowellen 59
Raffination 45
Raffinerie 45
RAOULT, F. M. 104
Rapsöl 113
rationeller Name 22
Rauchgase 75
Rauchgasentschwefelung 75
Rauchgasentstickung 75
Rauchgasreinigung 75
Reaktion, unvollständige 35
– Reaktion, umkehrbare 35
Reaktionsenthalpie 98,99
Reaktionsentropie 98,99
Reaktionsgeschwindigkeit 33, 36, 37
– mittlere 33
– momentane 33
Reaktionsraten 36, 37
Reaktionsschema 102, 108
Reaktionstypen 109
Reaktionswärme ***Q*** 97
Reaktoren 63
Recycling 63
Redoxreaktion 23, 25
Reduktion 23, 25
Reduktionsmittel 23
Reformieren 47
Regenwasser 92
Retentionszeit 6
Rezeptor-Moleküle 21
RGT-Regel 68
Richtwert 118
Riechen 21
– Riechschleimhäute 21
– Riechhärchen 21
– Riechstoffe 20, 21
– Riechzentrum 21
Ringstruktur 105
Rohöl 43 f
Rohstoff 43, 70, 71, 91, 112, 113
– nachwachsende 112, 113
Rohstoffe, Ammoniaksynthese 123
Rohwasser 119
Rosenöl 8
Rotationen 53

S
Saccharose 16, 104, 105
SAINT-EXUPERY, ANTOINE DE 17
Salicylsäure 34, 38
Salpetersäure 114, 115f
Salpetrige Säure 114, 115
SALTZMANN-Lösung 74
Sauerstoff-Gleichgewicht im Blut 101
Sauerstoffproduktion 94, 95
Saurer Regen 75
Schadstoffe 74, 75
Schiff-Reagenz 22, 23, 26
Schlüssel-Schloss-Prinzip 21, 107
Schwefeldioxid 74, 75
Sekundärenergien 43
Sekundärreaktion 111
Siedediagramm 9
Siedekurve 9
Siedetemperatur 5, 7, 9, 12, 13, 22, 34
Silberspiegel-Probe 24
Siliconöl 6
Smog 75, 78, 79
Soda 88, 89, 90, 91
Sodasee 89
SOLVAY-Verfahren 90, 91
Sommersmog, Alarmstufen 79
Sorbinsäure 31
Sorbit 12, 13
SOXLETH-Apparatur 4
Speiseöl 8
Spektralfarben 94
Spin-Spin-Kopplung 59
Spiralstruktur 105
Stalagmiten 93
Stalagtiten 93
Stärke 17, 95, 104, 105, 106
Stärkefolie 112
Stellungsisomerie 51
Stereoisomerie 53
Steuerung von Reaktionen 55, 68

Stickstoff, elementar 114, 115
– atmosphärischer 115, 121
Stickstoffdioxid . . . . . 114, 115 f
Stickstoffdünger . . . . . 116, 117 f, 121
Stickstoff-Fixierung . . . . . 115 f
Stickstoffhaushalt 115
Stickstoff-Isotope 111
Stickstoff-Kerne 111
Stickstoff-Kreislauf 114, 115
– in der Natur 115
Stickstoffmonooxid . . . . . 114, 115 f
Stickstoffoxide . . . . . 78, 79, 114, 115 f
Stickstoff-Parameter 125
Stoffklasse 13, 19
Stoffkreislauf 55, 63, 79, 83f, 109
Stoffmengenkonzentration 30
Stoffwechsel 125
Stoffwechselprodukte 21
Stoßzahl 33, 37
Strahlung, kosmische 110, 111
– radioaktive 110, 111
– elektromagnetische 110, 111
– β- 110, 111
– α- 110, 111
– γ- 110, 111
Stratosphäre 72, 80, 81
Strukturaufklärung 14, 15
Strukturelement 19
Strukturformeln 14, 19
Struktursymbol 12, 52
Substitution 49
Substrat 107
Suchtmittel 17
Summenformel 14, 48, 52
Superabsorber 65
Super-Benzin 66, 67
Superphosphat 117
SÜSKIND, PATRICK 5
Synthesereaktor 123

T

Tartrate 100
Tausendblatt 94
Teilchenstrahlung 111
Temperatur-Optimum 107
Temperaturprofil 72
Terephthalsäure 65
Terpene 20
Terpineol 18
Teststäbchen 100
Tetramethylsilan, Referenzsignal 59
Thermoplaste 64
Tollens-Reagenz 24
Tomaten 20
Ton 87
TORRICELLI, EVANGELISTA 72
Trägergas 6
Transportsystem 101
Traubenzucker . . . . . 95 f, 96, 97
Treibhauseffekt 76, 77
Treibhausgase 76, 77
Triebkraft von Reaktionen 98, 99
Trinkwasser 92
Trinkwasseraufbereitung 119
Trinkwasserverordnung 118
Tritium 111
Tropfsteinhöhle 93
Tropopause 72, 80
Troposphäre 72, 79, 80, 81

U

Umgebungsstrahlung 111
Umkehrosmose 119
Umweltanalytik 15
Unpolar 10, 11

V

Vakuumdestillation 4, 5
V. LIEBIG, J. 57
Valenzelektronen 23
Valenzschwingungen 53
Valenzstrichformel 12, 14, 48
Valenzstrichformel 52
VAN-DER-WAALS-Kräfte 11, 13, 50, 51
Vanillin 9, 18, 19
venöses Blut 100
Verbindungen, organische 50, 51
– anorganische 50, 51
Verbrennungsenthalpie, molare 98
Verbrennungsprodukte 74, 75, 76, 77
Verbundsystem 71
Veresterung 35, 36, 37
Verfahren, kontinuierliches 123
Verfahren, wasserwirtschaftliches 119
– biologisches 119
– physikalisch-chemisches 119
– katalytisches 119
Vitamin C 27
Vollentsalzung 93
Vulkanisation 64

W

WAAGE, P. 37
Wärmeabsorption 76, 77
Wärmestrahlung 76, 77
Wärmetauscher 63
Wasser, entionisiertes 93
Wasserdampf 5
Wasserdampfdestillation 4, 5, 7, 11
Wasserenthärter 93
Wassergasprozess 123
Wasserhärte 92, 93
Wasserheber-Modell 39
Wasser-Molekül 10, 11
Wassermörtel 87
Wasserpest 94
Wasserstoffbrückenbindung 11, 13, 29, 50, 51
Wasserstoff-Isotope 110
Wechselwirkung, zwischenmolekulare . . . 11, 22, 50, 51
– Dipol-Dipol 11, 50, 51
Weihrauch 8
Wein 16,17
Weinsäure 30, 31, 100
Wertschöpfung 73
Wirtschaftsdünger, organische 117
Würze 16

Z

Z-*E*-Isomerie 53
Zement 86, 87
Zeolithe 93
Zerfall, radioaktiver 110, 111
β-Zerfall 110, 111
α-Zerfall 110, 111
γ-Zerfall 110, 111
Zerfallsreihe 110, 111
Zigarettenrauch 26, 27
Zimtaldehyd 18
Zimtöl 8
Zitronenöl 8
Zitronensaft 30
Zucker . . . . . 100 f, 104, 105, 113
Zustandsgleichung, Gase 57
zwischenmolekulare Kräfte 22
Zwischenprodukte 47, 70, 71

Namen und Konstanten der chemischen Elemente

Elementname	Symbol, Ordnungszahl	Dichte[1]) in g/cm³ (Gase: g/L)	Schmelztemperatur in °C	Siedetemperatur in °C
Actinium	**Ac, 89**	10,1	1050	3200
Aluminium	**Al, 13**	2,70	660	2467
Antimon	**Sb, 51**	6,68	630	1750
Argon	**Ar, 18**	1,66	−189	−186
Arsen	**As, 33**	5,72	613 s	817 p
Astat	**At, 85**	–	302	337
Barium	**Ba, 56**	3,51	725	1640
Beryllium	**Be, 4**	1,85	1278	2970
Bismut	**Bi, 83**	9,8	271	1560
Blei	**Pb, 82**	11,4	327	1740
Bor	**B, 5**	2,34	2300	2550 s
Brom	**Br, 35**	3,12	−7	59
Cadmium	**Cd, 48**	8,65	321	765
Caesium	**Cs, 55**	1,88	28	669
Calcium	**Ca, 20**	1,54	839	1484
Cer	**Ce, 58**	6,65	799	3426
Chlor	**Cl, 17**	2,95	−101	−35
Chrom	**Cr, 24**	7,20	1857	2672
Cobalt	**Co, 27**	8,9	1495	2870
Eisen	**Fe, 26**	7,86	1535	2750
Fluor	**F, 9**	1,58	−219	−188
Francium	**Fr, 87**	–	27	677
Gallium	**Ga, 31**	5,90	30	2403
Germanium	**Ge, 32**	5,35	937	2830
Gold	**Au, 79**	18,9	1064	3080
Hafnium	**Hf, 72**	13,3	2227	4602
Helium	**He, 2**	0,17	−272 p	−269
Indium	**In, 49**	7,30	156	2080
Iod	**I, 53**	4,93	113	184
Iridium	**Ir, 77**	22,41	2410	4130
Kalium	**K, 19**	0,86	63	760
Kohlenstoff	**C, 6**	2,25[2])	3650 s[2])	4827
Krypton	**Kr, 36**	3,48	−157	−152
Kupfer	**Cu, 29**	8,92	1083	2567
Lanthan	**La, 57**	6,17	921	3457
Lithium	**Li, 3**	0,53	180	1342
Magnesium	**Mg, 12**	1,74	649	1107
Mangan	**Mn, 25**	7,20	1244	1962
Molybdaen	**Mo, 42**	10,2	2610	5560
Natrium	**Na, 11**	0,97	98	883

Elementname	Symbol, Ordnungszahl	Dichte[1]) in g/cm³ (Gase: g/L)	Schmelztemperatur in °C	Siedetemperatur in °C
Neon	**Ne, 10**	0,84	−249	−246
Nickel	**Ni, 28**	8,90	1455	2730
Niob	**Nb, 41**	8,57	2468	4742
Osmium	**Os, 76**	22,5	2700	5300
Palladium	**Pd, 46**	12,0	1554	2970
Phosphor	**P, 15**	1,82[3])	44[3])	280
Platin	**Pt, 78**	21,4	1772	3827
Polonium	**Po, 84**	9,4	254	962
Praseodym	**Pr, 59**	6,77	931	3512
Protactinium	**Pa, 91**	15,4	–	–
Quecksilber	**Hg, 80**	13,6	−39	356
Radium	**Ra, 88**	5	700	1140
Radon	**Rn, 86**	9,23	−71	−62
Rhenium	**Re, 75**	20,5	3180	5627
Rhodium	**Rh, 45**	12,4	1966	3727
Rubidium	**Rb, 37**	1,53	39	686
Ruthenium	**Ru, 44**	12,3	2310	3900
Sauerstoff	**O, 8**	1,33	−219	−183
Scandium	**Sc, 21**	3,0	1541	2831
Schwefel	**S, 16**	2,07	119	445
Selen	**Se, 34**	4,81	217	685
Silber	**Ag, 47**	10,5	962	2212
Silicium	**Si, 14**	2,32	1410	2355
Stickstoff	**N, 7**	1,17	−210	−196
Strontium	**Sr, 38**	2,60	769	1384
Tantal	**Ta, 73**	16,6	2996	5425
Technetium	**Tc, 43**	11,5	2172	4877
Tellur	**Te, 52**	6,00	449	990
Thallium	**Tl, 81**	11,8	303	1457
Thorium	**Th, 90**	11,7	1750	4790
Titan	**Ti, 22**	4,51	1660	3287
Uran	**U, 92**	19,0	1132	3818
Vanadium	**V, 23**	5,96	1890	3380
Wasserstoff	**H, 1**	0,083	−259	−253
Wolfram	**W, 74**	19,3	3410	5660
Xenon	**Xe, 54**	5,49	−112	−107
Yttrium	**Y, 39**	4,47	1522	3338
Zink	**Zn, 30**	7,14	419	907
Zinn	**Sn, 50**	7,30	232	2270
Zirconium	**Zr, 40**	6,49	1852	4377

Für die Elemente mit den Ordnungszahlen 60 bis 71 und 93 bis 104 werden nur die Namen angegeben:

60 Nd = Neodym
61 Pm = Promethium
62 Sm = Samarium
63 Eu = Europium
64 Gd = Gadolinium
65 Tb = Terbium
66 Dy = Dysprosium
67 Ho = Holmium
68 Er = Erbium
69 Tm = Thulium
70 Yb = Ytterbium
71 Lu = Lutetium

93 Np = Neptunium
94 Pu = Plutonium
95 Am = Americium
96 Cm = Curium
97 Bk = Berkelium
98 Cf = Californium
99 Es = Einsteinium
100 Fm = Fermium
101 Md = Mendelevium
102 No = Nobelium
103 Lr = Lawrencium
104 Du = Dubnium

1) Dichteangaben für 20 °C und 1013 hPa

2) Angaben gelten für Graphit; Diamant: Schmelzt. 3550 °C, Dichte 3,51 g/cm³.

3) Angaben gelten für weißen Phosphor; Roter Phosphor: Schmelzt. 590 °C p, Dichte 2,34 g/cm³

s = sublimiert
p = unter Druck
– = Werte nicht bekannt